三聯學術

人伦的"解体"

形质论传统中的家国焦虑

吴飞 著

生活·讀書·新知 三联书店

Copyright © 2017 by SDX Joint Publishing Company.
All Rights Reserved.

本作品版权由生活·读书·新知三联书店所有。
未经许可，不得翻印。

图书在版编目（CIP）数据

人伦的"解体"：形质论传统中的家国焦虑/吴飞著．—北京：生活·读书·新知三联书店，2017.4（2018.6 重印）
ISBN 978 – 7 – 108 – 05865 – 2

Ⅰ．①人… Ⅱ．①吴… Ⅲ．①人伦 – 研究 – 中国
Ⅳ．① B825

中国版本图书馆 CIP 数据核字（2016）第 320444 号

责任编辑　冯金红
装帧设计　蔡立国
责任校对　张　睿　安建平
责任印制　宋　家
出版发行　生活·讀書·新知三联书店
　　　　　（北京市东城区美术馆东街 22 号 100010）
网　　址　www.sdxjpc.com
经　　销　新华书店
印　　刷　北京市松源印刷有限公司
版　　次　2017 年 4 月北京第 1 版
　　　　　2018 年 6 月北京第 2 次印刷
开　　本　880 毫米 × 1092 毫米　1/32　印张 15.5
字　　数　310 千字
印　　数　06,001 – 11,000 册
定　　价　55.00 元
（印装查询：01064002715；邮购查询：01084010542）

The time is out of joint.
    William Shakespeare, *Hamlet*

我在这中国特有的最陈腐、最为世所诟病的旧礼教核心三纲说中,发现了与西洋正宗的高深的伦理思想,和与西洋向前进展、向外扩充的近代精神相符合的地方。
——贺麟,《五伦观念的新检讨》

目　录

导论　重提人伦问题　*1*
　一　以仁黜礼：人伦批判的第一条线索　*2*
　二　礼法之争：人伦批判的第二条线索　*10*
　三　母系社会：人伦批判的第三条线索　*15*
　四　对中国母系论的批驳　*26*
　五　西方的人伦神话　*38*

上篇　知母不知父——"母权神话"探源
　一　父母何算焉　*52*
　二　婚姻史的辩证法　*73*
　三　母权论的自然状态　*111*
　四　男女与哲学　*141*
　五　父母与文质　*163*

中篇　礼始于谨夫妇——"乱伦禁忌"与文明的起源
　一　进化论与家庭伦理　*208*
　二　达尔文的自然正当？　*237*

三 神圣家庭与乱伦禁忌 253
　　四 作为人性的乱伦 274
　　五 从爱欲到力比多 304

下篇　资于事父以事君——"弑父情结"的政治意义
　　一 独眼巨人王朝 328
　　二 孝敬性背叛 350
　　三 弑君与弑神 381
　　四 家父与君主 405

结语　自然与文明之间的人伦 448
　　一 城邦政治中的人伦生活 450
　　二 人伦问题的现代转化 455
　　三 人伦作为哲学问题 460

主要参考文献 467
后记 488

导论　重提人伦问题

在传统中国的思想中，人伦曾经是一个核心问题；在现代中国的思想中，人伦问题被批判、打倒和遗忘了，甚至多数文化保守主义者也无法肯定传统人伦——但这并不能改变现实生活中人伦问题根深蒂固的重要性。这种打倒，是以西学东渐和古今之变的名义完成的，借助对现代西方的了解，人伦批判者似乎成功地把它抛弃了。那么，在西方学术脉络中，特别是西方现代语境下，人伦是否曾是个问题？或者，西方学术思想是怎样对待人伦问题的？本书并不是一个严格的思想史研究，而是试图在中西文明对比的角度下，在西方形质论哲学传统的现代形态中提出这个问题。

要厘清这个问题，我们首先要检讨现代中国的人伦批判。

对人伦的批判和反思，是现代中国思想的一个中心话题。人伦批判在清末就出现了，到"五四"前后达到高潮，然后又经过了社会科学界和法学界的长期讨论，随着1950年《婚姻法》的颁布形成了一个比较明确的现代形态。总结这近百年的批判，大体有三条思想线索在起作用：一、从压抑人性的角度批判传统礼教，这是最主流，同时影响也最大的批判；二、通过对法律体系的转变，在社会实践中改变传统的礼法体制；三、在社会史的研究中，对母系论的接受成为人伦批判的理论基础。

一　以仁黜礼：人伦批判的第一条线索

早在晚清新派学者当中，对以三纲为核心的人伦体系的批判就出现了，康有为、章太炎、梁启超、谭嗣同等皆参与其中。

康有为在光绪十二年（1886）写的《康子内外篇》中就已经说过："吾谓百年之后必变者三：君不专、臣不卑，男女轻重同，良贱齐一。"[①]不过，这似乎仅是预言，并未表露出明确的价值判断。在同一书中，康氏还相当正面地说："中国五帝、三王之教，父子、夫妇、君臣、兄弟、朋友之伦，……盖天理之自然也。"[②]康有为一方面固守传统儒家的框架，另一方面也强调，在大同之世，男女应该是平等的。所以他把《礼运》中的"女有归"解为"女有岿"，即女子尊贵高大之意。[③]至于当时的女子地位卑下，丧失独立人格，纯为男子之私属，只是据乱世的权宜之计。"故据乱世

---

① 康有为，《康子内外篇》，收入《康有为全集》第一集，北京：中国人民大学出版社，2007年版，第108页。
② 同上书，第102页。
③ 康有为，《〈礼运〉注》，《康有为全集》第五集，第555页。

之制，为礼始于谨夫妇，为宫室必别内外，而男子强力而为主，自为制之之理，女子微弱而从人，自为被制之类。"①到了升平世和太平世，就该有很大的不同了："治分三世，次第救援；囚奴者，刑禁者，先行解放，此为据乱；禁交接、宴会、出入、游观者，皆同欧美之风，是谓升平；禁仕宦、选举、议员、公民者，依许男子之例，是谓太平。"②康有为在《实理公法全书》③和《大同书》中都主张太平世应该废除家庭，所以他既是人伦批判的始作俑者，也提出了实质上最激进的思想。不过，他只是把取消家庭推到了遥远的太平世，并不认为当时就应该废除家庭。康有为虽也认为当时的男尊女卑有问题，但他思想的复杂性是远非同时期的其他人可以比的。他也是最早主张母系论的中国思想家之一，我们后文还会谈到。

谭嗣同的批判在实质上并没有康有为那么激进，但由于他只是在相当字面的意义上接受了其师的"公羊三世说"，他的批判直接针对当下而发，在当时就成了对现实的三纲批判最激烈的一位。有学者推测，他很可能是因为个人家庭生活的不幸遭遇而产生了如此激烈的态度。④谭嗣同和康有为一样，并没有完全打破儒家思想框架，而称自

---

① 康有为，《康子内外篇》，第71页。
② 同上书，第74页。
③ 康有为，《实理公法全书》，收入《康有为全集》第一集，第149页。
④ 刘涛，《晚清民初"个人—家—国—天下"体系之变》，上海：复旦大学出版社，2013年版，第51—52页。

己的学说为"仁学",其核心是"以仁黜礼"。他深诋三纲之说,以为"三纲之慑人,足以破其胆,而杀其灵魂"。① 谭氏既认可儒家价值,又批判三纲,怎样化解这样的矛盾呢?他认为三纲说并非孔子的思想,而是受荀学影响的汉儒思想。荀学以来的名教传统压抑了人性中的仁:"数千年来,三纲五伦之惨祸烈毒,由是酷焉矣。君以名桎臣,父以名压子,夫以名困妻,兄弟朋友各挟一名以相抗拒,而仁尚有少存焉者乎?"② 至于怎样打破三纲,这之后应该如何处理人伦问题,他并没有给出一个明确的思路。谭嗣同大体代表了此后几十年批判人伦的一贯思路,即认为以三纲为核心的传统人伦压抑人性自然。

从此以后,这条思路就绵延不绝,在新文化运动和"五四"时期达到了最高峰。③陈独秀、易白沙、吴虞、鲁迅等④批判矛头直指三纲五伦,号称"打倒孔家店",来势极其凶猛。陈独秀的宣言相当具有代表性:

> 儒者三纲之说,为一切道德政治之大原:君为臣纲,则民于君为附属品,而无独立自主之人格矣;父

---

① 谭嗣同,《仁学》,《谭嗣同全集》,北京:生活·读书·新知三联书店,1954年版,第65页。
② 同上书,第14页。
③ 关于这一思路的详细发展脉络,可参考罗检秋先生的详细梳理。罗检秋,《文化新潮中的人伦礼俗:1895—1923》,北京:中国社会科学出版社,2013年版,第83—111、172—177页。
④ 周策纵,《五四运动史》,长沙:岳麓书社,1999年版,第422页以下。

为子之纲,则子于父为附属品,而无独立自主之人格矣;夫为妻纲,则妻于夫为附属品,而无独立自主之人格矣。率天下之男女,为臣,为子,为妻,而不见有一独立自主之人者,三纲之说为之也。①

对三纲的批判得到了青年学生的广泛欢迎。当时在浙江师范大学读书的施存统写了《非孝》一文,引起轩然大波。②他认为:"孝是一种不自然的、单方的、不平等的道德,应该拿一种自然的、双方的、平等的新道德去代替它。"③

鲁迅和吴虞合力将礼教定义为"吃人"。但鲁迅的《狂人日记》虽然言辞激烈,影响极大,传统礼教究竟为何是吃人的,他却并没有明确指出。吴虞写了《吃人与礼教》来诠释鲁迅的意思:"吃人的就是讲礼教的,讲礼教的就是吃人的。"④鲁迅的另一篇小说《祝福》更经常被当成反礼教的典范。但若细究的话,我们看不出祥林嫂的厄运与礼教究竟有什么因果关系。不准再嫁的礼教并没有害死祥林

---

① 陈独秀,《一九一六年》,刊于《青年杂志》,1916年,第1卷第5号。
② 施存统的文章刊于《浙江新潮》1919年第2期,引起了巨大的震动,也导致了《浙江新潮》很快被封杀,而《非孝》的原文现在已经无法读到。参考宋亚亮,《施复亮政治思想研究:1919—1949》,北京:人民出版社,2006年版,第2页。
③ 施复亮(施存统),《我写〈非孝〉的原因和经过》(三),《展望》,1948年,第2卷第24期。
④ 吴虞,《吃人与礼教》,刊于《新青年》,1919年,第6卷第6期。

嫂，而是野狼把她逼到了窘境，大伯来收屋恰恰是违背传统礼教的做法，鲁四老爷的厌恶也并未对祥林嫂造成多么实质的伤害，祥林嫂之死更像是命运的无奈。①而导致青年毛泽东撰文批判旧家庭和婚姻制度的赵五贞事件，也很难说来自于礼教。②

虽然这种文化批判影响巨大，几乎彻底颠覆了人伦学说的统治地位，但批判者取得的成就更多来自言辞的激烈、情绪的煽动、文学的感染，他们并没有提出成体系的思想。

而且，他们在否定了三纲的统治地位后，究竟有怎样的社会理想，也是非常不清楚的。施存统后来回忆他写《非孝》的经历，主要讲的是他自己的家庭生活，说是因为父亲对母亲的虐待和对自己的无情，使他最终放弃了做忠臣孝子的理想。虽然他写出了《非孝》这样的文章，一度也和父亲断绝了联系，但在长大成人之后，还是不忘寄钱给老父。③陈望道、曹聚仁等先生回忆说，施存统的文章只是题目吓人，他反对的只是形式主义的孝，还没有孔融的说法激进。④甚至包括吴虞等人，也多是由于家庭生活的某些特殊经历，而导

---

① 赵晓力，《祥林嫂的问题：答曾亦曾夫子》，收入吴飞主编，《神圣的家：在中西文明的比较视野下》，北京：宗教文化出版社，2014年版。
② 毛泽东等人的讨论，见于长沙《大公报》，1919年11月25、27、28日。详见吴飞，《浮生取义》，北京：中国人民大学出版社，2009年版，第273—279页。
③ 施复亮（施存统），《我写〈非孝〉的原因和经过》（一——四），《展望》，1948年，第2卷第22、23、24期，第3卷第1期。
④ 参考宋亚东，《施复亮政治思想研究》，第30—31页。

致了对传统价值的怀疑。①

无论怎样怀疑人伦的价值,大多数人伦批判者并没有成为彻底的不肖子孙。面对如火如荼的新文化运动,就连陈独秀也担心,过于激进的言论会把人们日常的亲亲之情都否定掉。他说:"现在有一班青年却误解了这个意思,他并没有将爱情扩充到社会上,他却打着新思想、新家庭的旗帜,抛弃了他的慈爱的、可怜的老母;这种人岂不是误解了新文化的意思!"②即使吴虞也说:"我的意思,以为父子母子不必有尊卑的观念,却当有互相扶助的责任。"③

这种批判礼教的思路,也在一些人当中走到了废除家庭的极端。早在1907年前后,无政府主义者江亢虎就曾提出"无宗教、无国家、无家庭"的三无主义。"五四"时期更出现了脱离家庭、组织新村、建立家庭俱乐部、夫妻分居等五花八门的主张。④1920年春夏之际,《民国日报》的《觉悟》副刊发动了"废除婚姻制度"的思想讨论。废婚派"哲民"、"翠英"等和吴虞等人一样,认为旧的婚姻制度和家族制度是强权的赘疣、万恶的根源,大大压抑了人性的自由。但其中的激进分子更进一步,认为即使新式的自由婚姻也只是五十步笑百步,同样是对人性的束缚。有人甚至认为,

---

① 王汎森,《思想与社会条件》,收入氏著,《中国近代思想与学术的谱系》,石家庄:河北教育出版社,2001年版,第254页。
② 陈独秀,《新文化运动是什么?》,《新青年》,1920年,第7卷第5期。
③ 吴虞,《说孝》,《星期日》,1920年1月4日。
④ 梁景和,《论五四时期的家庭改制观》,刊于《辽宁大学学报》(社会科学版),1991年第4期。

男女的性关系完全出于生理需求，这种生理需求要经过法律的批准就是非常荒唐的事了。①这一说法只不过是孔融旧说的现代翻版。废婚派的极端主张虽是陈独秀、鲁迅、吴虞等人的逻辑的进一步推进，但这样的极端言论并没有得到多少支持。

"五四"之后，对传统礼教的批判在比较西化的知识分子中继续着。毛泽东后来提出了著名的"四大绳索说"："这四种权力——政权、族权、神权、夫权，代表了全部封建宗法的思想和制度，是束缚中国人民特别是农民的四条极大的绳索。"②这既是对他本人在"五四"时期提出的"三面铁网说"的继续③，也可以看作对"五四"礼教批判的一个全面总结，当然也指导了中国共产党后来的婚姻法改革。

这些礼教批判者的主要理据都可以归结为简单的一条：礼教是压抑人性自然和独立人格的，但其思想来源却相当复杂。一方面，他们大量借助于西方的思想话语，引入了浪漫爱情、自由婚姻、人格平等这些西方概念；另一方面，他们的说法如同中国历史上的儒家思想家如孔融、阮籍、李贽等的极端论调的翻版，亦即谭嗣同所说的"以仁黜礼"。通过西方自由平等观念，唤回儒家传统中的异端言论，这一

---

① 参考海巴子，《婚床摇摆：九十年前关于婚姻存废的一场"笔墨官司"》，刊于《档案》，2012年第12期。
② 毛泽东，《湖南农民运动考察报告》，《毛泽东选集》，第二版，第一卷，北京：人民出版社，1991年版。
③ "三面铁网说"见毛泽东，《对于赵女士自杀的批评》，长沙《大公报》，1919年12月；亦可参考拙著《浮生取义》，第275页。

思路值得非常细致地研究。

顾涛先生指出："自晚清发端的反'三纲'之鲜明旗帜，经五四新文化运动而衍成激流，由是名实错位加剧，误读日益深重，俨然将礼教作为绝对三纲之积弊的代表词。"①此诚为不刊之论。不过，从另一个角度来讲，这些批评者站在自然人情的角度批判绝对禁锢性的三纲，虽然表面上是在打倒孔家店，也是用儒家更重视的人情之实来反对三纲之名，不自觉地从儒家内部进行自我批判。贺麟先生说，"五四"运动虽然表面上看是要打倒孔家店、推翻儒家思想，但其实"可以说是促进儒家思想新发展的一个大转机"。②这确实是相当有真知灼见的判断，因为上述这些批评者和魏晋时期礼教的批判者一样，所强调的还是回到人情自然，而这恰恰是儒家人伦思想的基础。③

不过，我们需要更深入地看待这一批判。虽然"五四"的人伦批判者没有多么系统的思想，但这一批判的强大理论力量却是他们自身也没有系统把握的。他们虽然借助于孔融等人的传统资源，其内在思路却也和现代西方的意志论紧密结合在了一起，因而既符合西方自由主义的基本理念，也不

---

① 顾涛，《论百年来反礼教思潮的演生脉络》，刊于香港《能仁学报》第13辑。
② 贺麟，《儒家思想的新开展》，收入氏著，《文化与人生》，北京：商务印书馆，1988年版。参考韩潮，《纲常名教与柏拉图主义——对陈寅恪、贺麟的"纲常理念说"的初步检讨》，《云南大学学报》，2012年第6期。
③ 关于这个时期人伦礼俗的调整，可参考罗检秋，《文化新潮中的人伦礼俗（1895—1923）》，第三、四章。

悖于中国人的生活感觉。鲁迅的文章《我们怎样做父亲》是对这一思路最深刻的总结①，而其中的基本论调，正是康德在《道德形而上学》中对父子关系论述的通俗版。如何恰当地理解这一问题，尚需对康德和人伦思想有了更深入的思考之后来处理，本书暂置不论。

二 礼法之争：人伦批判的第二条线索

与上述社会思潮相配合，还有其他方面的一些改变在影响着学术思考和法律实践。

在晚清预备立宪之时，朝廷设宪政、法律、礼学三馆，以求建立一套现代国家的制度体系，但礼教派和法理派之间却发生了非常激烈的争论。光绪三十二年（1906），沈家本、伍廷芳奏进《刑事民事诉讼法》，虽然沈家本原是张之洞举荐，张之洞却对此法激烈反对，认为其中的父子异财、兄弟析产、夫妇分资违背了作为礼教核心思想的亲亲尊尊原则。② 此法被全面废弃。第二年，法律馆又奏进《大清新刑律草案》，再次遭到礼教派的强烈反对。在这场激烈争论中，以沈家本、伍廷芳、杨度为代表的法理派和以张之洞、劳乃宣为代表的礼教派往复辩难。按照向达先生的归纳，其争论的议题主要涉及究竟以礼教还是法理为修律宗旨，法律是否

---

① 刊于《新青年》1919 年 11 月，第 6 卷第 6 号。
② 张之洞，《遵旨核议新编刑事民事诉讼法折》，《张之洞全集》第 3 册，第 1772—1799 页。

应该以道德礼俗为基础，以及究竟是遵循国家主义还是家族主义的原则这三个主要问题。①张之洞、劳乃宣等人并不反对变法，但他们认为，新法当中伤害尊亲属不科以死刑、没有体现父子之伦、无妻妾殴夫之条、没有体现夫妇之伦，等等，都是不应该的。②

沈家本等人表面上并没有否定礼教，而是认为，法律和道德应该分开，维护礼教主要应该通过道德教育，而不能靠法律。而且，新刑律中也并不是完全没有相关的规定，只是没有礼教派希望的那样多而已。无论沈家本③还是伍廷芳④，虽然接受了西方法学的一些观念，至少在口头上仍然承认传统礼教的作用。

不过，清末新法的思路已经在一些相当根本的方面改变了传统的礼法结构。主要表现在两个方面：第一，废除了按照丧服制度确立的亲等算法，而改用西方教会法的算法，就把魏晋以来"准五服以制罪"的基本原则⑤取消了。虽然沈家本等人并没有明确否定纲常，但这已经意味着，必须在新的理论基础上来建立法律体系；第二，沈家本等人虽然仍

---

① 向达，《清末礼法之争述评》，《深圳大学学报》，2012年第5期。
② 李贵连，《沈家本评传》，南京：南京大学出版社，2004年版，第245页。
③ 张新慧，《清末礼教派思想述评》，山东大学法律硕士论文，2008年，第25页。
④ 张丹露，《儒学对晚清礼法之争的影响：以伍廷芳和张之洞为考察对象》，《文山学院学报》，2012年。
⑤ 关于"准五服以制罪"，参考丁凌华，《五服制度与传统法律》，北京：商务印书馆，2013年版。

然承认礼教的价值,但主张法律与礼教分开,这一思路与当时西方法学界道德与法律分离的思想遥相呼应,无疑也是对传统礼法结构的巨大改变。这两点在现代中国的法学思路中被当然地接受下来并日益强化,成为指导思想。

曹魏以来所形成的礼律体系,以五服制度为人伦关系的基本标准,在法律中体现出亲亲尊尊的原则,最终在《唐律疏议》中形成了一个相当成熟的体系,以后历代均沿用不变。在这个体系中,以五服为本的礼制是文化基础,而律令则是维护礼乐文明的工具,"故礼以道其志,乐以和其声,政以一其行,刑以防其奸。"(《礼记·乐记》)法律与道德分离建立在完全不同的文化基础之上。以此来理解礼、法关系,先是去除了作为礼、法基础的五服亲等,继而使礼、法相互脱节,已经在相当根本的程度上瓦解了人伦秩序的根基。

杨度的表述是法理派中最激进的。他全面批判了中国礼教以家族主义为基础的状况,认为这是中国落后的根源,"其在本国固统以一尊而不为物竞。然一与外遇,仍当循天然之公例,以自然之淘汰而归于劣败,不亦哀乎!"要打破此种家族制度,"惟宜于国家制定法律时采个人为单位,以为权利、义务之主体。"[①]

沈家本、杨度等人对中国新法律体系的探讨,已经从

---

① 杨度,《金铁主义说:中国国民之责任心与能力》,收入《杨度集》,刘晴波主编,长沙:湖南人民出版社,1986年版,第257页。

很重要的方面改变了传统的礼法结构。制度层面上的这种变化与思想层面的批判相配合，必然意味着日益深入的结构性颠覆。

宣统三年（1911），《大清民律草案》完稿。其中的亲属和继承两编由法律馆会同礼学馆完成，虽然除了以西方教会法的算法取代了传统的五服算法之外，并没有彻底否定对传统礼教的维护[①]，却是以后一系列变革的开始，因为它意味着立法思路的变化。

进入民国后，从法律的角度研究和批判传统家族制度的代不乏人。吴虞在"五四"的批判中之所以能脱颖而出，和他对西方法律思想的熟悉是分不开的。后来陈顾远从法学的角度研究古代婚姻制度，也加入了这一讨论。

进入民国后，法学界继续尝试制定现代中国的亲属法，先后在民国四年、十四年和十七年完成了三稿亲属法草案，最终于民国十九年正式颁布了《中华民国民法亲属编》。这几次尝试在个人主义和家族主义之间不断徘徊，在最后的《民法亲属编》中，一方面仍设专章规定家制，另一方面对男女平等、一夫一妻等个人观念有较多强调。[②]

在立法的同时，民国政府和学界都没有放弃建立适合现代观念的礼制。民国建立伊始，政府就颁布了《礼制》；章太炎、姚文楠、郁元英等先生都试图制定民国的丧服体

[①] 周子良、李锋，《中国近现代亲属法的历史考察及其当代启示》，《山西大学学报》，2005年11月。

[②] 许莉，《家族本位还是个人本位：民国亲属法立法本位之争》，《华东政法学院学报》，2006年第6期。

制①；戴季陶于 1943 年在重庆主持的修礼工作会议，尝试制定《中华民国礼制》②，则试图在承认现代男女平等的原则的前提下，修订出适合现代中国的礼制体系。

等到 1950 年《婚姻法》出台之后，关于亲属法的争论基本上终结了，从礼制角度思考人伦关系的思路，也被降到了最低点。

比起对礼教压抑人情的批判来，法学的争论虽然没有那么广泛的参与者，但对社会生活更有实质的影响，然而法学并不是一门完全独立的学问，其背后仍然需要更实质的理论基础。清末礼法之争的一个内在原因，就是大多数参与者尚未能在现代法学与传统礼学之间找到一个恰当的结合点。沈家本等人已经接受了西方法学的很多原则，而接受这些原则，往往意味着不自觉地接受了这些原则背后的人性和制度原理。这些原理如何纳入中国人的思考框架之中，是清末法学家提出但无法回答的问题。戴季陶等民国学人后来的努力，都是在探索这样的结合点，而 1950 年的《婚姻法》，则已经建立在对人伦关系与社会发展史一个全然不同的理解之上了。

---

① 章太炎，《丧服概论》，刊于《国学商兑》，1933 年，第 1 卷第 1 期；《丧服依〈开元礼〉议》，刊于《制言半月刊》，1935 年，第 2 期；《丧服草案》，刊于《制言半月刊》，1936 年，第 21 期等；姚文楠起草、郁元英校录，《江苏编订礼制会丧礼草案；丧服草案》，1932 年铅印本。
② 国立礼乐馆编，《北泉议礼录》，重庆：北碚私立北泉图书馆，1943 年版；另参见戴传贤，《学礼录》，正中书局，1944 年版。

三 母系社会：人伦批判的第三条线索

母系论思想的传播和确立，在理论上进一步改变了传统人伦学说。晚清学者如章太炎、刘师培等都接触到了母系论，而最系统讨论母系论的当属康有为。[①]

康有为在《大同书》中以姓氏多从女旁为证，说："盖上古之人，教化未行，婚姻不定，朝暮异夫，谁知所出？野合任意，难辨所生。《国语》述鲁桓公之言曰：'同非吾子，齐侯之子也。'故婚姻不定，则父子难信，故不如从母姓之确也。且母生有凭，父生难识。"[②]他认为，母系社会成立的原因，是知母不知父；而之所以知母不知父，是因为没有明确的婚姻制度。

但有趣的是，他并不认为在母系社会中女性的权力大于男性，反而认为那恰恰是男尊女卑的时代："既为保全人种，繁衍人类之大故，且当上古文明之物一切未备，势不

---

① 很多研究者注意到了康有为对妇女和家庭问题的讨论，参考李兵、张晓平，《康有为〈大同书〉中的"去家界"》，《西南民族大学学报》（人文社科版），2010年第5期；安秀玲，《康有为〈大同书〉中的妇女解放思想》，《焦作大学学报》，2008年第5期；刘海鸥，《康有为〈大同书〉中的婚姻家庭伦理思想初探》，《船山学刊》，2005年第1期；朱林，《论康有为〈大同书〉中之男女平等观》，《伊犁教育学院学报》，2004年第3期；朱义禄，《论康有为的妇女解放思想》，《佛山科学技术学院学报》，2002年第4期；孟昭燕，《康有为的女权论》，《华夏文化》，2006年第2期。但这些研究大多没有深入探讨母系社会的问题。

② 康有为，《大同书》，第70页。

能行男女平等之事。"①因为崇尚武力,所以男人占据政坛,一定是屈女子而伸男子。那时候会有诸多不便:第一,子女知母不知父,"不能纠结无量男子以为亲,则无由而得强力";第二,女子日为人所掠夺,"姊妹不能聚处,则无由结合而成族";第三,由于上面两点而有母系氏族,但并非母权,而是舅甥相传,"然舅甥之爱结,终不如父子之情深,爱不深则结力不厚而保类不固";第四,因为仅知母不知父,每个孩子只有一人抚养,"其爱力薄,其生事难,其强健难,其繁衍难。"各个民族都认识到了知母不知父的弊病,逐渐改变这一状况。②

于是,"后世虽渐定夫妇,然或当女子稍少之地,一妻而拥多夫,或数人而共娶一女,或数兄弟共娶一女,犹以母为主也,是仍有母无父之世胄也。"③这种不稳定的夫妇关系之所以逐渐稳固下来,是因为"则有情好尤笃者两不愿离,则有武力尤大者以强勇独据之"。因为男人会经常为争夺女人而相杀,于是,"后圣有作,患人之争,因人之情,制礼以崇之,凡两家判合者以俪皮通其仪,为酒食召其亲友而号召之,高张其事以定其名分,为使人勿乱之也。于是夫妇之义成矣。"④这是康有为所理解的父系社会的兴起。

行父系后,子知母又知父,其最大好处,是父母可以

---

① 康有为,《大同书》第69页。
② 同上书,第70页。
③ 同上书,第79页。
④ 同上。

人伦的"解体"

通力合作，孩子易于成人，父子世世代代，能够传之久远；而亲人之间易于结合，能够广大。在天性上，男强女弱；在人事上，以男子传宗。"天性人事皆男子占优，虽圣哲仁人欲悯女子而矫之，然屈男伸女，既于人道不宜，又于事势未可；将行平等乎，又复返狉獉，更有不可。故不得不因循旧俗，难于大更，惟发明昏礼下达，男先下女，特著亲迎御轮之义，又发明'妻者齐也，与己齐体'、相敬如宾之义。"① 从母系到父系转变，无疑是迈向文明的一种进步，但是男尊女卑在所难免。圣人制礼，不仅是为了防止男人之间对女人的争夺，而且要制衡男尊女卑之势，使男人也能尊重女人。

康有为承认，家庭制度，特别是中国的家族人伦，是非常文明的一种礼制。夫妇、父子、兄弟皆出于自然，与禽兽无异。但人有知识，"能推广其爱而固结之"②，于是，人不仅爱父子兄弟，而且由此而立宗族，再推及国种，愈强愈大。因为中国人对于宗族人伦关系特别重视，敬宗合族，上数至几十代甚至上百代，他盛赞这种人伦关系说："故夫妇父子之道，人类所以传种之至道也；父子之爱，人类所由繁孳之极理也；父子之私，人体所以长成之妙义也。不爱不私则人类绝，极爱极私则人类昌，故普大地而有人物，皆由父子之道，至矣，极矣，父子之道蔑以加矣。"③

康有为虽然非常认同家族人伦，但他也列举了家族制

---

① 康有为，《大同书》，第71页。
② 同上书，第80页。
③ 同上书，第82页。

度中的很多弊端。因为和自己的家人亲密,人们就会疏远甚至敌视他人,这种自私对于人类总体终究是有害的。他说:"夫圣人之立父子、夫妇、兄弟之道,乃因人情之相收,出于不得已也。"① 正是因为这种种弊端,所以到了升平世和太平世,人伦家庭就都要消失了。

其人伦思想的核心,在于将西方进化论和乌托邦式的历史观纳入了"公羊三世说"当中。这不仅在当时是最系统的,甚至和后来的郭沫若等著名的母系论者比起来也不逊色。不过,由于他的思想是由春秋学、进化论、母系论、乌托邦等几个方面拼接而成的,若仔细推敲的话,其牵强之处也很明显。

比如,他明确谈到,在母系社会当中知母不知父,是因为婚姻制度不确定,没有固定的配偶。既然知母不知父,那么,是否必然会发生父女、兄妹之间的乱伦呢?同样,到了大同之世,既然父母子女之间不必有孝慈,男女之间也没有固定的婚姻关系,父女、母子、兄妹之间的乱伦,乃至群交的事情,是不是也会大量存在呢?群婚与乱伦,是西方母系论者必然会处理的问题,康有为却没有考虑到自己理论的这些必然推论。

"五四"时期,《新青年》上刊载了在英国师从韦斯特马克的陶履恭的连载文章《人类文化之起源》②、杨昌济从

---

① 康有为,《大同书》,第88页。
② 陶履恭,《人类文化之起源》,连载于《新青年》,1917年,第2卷第5、6期,第3卷第1期。

韦斯特马克的《人类婚姻史》中节译的《结婚论》①等。这些研究并没有立即产生巨大的影响，但其中所包含的理论思维，却与当时的人伦讨论形成了隐然的呼应。刘延陵的文章《婚制之过去、现在、未来》②、陈启修的《马克思研究：一、马克思的唯物史观与贞操问题》③，以及节译的贝贝尔的《女子将来的地位》④等⑤，都将西方的母系社会论介绍了过来。其后的几年，也有不少相关理论被介绍过来。

使母系论真正得到广泛认可的，当属郭沫若的《中国古代社会研究》。在此书的《导论：中国社会之历史的发展阶段》、《〈周易〉时代的社会生活》、《〈诗〉〈书〉时代的社会变革与其思想上之反映》、《卜辞中的古代社会》等几章中，郭沫若都谈到了母权社会的问题，只有在最后一篇主要处理奴隶制的《周代彝铭中的社会史观》中没有触及。该书在史料上的证据大体有这么几方面：

第一，古代帝王感生的传说。在古代传说中，商周始祖契、稷皆为其母感应神迹而生。他认为那应该就是一个"野合的杂交时代或者血族群婚的母系社会"。⑥

---

① 刊于《新青年》，1918年，第5卷第3期。
② 刘延陵，《婚制之过去、现在、未来》，刊于《新青年》，1918年，第3卷第6期。
③ 陈启修，《马克思研究：一、马克思的唯物史观与贞操问题》，刊于《新青年》，1919年，第6卷第5期。
④ 刊于《新青年》，1920年，第8卷第1期。
⑤ 笔者并未做严格的考证，仅从当时《新青年》上发表的文章中选了几篇。在当时其他杂志和其他作者的著作中，应该还有这类的介绍。
⑥ 郭沫若，《中国古代社会研究》，收入《郭沫若全集》第一卷，北京：人民出版社，1982年版，第20、222页。

第二，古代文献中关于尧将娥皇、女英嫁给舜的故事，应该也是古代普那路亚婚的结果。①

第三，《周易》中屯六二之"屯如，邅如，乘马班如，匪寇婚媾"，屯六四之"乘马班如，求婚媾"，贲六四之"贲如，皤如，白马翰如，匪寇婚媾"，睽上九之"先张之弧，后所之弧，匪寇婚媾"，他认为这里说的都是男子去求婚媾，说明女子重于男子，是母权制度残存的证据之一。而晋六二之"受兹介福，于其王母"中的"王母"被认为是女酋长。②

第四，他根据卜辞推断，殷代是尚未脱离母系时代的氏族社会，还有普那路亚婚的孑遗。③书契中有"祖丁之配曰妣己，又曰妣癸"，"武丁之配曰妣辛，又曰妣癸，又曰妣戊"的话，郭沫若以为是多妻制；而"戊子卜庚（寅）于多父旬"，"贞帝（禘）多父"，"庚午卜 贞，告于三父"，则被认为是多夫制的痕迹。这样，殷人多父多母，就应该是伙婚制（他称为"亚血婚族群制"）的。殷人特祭先妣，郭沫若以为此即母权中心之一证。④殷代帝王称"毓"，郭沫若以为，此亦母权时代之厥遗。⑤殷王兄终弟及，已是公认的现象，郭沫若生亦以为，此即兄弟姐妹群婚之结果。

---

① 郭沫若，《中国古代社会研究》，第20、97—98、228页。
② 同上书，第46—47页。
③ 同上书，第19—20、234页。
④ 同上书，第230页。
⑤ 同上书，第231页。

第五,《淮南子·氾论训》"苍梧绕娶妻而美,以让兄"与"孟卯妻其嫂",都被当作这种婚俗在春秋战国时的遗存。①

第六,《尚书·牧誓》中指责纣"昏弃厥遗王父母弟不迪",郭沫若以为,这正是群婚制度的遗存,即要王父母弟整个出嫁。②

第七,郭沫若在周代的古公亶父的故事中也找到了母权社会的遗存。③《大雅·绵》第一章:"古公亶父,陶复陶穴,未有家室。"说明当时还在穴居时代。第二章:"古公亶父,来朝走马,率西水浒,至于岐下,爰及姜女,聿来胥宇。"郭沫若解释说:"古公已经是一位游牧者。他逐水草而居,骑着马儿沿着河流走来,走到岐山之下,便找到一位姓姜的女酋长,便作了她的丈夫。这不明明是母系社会吗?"④ 又,《大雅·思齐》说:"太姒嗣徽音,则百斯男。"文王的夫人怎么会生一百个儿子?他认为要么是因为多妻,要么是因为群婚,而以群婚为胜。⑤

第八,《周礼》中说:"仲春之月,令会男女,于是时也,奔者不禁。若无故而不用令者罚之,司男女之无夫家者而会之。"郭沫若也认为这是杂交时代的遗存,这一遗

---

① 郭沫若,《中国古代社会研究》,第230页。
② 同上书,第100页。
③ 同上书,第22页。
④ 同上书,第101、106页。
⑤ 同上书,第101页。

存也体现在《桑中》《溱洧》等诗中。①

第九，郭沫若认为《礼运》中"大道之行也，天下为公"一段讲的就是原始共产主义社会，而"今大道既隐，天下为家"一段讲的是向父系阶级社会的过渡。

自从郭沫若系统地阐释之后，母系论和母权论就成为一种相当流行的观念。比如陈顾远先生在 1925 年出版的《中国古代婚姻史》，还毫无母系论的痕迹，但他 1936 年写的《中国婚姻史》，就加入了大量母系论的内容，其主要根据除了郭沫若所用的感生帝②、舜象共妻③、苍梧绕、孟卯④，以及甲骨文材料外⑤，比较有力的证据还有《周书·异域传》以及历代史书所载少数民族的多夫制。⑥

再如，历史学家李玄伯先生在《中国古代社会新研》中，虽然理论基础与郭沫若完全不同（郭先生的理论来源是摩尔根和恩格斯，而李先生的理论来源主要是古朗士、涂尔干等法国学者。古朗士是父系论者，涂尔干虽然承认有母系社会，却并不是严格意义上的母系论者），很多地方也不同意郭沫若的说法，但同样认为中国古代确实存在母系社会。他的主要证据包括：

第一，他比郭沫若更详细地分析感生帝等现象，认为

---

① 郭沫若，《中国古代社会研究》，第 245—246 页。
② 陈顾远，《中国婚姻史》，上海：商务印书馆，1937 年版，第 22—23 页。
③ 同上书，第 45 页。
④ 同上书，第 69 页。
⑤ 同上书，第 46 页。
⑥ 同上书，第 70—71 页。

感生神话中的玄鸟之类其实是图腾。《诗·长发》中说:"有娀方将,帝立子生商。"他认为有娀是母系之姓,即整个商族的姓,而玄鸟为其图腾。这句诗里描述的,就是母系的商族与其图腾的关系,玄鸟所生并非某个人,更不是某个男人,而是整个氏族。《史记·殷本纪》中说简狄为帝喾之妃,生子为契,就已经是父系时代的神话讲法了。[①]由于受法国人类学的影响,李玄伯特别重视图腾制度,也特别强调姓氏系以女字旁的母系社会起源。

第二,李玄伯又引了《国语·晋语》中的一段文字来证明母系社会的存在。这段文字(详见后文)是秦国司空季子对晋文公说的。李先生认为其中和母系社会相关的有两方面内容:一是司空季子说"同姓为兄弟",而黄帝二十五子之中,唯二人为同姓,他认为,同姓即同生,指一母所生方为兄弟。二是说晋文公与子圉(晋惠公之子晋怀公)为道路之人,娶其所弃之怀嬴,是完全可以的。从父系论,子圉为文公异母弟之子,当然不是道路之人;但若从母系论,则文公之母姓姬,惠公之母姓子,子圉之母姓嬴,所以是道路之人。在他看来,《晋语》这段文字,乃是证明中国曾有母系社会的"无上文献"。[②]

第三,发展郭沫若在《释祖妣》中的思路[③],他研究了

[①] 李玄伯,《中国古代社会新研》,上海:开明书店,1949年版,第119页。
[②] 同上书,第165—167页。
[③] 郭沫若,《释祖妣》,收入《郭沫若全集·考古编卷一》,第34页。从亲属称谓的角度理解亲属制度,其实来自摩尔根。

亲属称谓。古称夫之父、妇之父、母之兄弟皆为舅，夫之母、妇之母、父之姊妹皆为姑，而姊妹之子及婿皆为甥。夫之父、妇之父与母之兄弟皆称为舅，说明对于女子而言，夫之父就是母之兄弟；对于男子而言，妇之父亦为母之兄弟。同理，父之姊妹就是夫或妇之母，女婿就是自己的外甥。这说明兄妹之子女相互通婚，而这正是图腾制下外婚制和母系传承的结果。由于舅父在母系社会中有崇高的地位，李玄伯又认为，中国古代重视外亲、舅父的传统，当为母系的遗存。甚至宋代苏老泉的诗"世人婚姻重母族"，也被认为是一个例证。①

与郭沫若非常不同的一点是，李玄伯拒绝承认群婚现象。但法国的涂尔干和列维-施特劳斯都承认乱伦禁忌是后起的。李玄伯应该没有想到，要在理论上真正接受母系社会，是很难拒绝乱伦和群婚的命题的。

值得注意的是，民国时期专业的社会学家和人类学家，特别是专门研究亲属制度的学者，很少有相信母系论的。但在其他领域，特别是历史学界，母系论乃至母权论的影响却越来越大。当然，母权论的传播与马克思主义的影响有很大关系，但像陈顾远和李玄伯都是国民党方面的学者，却也接受了母系论，说明这并非只是意识形态的影响所致。一个很有趣的例子是潘光旦先生，他在1949年之前，既不接受

---

① 李玄伯，《中国古代社会新研》，第40—41、157—168页。

母权论，更不接受群婚制①，但在1949年末，他亲自动手翻译恩格斯的著作，译名为《家庭、私产与国家的起源》，至1951年稿成，并写下了很多条长篇译注，以中国的史料来证明恩格斯的说法。我认为，潘先生虽然是在共和国成立后接受的母权论，但他仍然是诚心诚意接受这一学说的。

在20世纪二三十年代，西方大多数人类学家已经不再相信母系论的命题了，它却成为中国社会科学界一条公认的真理。这一点对现代中国人看待人伦纲常和家国关系至关重要。首先，如果承认母系社会曾经存在，而且母系社会就是母权社会，那就不仅推翻了男尊女卑的理论基础，而且必须承认，乱伦、群婚等现象不仅在历史上存在过，在将来家庭消失之后，仍将具有合法性，因此家庭只是一个历史现象，这就需要人们重新理解父子、母子、夫妻关系；其次，母权社会还会引出对人类历史观的一系列观念，比如阶级的产生、国家的本质等，接受了母权论，也要或多或少地接受这些观念；更重要的是，母权论背后还有关于人性、自然、权力等的很多重要假设，这些都伴随着母权论进入国人的视野中。于是，以母权论为支点，中国学

---

① 比如潘光旦在1934年出版的《性的道德》的译注11中（《潘光旦文集》卷12，北京：北京大学出版社，2000年版，第195页）明确批判巴霍芬的母权论；在1947年的《家制与政体》一文中也认为父权制是一切家庭形式的源头（《潘光旦文集》卷10，第90页）；在1948年的《新路》上，潘光旦以坎侯的笔名与吴景超（笔名念福）有一场争论，念福接受知母不知父的说法，主张婚姻的演化，而坎侯却以韦斯特马克的理论，批评群婚制的说法，认为人类的婚姻一直是一夫一妻制的。

术界不仅完全重构了对人伦的理解，而且形成了一整套的社会观。

在中国学界接受的社会发展史中，封建社会曾经是最关键的争论，但近些年来，以西方式的封建论来解释中国传统社会的不妥，已经为学界所公认，不再成为大的学术问题[①]；关于奴隶社会和资本主义萌芽的论证，本就相当薄弱；但是，关于原始社会，特别是母系社会的理解，因为只是一种理论假说，很难通过史料来证明或证伪，至今都未能得到认真的检讨，以至在海峡两岸的中国学界中（专业人类学除外），尽管其他几个阶段都不再成为问题，母系社会仍然被当作一个真理来接受。但笔者认为，这一问题的重要性不亚于封建论，因为它触及了一些极为根本的理论问题。

四 对中国母系论的批驳

中国母系论者的论据可以归纳为三个方面：第一，西方母系论和母权论的理论；第二，中国文献中的证据；第三，中国古典思想中的一些类似说法。在此，我们先对第二点，即文献中的证据做出反驳。

第一，关于帝王感生。上古帝王无父感生的神话是主要的母系论者都非常倚重的一类证据，但古人对此有各种解

---

① 关于"封建"问题的详细研究，可参见冯天瑜，《"封建"考论》，北京：中国社会科学出版社，2010年版。

释，其中无一与母系社会相关，为什么从它们可以推出母系社会的结论呢？潘光旦先生详细考索古代文献，找出了其中的十七个感生例子，指出对它们可能有三种解释方式：第一，记载的人虽然明知这些人有父亲，但因为他们地位尊崇，所以造了这些神话，因而这些帝王感生神话与后世正史中关于开国帝王的灵异传说没有什么两样；第二，其母与人野合成孕，后人讳言，故说感生神迹；第三，这是远古时代乱交习俗的遗存。①潘先生采取了第三种解释。但我认为，还是第一种更合理，这与后世通过灵异现象来神化历代帝王应该没有实质的区别。

潘先生承认，后世的汉高祖梦龙据薄姬而生文帝，孙坚夫人梦月入怀而生孙策，应归于第一种解释。那么，为什么远古时代的帝王感生就不能出于同样的文化想象呢？潘先生说，这些神话有三点和后世不同：第一，时间不同，后世多为分娩之前，而远古多为成孕之时；第二，感生性质不同，后世多为梦境，前世多为实境；第三，感生作用不同，后世的梦境与受孕无关，上古的则直接是受孕的原因。因为这三点不同，两种感生有本质的区别。②

后世天子多有感生者，却未必都符合这三条。如《史记·高祖本纪》说汉高祖之生："刘媪尝息大泽之陂，梦与神遇。是时雷电晦冥，太公往视，则见蛟龙于其上，已

---

① 潘光旦，《潘光旦文集》卷13，北京：北京大学出版社，2000年版，第200页。
② 同上。

而有身，遂产高祖。"刘媪并非先受孕，于分娩前感生，而是"梦与神遇"。此事于刘媪虽为梦中，于太公却为实境。且这个感生事件直接导致了刘媪之孕。这三点反而都更像潘光旦所谓上古感生帝的故事，难道说这时也是母系社会？

《魏书》中北魏神元皇帝拓跋力微之兴，是感生帝中非常奇特的例子：

> 初，圣武帝尝率数万骑田于山泽，欻见辎轩自天而下。既至，见美妇人，侍卫甚盛。帝异而问之，对曰："我天女也，受命相偶。"遂同寝宿。旦，请还，曰："明年周时，复会此处。"言终而别，去如风雨。及期，帝至先所田处，果复相见。天女以所生男授帝曰："此君之子也，善养视之。子孙相承，当世为帝王。"语讫而去。子即始祖也。

在这个例子里，并非母亲感应而生，却是父亲感应天女而生始祖。拓跋氏为鲜卑族，其文化自与中原有异。但正因如此，我们完全可以用这个例子与中原文化中上古的稷、契之感生相对照。这个故事也完全符合潘光旦说的上古感生帝的三条原则：受孕前、实境、感生导致受孕，唯一区别是天女感应。

可见，因为帝王感生故事而推测母系社会的风俗遗存并不可靠。但若把这些感生故事放在宗法体制的结构中，却可以得到很好的解释，即帝王为了把自己的世系追溯到最远，且神化自己的祖先，因而将始祖说成为天所感，这是困难小得多的解释。感生故事会呈现出各种模式，包括有母无父者、有父无母者、感生受孕者，也包括感生分娩者，甚至很多与受孕无关，而仅仅是天现异象的情况。若以有母无父来概括，是无法解释所有情况的；这些故事的重点本就不是有父无父的问题，而是神迹感生。神迹可能在各种时刻、以各种形式发生。①

赵林先生在研究中发现，玄鸟生商的传说在甲骨文中已经有了，不过并不能由此就认为玄鸟是殷人的图腾。②诚然，虽然人类学家所说的图腾常常是动物，但并不是神话中的所有动物都可以当作图腾。中国一些学者对图腾的概念颇有滥用之嫌。而如果玄鸟并非图腾，则李玄伯等先生的推论也很难成立了。

第二，李玄伯先生所引的《国语》中那段话号称母系论的无上文献，我们也细读一下。其全文如下：

> 秦伯归女五人，怀嬴与焉。公子使奉匜沃盥，既而挥之，嬴怒曰："秦晋匹也，何以卑我？"公子惧，降服囚命。秦伯见公子曰："寡人之适此为才，子圉之

---

① 对于上古帝王感生之事，亦可参考拙文《圣人无父：〈诗经〉感生四篇的诠释之争》，刊于《经学研究第二辑：经学与建国》，北京：中国人民大学出版社，2013年版。
② 赵林，《殷契释亲》，上海：上海古籍出版社，2011年版，第88页。

辱，备嫔嫱焉。欲以成婚，而惧离其恶名，非此则无故，不敢以礼致之，欢之故也。公子有辱，寡人之罪也。唯命是听。"公子欲辞，司空季子曰："同姓为兄弟。黄帝之子二十五人，其同姓者二人而已，唯青阳与夷鼓，皆为己姓。青阳，方雷氏之甥也；夷鼓，彤鱼氏之甥也。其同生而异姓者，四母之子，别为十二姓。凡黄帝之子二十五宗，其得姓者十四人，为十二姓。姬、酉、祁、己、滕、箴、任、荀、僖、姞、儇、依，是也。唯青阳与苍林氏同于黄帝，故皆为姬姓。同德之难也如是。昔少典娶于有蟜氏，生黄帝、炎帝。成而异德，故黄帝为姬，炎帝为姜，二帝用师以相济也，异德之故也。异姓则异德，异德则异类，异类虽近，男女相及以生民也。同姓则同德，同德则同心，同心则同志，同志虽远，男女不相及，畏黩敬也。黩则生怨，怨乱毓灾，灾毓灭姓。是故娶妻避其同姓，畏乱灾也。故异德合姓，同德合义，义以导利，利以阜姓，姓利相更成而不迁，乃能摄固，保其土房。今子于子圉，道路之人也，取其所弃，以济大事，不亦可乎？"公子谓子犯曰："何如？"对曰："将夺其国，何有于妻？唯秦所命从也。"

首先，此事的起因并非重耳与怀嬴之间的婚姻有什么禁忌或妨碍，而是因为重耳待怀嬴如媵妾。秦穆公之女怀嬴先归子圉，后子圉返晋为怀公，怀嬴未从。此次重耳返国，秦穆公以五女归之，怀嬴是其中之一。重耳与怀嬴之间本非同姓，没有相避之礼，重耳也没有表示不接受，只是不以夫人之礼相待，致使怀嬴不悦，重耳畏惧，向穆公请罪，穆公向重耳解释，重耳才提出不娶怀嬴，而引出了司空季子的那段话。无论是秦穆公还是司空季子的话，都意在解释，怀嬴虽为子圉之弃妇，重耳还可以娶她，且尊为夫人。

司空季子虽说"同姓为兄弟"，但他从未提到从母姓的可能。他说黄帝二十五子，得姓者十四，同姓者唯二人，同姓指的是与黄帝同姓，皆为姬姓（"皆为己姓"，不是说他们都姓己，而是皆为黄帝自己之姬姓）。而司空季子话中真正的关键"同姓则同德"，却是李玄伯始终避而不谈的。重耳与子圉本为同姓，但因为异德，就是道路之人，而不是因为他们母族不同。既然异德则异姓，那么他娶子圉所弃之妇，也就没有任何妨碍了。

司空季子还有一句很重要的话："异姓则异德，异德则异类，异类虽近，男女相及以生民也。"韦昭注云："重耳，怀嬴之舅，故言此以劝之。近，谓有属名相及嫁娶也。"如果真的按照母系，则甥舅之间正应同姓，即使不同姓也不应该婚配。但司空季子恰恰在告诉重耳，只要异姓，再近的关系也可以嫁娶。而这句话也只是一句附加的警示，前面谁都没有认为这是一个障碍。

由这几个方面来看，说这段话意指母系社会，应该是没有根据的。

第三，关于卜辞中的若干条，赵林先生在《殷契释亲》一书中曾详辩之，非常有力。他指出，郭沫若对甲骨文的释读是对的，即在商代，"父不仅可以用来称呼一己的生父，还可以用来称呼生父的兄弟"，而且不仅是父，母、子、女皆为类型式的称呼，即父的兄弟之妻皆可称为母，而兄弟之子女皆可称为子女，而且这与兄终弟及传位法的成立有密切关系。[①]不过，由此而推断这是群婚制或母系制度，却是没有根据的。这种称谓模式虽然与摩尔根所描述的马来亚式、土兰尼亚式非常相似，但"商人自始便行'一男：一/多女'式的婚姻"。[②]虽然后来周代的很多现象尚未出现，且商代的一定时期存在一定程度的母系继承，但商代的总体亲属制度一直是以父系宗法为主，这已经是学界公认的结论，可以不必赘言。

第四，根据亲属称谓来推测母权社会，是一个稍微复杂的问题。不仅中国的母权论者，甚至西方学者如葛兰言、列维－施特劳斯[③]等，都接受了这一方法，但他们并没有认为这就可以推出母权社会来。

以亲属称谓推测古代婚姻制度，始自摩尔根（详见本书 74 页以下），但后来的人类学家克鲁伯对摩尔根有一个非常严厉的批判，指出亲属称谓的变化有各种因素，仅以此推

---

① 赵林，《殷契释亲》，第 16—17 页。
② 同上书，第 280 页。
③ Claude Levi-Strauss, *The Elementary Structures of Kinship*, Boston: Beacon Press, 1971.

测古代有群婚制，是非常牵强的。^①人类学界对这个问题有非常激烈的争论。虽然克鲁伯的极端批评未必完全成立，但摩尔根的推论确实武断。中国人类学家冯汉骥[②]、芮逸夫[③]等先生已经就相关问题做了非常精彩的研究。即便从舅、姑之名推测古代的婚姻制度，也完全可以只推出交表婚，而不必推出母权社会。在交表婚的制度之下，如果甲兄妹（甲1，甲2）和乙兄妹（乙1，乙2）相互结婚，即甲1娶乙2生子丙，乙1娶甲2生女丁，而丙娶丁，则乙2是丁的婆婆，同时也是她的姑姑；甲1是她的公公，也是她的舅舅，即可解释称公公为舅，称婆婆为姑的问题，而不必解释为母系社会。对于这个复杂的问题，冯汉骥、芮逸夫、赵林等前辈学者已经有非常深入的研究，此处亦不必赘言。

第五，从康有为等晚清学者开始，就不断有人以"姓"字和许多姓氏从女旁证明母系社会的存在。乍看上去，根据文字的构成来确定家族的传承，是相当强有力的证据，以至到相当晚近的时候，还有不少学者接受这一思路。但这也是想当然的。

---

① A. L. Kroeber, "Classificatory Systems of Relationship," *The Journal of the Royal Anthropological Institute of Great Britain and Ireland*, Vol. 39 (Jan-Jun, 1909), pp. 77-84. 详见本书104页以下。
② Feng Han-Yi, The Chinese Kinship System, in *Harvard Journal of Asiatic Studies*, 1937, Vol.2; 此书中译本《中国亲属称谓指南》，上海：上海文艺出版社，1989年。
③ 芮逸夫，《伯叔姨舅姑考》，收入氏著，《中国民族及其文化论稿》，台北：台湾大学人类学系出版，1989年。

中国姓氏研究有着深厚的传统，姓与氏本不同，至秦汉后方合二为一。郑樵在《通志总序》中说："男子称氏，所以别贵贱，女子称姓，所以通婚姻。"①这是对周代各种文献中姓氏称呼体例的总结，被广泛接受。若从姓、氏之别的角度看，"姓"字从女本有更加合理的解释，没有必要解释为母系社会。

而且，虞万里先生指出，甲骨文和金文中的"姓"字或作"生"或从人，而不从女，至诅楚文、睡虎地秦简方见从女之"姓"字。以此后出之"姓"字证明上古的亲属制度，显然是不合适的。②

第六，各位先生都津津乐道于舜有二妻之事，并证以《孟子·万章上》中象说的"二嫂使治朕栖"，和《楚辞·天问》中的"眩弟并淫"，认为舜、象兄弟和娥皇、女英姐妹为普那路亚式的伙婚制。尧以二女妻舜，本可以一夫多妻释之；象欲淫二嫂，亦完全没有必要释为兄弟共妻。这一条不足以成为普那路亚婚的证据。以苍梧绕、孟卯等的故事来证明兄弟伙婚制也是类似的情况，同样没有坚实的基础。

第七，对《周易》中几条"婚媾"的解释，何以就能说成是男子出嫁，根本没有充分的证据。比如，屯六二原文本作"屯如，邅如，乘马班如，匪寇婚媾，女子贞不字，十年乃字"。郭沫若先生的解释完全忽视了随后所说的"女

---

① 郑樵，《通志》，浙江古籍出版社影印万有文库本，1988年版，第2页。
② 虞万里，《姓氏起源新论》，收入《榆枋斋学林》，下册，上海：华东师范大学出版社，2012年版，第949页。

子"。同卦六四中的"求婚媾",也完全没有解释成男子出嫁的必要,在士昏礼当中,"纳彩"本就是男家主动到女家求亲,"求婚媾"并不能证明是男子嫁到女家。

第八,《牧誓》中的那句"昏弃厥遗王父母弟不迪",指的是纣因为昏聩无道,弃同族之亲于不顾,"昏"字无婚姻之义,这句话里并没有说纣将族亲一起嫁出去的意思,郭沫若的解释并无根据。

第九,郭沫若对《绵》中古公亶父那一段的解读,更有很多没有根据的臆想。"爰及姜女"一语中,何以就能看出"姜女"是位女酋长,何以就能推断周族本为母权姜姓,至古公之后方为父系姬姓?《思齐》中说的"则百斯男",旧说以为"大姒十子,众妾则宜百子也",自是一妻多妾制下很自然的现象,完全没有必要解释为群婚制。至于十二三岁生子伯邑考,也并非完全无可能,不必以伙婚制解释。这一点,就是陈顾远先生也已经不同意了。①

第十,《周礼》中的"奔者不禁",仅指不待聘礼,并无群婚的意思。

第十一,《礼运》中的"大道之行也,天下为公"一段,对康有为和郭沫若都非常重要。但其中的"女有归"三字,郑注:"皆得良奥之家。"孔疏:"女谓嫁为归。君上有道,不为失时,故有归也。"这句话本来含义非常清楚,没有什么疑义,却是母系论者的最大困难。为了规避这个困

---

① 陈顾远,《中国婚姻史》,第47页。

难,康有为强行将"归"字解为"岿",然后说:"岿者,巍也,女子虽弱,而巍然自立,不得陵抑。各立和约而共守之,此夫妇之公理也。"①郭沫若则干脆认为,这是后人窜入的。②改经文以就己说,本为解经之大忌。二先生此处之牵强,是很显然的。

以上所举这些证据,都有比母系社会更周延的解释,因此,以它们来推测母系社会的存在非常牵强,若是和巴霍芬笔下那些希腊、罗马的资料比起来,完全没有任何解释力。

中国母系论者唯一一类真正有力量的证据,是陈顾远先生所谈到的,史书中对少数民族共妻制的描述。这类证据,在史书中不少。比如《魏书·西域传》、《北史·西域传》、《周书·异域传》等均记嘞哒"兄弟共一妻";《旧唐书》记东女国以女为王,"重妇人而轻丈夫";《新唐书·南蛮传》记名蔑也是兄弟共妻;《西游记》、《镜花缘》中的女儿国,以及近世西藏的多夫制、西南少数民族中的走婚制,倒可以用作更可靠的证据,西方母系论者也多有用到中国这些材料的。那些兄弟共妻和走婚制的材料可以证明母系社会存在于某些少数民族当中,却无法证明这些社会也都是女人掌权的母权社会,更不能证明,这些民族此前就没有过父系社会,当然更无法推出,这些民族的状况,就是中原社会的过去。东女国和古小说中的女儿国,多少可以为母权社会

---

① 康有为,《〈礼运〉注》,《康有为全集》第五集,第555页。
② 郭沫若,《中国古代社会研究》,第238页。

人伦的"解体"

提供一些证据，其价值几乎可以和巴霍芬的材料相媲美，但是，就连巴霍芬的那么多材料都不足以证明母权社会的存在，仅仅这几条材料又能有多大的力量呢？

笔者以上借助自己的辨析，结合前辈学者的研究，对中国母系论者的主要论据做了简单批驳。其他还有一些小的证据，就不一一辩驳了。

在古代婚姻制度、亲属制度的专业性研究中，母权论的荒谬早已昭然若揭。早在潘光旦先生翻译恩格斯著作的时候，他虽然从古代文献中找出了大量的证据，力图使自己相信母系论乃至母权论的成立，但还是不得不承认，中国的各种婚姻制度先后演化的关系，虽然按照摩尔根的理论应该有，"但事实的资料可以说没有。"①

潘先生已经明明白白地告诉了我们，中国母系论者最重要的理据并非中国的史料，而是西方的相关理论；而在笔者看来，还有第三方面的理据，那就是中国古代思想中的相关讨论，比如《庄子·盗跖》、《商君书·开塞》、《吕氏春秋·恃君》等处都有上古之人"知母不知父"的说法。但首先，这些是先秦思想家对上古生活的一种猜想，不能作为史料来用；其次，"知母不知父"未必就意味着母系社会，古人从未说"知母不知父"就必然是母姓。以这些说法证明母系社会的存在，更是没有根据的。关于这个方面，在辨析了西方母系论的起源及其根据之后，我们再来反驳。

---

① 参见《潘光旦文集》卷13，第207页注56。

五 西方的人伦神话

母系社会论似乎帮助中国学者回答了人伦起源的问题，但我们发现，"母系论"远非一个可以终止讨论的命题。

既然母系论之荒谬如此明显，既然此说在各个专业领域早已被驳倒，为什么母系论乃至母权论直到今日还为许多国人所接受呢？仅以研究不够深入、对西方先进成果的接受不够来解释，完全是推诿之词。在本书中，笔者的目的也绝不仅仅限于批驳母系论而已。必须肯定的是，母系论的出现与成立，给了纷纷扰扰的人伦争论一个理论的定位，对于现代社会科学在中国的确立，起到了巨大的作用。它使中国思想在实质上与同时代的西方学术有了非常深刻的对话——哪怕对话的结果是错的。如果不认识到这几点，我们对母系论的批驳将流于意气之争，毫无意义。

我们的目的并不仅仅是证明，中国的母系论者和对人伦的批判是错的。在西方学界，母权论的兴起是以1861年巴霍芬发表《母权制》为标志的，在19世纪后期达尔文主义的进化论流行之时，母系和母权的问题一度成为人类学界的热门话题。而中国对西方思想的接受，也是在进化论大行其道之时，学术界又普遍接受了唯物史观，形成了中国式的母系论。但与此同时，西方严格意义上的人类学研究已经兴起，认真做田野调查的人类学家没有发现母权社会，摩尔根等人的错误得到了认识，母权论作为一个学术话题已经终结了。

不过，这并不意味着母权论者关心的问题也终结了。就在关于母权本身的讨论终结的同时，西方生物学界、人类学界、心理学界却仍然在继续讨论着许多相关的话题。

母权论必然涉及乱伦和群婚的问题。因此，就在母权论即将式微之时，乱伦禁忌作为一个新的话题又进入了学术界的视野。达尔文本人和韦斯特马克在批驳母系论的同时，也批驳了群婚制，认为人类在天性上就不会乱伦和群婚。韦斯特马克更试图证明，从小生活在一起的异性往往是相互排斥的，这就是著名的"韦斯特马克效应"。到了20世纪，仍然深受进化论影响的人们热衷于对乱伦禁忌的讨论，因为这和母系论一样，牵涉到人类文明起源的问题。弗雷泽、涂尔干、弗洛伊德、列维－施特劳斯相继加入这场讨论当中，他们都极力反对韦斯特马克的说法，认为乱伦禁忌是人类文化构造出来的，弗洛伊德更将弑父娶母当作人的本能。他们在相当长的一段时间内压住了韦斯特马克一派。但到了20世纪后期和21世纪之初，许多研究却证明韦斯特马克效应是确实存在的。对乱伦禁忌的讨论，无疑触及了人性、自然、文明等很多根本问题。

弗洛伊德的弑父娶母情结看似被否定了，但是，他的命题的另外一个维度却包含着生物学无法证明的又一个神话。乱伦禁忌谈的是娶母问题，但弑父情结所讲的，却是一个更重要的伦理和政治问题。在这个问题上，弗洛伊德是达尔文主义的继承者，因为正是在达尔文和阿特金森的启发之下，弗洛伊德才理解了远古人类弑父故事的含义。达尔文、阿特金森和弗洛伊德，共同讲出了人类文明起源的一个版本：众多儿子联合弑父，终结了独眼巨人式的父君主制，这是人类文明的起源，也是民主制度的起源。在这个故事里，弑父即弑君。而另外一位天才的人类学家弗雷泽，将残酷的弑君故事讲得美妙无比，把我们从罗马内米的狄安娜神殿带到世界各地的民俗传说中，给出了对弑君与弑神的种种诠释。

这是与中国道德人伦批判同时发生的、西方社会科学家制造出来的三个神话：母权制、乱伦禁忌、弑父弑君。正在猛烈批判三纲的中国人很少知道，当时的西方学术界同样深刻地陷入三个人伦设问当中。对母权制的讨论，来自对罗马父子关系的质疑和反拨；乱伦禁忌，是对婚姻关系和文明起源的反省；而弑父弑君，则是对父君主制国家和民主制的文化检讨。比起中国人的人伦批判来，西方人的论题更是骇人听闻。中国学界犹犹豫豫地接受了其中的第一个，却对其背后必然涉及的乱伦与群婚问题讳莫如深，遑论讨论第二个和第三个了。达尔文早就被介绍到了中国，弗洛伊德的名字曾经在20世纪80年代的文化热中变得家喻户晓，中国人可以接受进化论、猿猴变人、性冲动、生殖崇拜、神经官能症，而弑父娶母情结虽然曾经令很多青年人血脉偾张，却终究无法得到他们的认同。在这三个神话之后，西方正在兴起第四个人伦神话：女性主义，或被称为女性主义的第二次浪潮，因为19世纪以男性学者为主导的那一场被称为第一波女性主义。在对西方思想望风披靡的今天，曾经接受了母权论的中国学界也有不少人似是而非地接受了女性主义。

对于女性主义这个尚在进行中的神话，笔者不想过多置喙，但我们必须看到，这几个现代学术神话在根本上是同一个人伦故事的不同场次：如果不算女性主义的话，正是一个三部曲。而这个距离我们如此之近的三部曲，其真正的根源却在遥远的古希腊。那些批判中国人伦的人们，或许无法理解希腊、罗马的父家长制对现代西方的深刻影响，更不知道人伦问题同样是西方人的根本问题。① 西方古典家庭中的父子、夫妇、主奴关系之严厉程度远远超过了中国，弑父、乱伦、弑君，是古希腊思想和文学作品中随处可见的主题，基督教的到来更将弑神问题嵌入其中。

在现代西方的人伦神话中，达尔文的生物学与亚里士多德的几部生物学著作有极其紧密的关联；巴霍芬最主要的依据正是希腊文献中那些关于亚马逊等母权部落的记载，以及希腊神话中男女诸神的故事；人类学中的母系论者总要花大量笔墨来谈希腊，因为在他们看来，所谓的史前文明，就是比希腊更早、更野蛮的状态；弗洛伊德的情结直

---

① 长期以来，古罗马家庭被当作理解中国古代家庭的范本，中国古代家庭法也被当作罗马法的中国版本。如瞿同祖，《中国法律与中国社会》，北京：商务印书馆，2010年；滋贺秀三，《中国家族法原理》，法律出版社，2003年。但这种类比不仅在现象上似是而非，更重要的是，它完全抹杀了两种不同的家庭制度背后哲学理论的差别。

接来自俄狄浦斯神话和柏拉图的《会饮篇》；俄狄浦斯、俄瑞斯特斯、忒修斯、希波利特、阿多尼斯、美狄亚，还有众神之父宙斯，哪一个不曾有过巨大的人伦之变？而现代人伦神话的真正思想根源，则是柏拉图与亚里士多德的哲学，尤其是亚里士多德明确讲出的"形质论"。

人伦问题，正是这些深受古希腊思想熏陶的现代学者面临的最大问题：母权论表面上试图解决的是父子与母子之间的关系，实质上触及的是自然与精神、野蛮与文明、社会与国家的问题；乱伦禁忌所要面对的，也不仅是性欲在人性结构中的位置，而且是文明的起源和社会的构成；而弑父弑君的实质，乃是父亲与君主、君主与民主的关系。尽管君主制在辛亥革命的炮声中颠覆了，但有几个文明国家不是从君主制开始的？脱离了对君主的理解，我们有可能理解人类政治生活的实质吗？弗洛伊德坦白地告诉我们，君主就是父亲，上帝也是父亲，没有父亲，哪有什么文明？不认真对待君主制的政治实质，就不可能接受真正的民主制。

人伦问题真的可以被遗忘吗？弗洛伊德说，那个被杀的父亲比活着的父亲有更强大的力量。这三部曲恰恰告诉我们，现代人并没有从人伦关系中彻底解放出来，而是更深地纠结在乱麻缠绕的生活当中。乱伦并不是比秩序更自由的生活，而只会把人罩在无法理出头绪的纽结当中。

这就是问题所在，是疯疯癫癫的哈姆雷特所提出来的那个根本问题。哈姆雷特为什么对存在发生了怀疑？因为他生活中的三大关系都出了问题：父亲莫名其妙地死了，母亲与叔叔做下了乱伦之事,整个丹麦失去了堂堂正正的国王。人伦的解体无法使他获得安宁,他看到的是,忠诚的波利纽斯变得愚蠢,美丽的奥菲利亚变得疯癫,勇敢的拉尔提斯变得昏乱。

对人伦的思考,乃是中国的近现代学者在接触西方现代文明时面对的一大问题,但由于未能深入西方思想的脉络,他们在提出这个问题的时候就陷入了错谬当中,在给出了错误的答案之后,几乎停止了对此的继续追问。本书所做的,就是继续民国学者的提问,使这个问题能够在更丰富的维度上展开。

上篇 知母不知父

——"母权神话"探源

在进入对母权神话的讨论之前，我们先要澄清两个概念：母系和母权。按照严格的概念，"母权社会"（matriarchal society）指的是不仅按照母系继承，而且女性在家庭和公共权力中都占据主导地位的社会；只是按照母系继承的社会，则称为"母系社会"（matrilineal society）。在某些民族中，确实存在母系社会，比如云南的纳西族，但是现有的母系社会大多并非母权社会。中外文献在这两个概念的使用上都常有些混淆。特别是在中文文献中，经常有人想证明母权社会的存在，但其实只证明了母系社会；或是证明了母系社会，就认为自己讲的是母权社会。

严格的母权论者只有巴霍芬和其他一些德语学者。巴霍芬所说的母权社会是一个女儿国，不仅按照母系继承，而且女人掌握整个社会的权力。英国人类学家如麦克伦南、亚维波里、斯宾塞、摩尔根等人，严格说来都只能算母系论者，因为他们并没有假定，在以母系继承的社会里，女人也掌握公共的社会权力。恩格斯的很多材料是从摩尔根来的，但是他又从巴霍芬那里学到了母权的思想,他就是一个典型的自以为母权主义者的母系主义者。中国的郭沫若先生,也是个自以为母权主义者的母系主义者。

但并不是所有承认母系社会存在的人都是本书中所说的"母系论者"。涂尔干、弗洛伊德都承认母系社会存在,弗洛伊德甚至承认母权社会,但他们并不认为它是父系社会之前的一个阶段。本书中所说的母系论者,指的都是那些接受进化论模式,认为母系社会是从杂交向父系进化的过渡阶段的人。

在开始本书的论述之前,作者希望尽可能准确地使用"母系"和"母权"这两个词,但由于绝大部分人像恩格斯和郭沫若那样混淆了这两个概念,我们很难在谈论他们的思想时避免含混。需要一再申明的是,我们所说的母权论者必然是母系论者,母系论者却未必是母权论者。

1861年,瑞士法学家巴霍芬(Johann Jacob Bachofen)发表了《母权制》;四年以后,英国律师和业余人类学家麦克伦南(John Ferguson McLennan)独立发表了《原始婚姻》。母权社会的神话由此拉开序幕,迅速席卷了欧美学术界,甚至漂洋过海来到中国,在康有为、郭沫若等人的手中,逐渐成为解释古代中国文化公认的理论工具。

这个时候,母权神话已经淡出了西方学界的视野。不过,相关话题并非无人问津。虽然作为人类学话题,它在20世纪初期就已经被抛弃,但在其他一些学科当中,特别是在左右翼的意识形态中都仍然有巨大的市场,随着女性主义思潮在六七十年代的兴起,母权社会在西方世界再次成为一个被广泛谈论的严肃命题。[①]可以说,母权社会是现代社会科学中最有影响力的思想神话之一。它虽然仅仅是对僻处海岛丛林或远在千万年前的人类社会的一种想象,却深刻地塑造了现代人对未来生活方式的憧憬,极大地改变了20世纪人类社会的现实;而在中国,正是这个已经被遗忘的学术神话,成为现代社会科学建构过程中的有力工具。虽然民国时期也有学者将西方批判母权社会的著作介绍到国内来[②],但另外一些学者却号称在古代典籍和少数民族中成功地找到了母权社会的痕迹,结果早在意识形态话语推动之前,"母权社会"已经在学术界取得了优势地位,从而对现代中国人对历史、现实、未来的理解造成了深远影响。

简单说来,母权社会的神话包含着这样三层命题:(一)在历史或现实的某些民族当中存在按照母系传承的社会或其痕迹;(二)在母系社会当中,女性是家庭和社会的

[①] 如 Joan Bamberger, "The myth of Matriarchy: Why Men Rule in Primitive Society," in *Women, Culture, and Society*, edited by Michelle Zimbalist Rosaldo and Louise Lamphere, Stanford: Standord University Press, 1974。Evelyn Reed, *Problems of Women's Liberation: A Marxist Approach*, New York: Pathfinder Press, 1970.

[②] 除去导言中所引的《新青年》中对韦斯特马克著作的译介,以及冯汉骥、芮逸夫等先生对克鲁伯等人的亲属制度研究的引介之外,还有如李安宅先生翻译的马林诺夫斯基的《两性社会学》(上海人民出版社,2003年重印版)等。如前所述,这一时期的专业人类学家很少有接受母系论的。

首领，这也是一个母权社会；(三)这种母权社会是人类社会都曾经历过的阶段。①

我们至今也无法全然否定命题(一)的成立，但在人类学走出摇椅时代之后，认真进行田野研究的人类学家们发现：(一)的成立并不能推出(二)，因为在他们所发现的一些按照母系家族传承的社会，并没有出现以女性为家长的情况，在这些所谓的"母系社会"中，真正的家长仍然是男性的舅舅，而非女性的母亲。命题(二)都无法成立，命题(三)就更不可能推出了。即使人们能发现一些所谓的母权社会，也并不能推断出所有的人类社会都曾经历过这样一个母权阶段。

那些摇椅中的母权论者首先相信进化论，因而可以进一步推出，原始部落的现在，就是文明社会的过去；不过，由于他们对原始部落的现在所知甚少，他们所理解的"文明社会的过去"，其实大多是希腊、罗马的过去。关于母权社会最有力的支持，并不是现代人类学家的田野发现，而是巴霍芬在希腊神话中找到的证据。以希腊、罗马的古代神话来推测原始部落的生活方式，再以原始部落的生活方式推测出比希腊、罗马更早的时代，正是这个循环论证使

---

① 与此相应，母系社会的神话则包括(一)和(三)两层命题。这里面有两种可能。一种是，确实不认为存在母权社会，但认为母系社会是人类历史上曾有的普遍现象，比如康有为、李玄伯、潘光旦等人。但也有一种，其实是跳过了第二步论证，或者以为母系社会必然是母权社会。这两种母系论者都只能算是简化的或是逻辑不清的母权论者。

他们制造出了母权社会的神话。①

虽然人类学家没有发现过母权社会的存在,也无法推出母权阶段曾普遍存在的结论,但这只能说明,母权社会的神话不大像是真的,却无法断然否定这个神话就一定是假的。万一人类社会确曾经历过这个阶段,而有力的证据都不复存在了呢?正如科学永远无法彻底证明上帝存在或不存在,学者也无法彻底证明母权社会存在或不存在,因为它是一个近乎宗教的神话,它的真正根源不是进化论,也不是人类学家的发现,甚至不是希腊神话,而是所有这些背后的一种理念。

世纪末的学术环境,只是为这一神话的现身创造了一个契机而已。即使在进化论者、人类学家、古典学者都已经彻底放弃了它之后,这个神话的信仰者还会找到其他的学术资源来支持自己。②

虽然母权社会的神话荒诞不经,但其理念则是严肃认真的,是对人类生存处境和人性本身的一种深刻思考;中国学者之所以被这个神话所迷惑,正是因为中国的古代先贤也曾同样认真思考过这些问题,并给出了颇有差异的答案。中国思想传统中并没有建构这一神话的精神土壤,却有着解决同样问题的思想天分;中国人对这个神话的接

---

① 欧洲人对亚马逊河的命名就是一个典型的事例。以女性为战士的亚马逊部落只是希腊神话中的传说,本来没有人相信这是真的,但现代欧洲人却自以为在南美洲找到了亚马逊人的后裔,并以此来命名南美洲最长的河流。
② 如 Robert Briffault, *The Mothers: A Study of the Origins of Sentiments and Institutions*, New York: Macmillan, 1927。

受，只不过是思想史上一个暂时的错位而已；如果我们能认真对待，这个错位可以帮助我们理解中西思想对话中一些更根本、更实质的问题。

一　父母何算焉

关于母系社会的争论，表面上看，只是母系社会是否存在这样一个实证问题；但实质上，母系社会究竟是否存在，以及可能以怎样的方式存在，关系到人们如何理解家庭、国家和社会秩序的实质，与19世纪末思想界关心的很多实质问题可以勾连起来。因此，在19世纪后期引起较大争论的母权论著作，往往并不只是对母权制本身的讨论，而会涉及家庭、国家和社会的起源等重要问题，麦克伦南、斯宾塞、摩尔根、恩格斯的著作，都有这样的特点。可见，对母系社会的讨论从一开始就并非一个简单的历史学或人类学的经验问题，而是直接关系到人们对国家与家庭本质的理解。

巴霍芬的《母权制》是19世纪母权神话的最早提出者，而且我也认为他是最深刻和博学的母权论者。不过，在母权神话讨论的主阵地英美人类学界，巴霍芬的影响更多是间接的。所以，我们先主要谈人类学脉络中的母权神话兴衰，再谈巴霍芬。

1　父权与政治

《母权制》的出版并没有直接推动人类学家对母权社会

问题的讨论。直接将维多利亚人类学家的目光吸引到母权问题上的，却是与《母权制》同年出版的一部讨论父权制的书：英国法学家亨利·梅因爵士（Sir Henry Summer Maine）的《古代法：它与早期社会史的关联和它与现代观念的关系》。① 这部书一方面为后来的母权论人类学家提供了批判的靶子，另一方面也为他们提供了研究古代社会的工具和思路。梅因对婚姻和家族制度的兴趣，对史前时代的假想，对文明进化的肯定，都为母权论的人类学家开辟了广阔的空间。② 他对希腊、罗马古代历史的想象虽然仍然在父权制的框架之内，但他从文字材料推测到更古老的制度，从法律制度与家族制度、婚姻制度的关系思考人类历史的发展，而且还在比较法的视角下，将他在希腊、罗马所看到的现象推进为全世界各个文明的普遍模式。在这个意义上，梅因是一个承前启后的人物。

梅因对希腊、罗马史前的情况做了很多合理推断，这些都没有超出一般的希腊、罗马知识所允许的范围，特别是和当时刚刚出版的巨著，格罗特（George Grote）的《希腊史》③ 没有冲突。他根据对希腊、罗马的观察指出，父权

---

① Sir Henry Summer Maine, *Ancient Law : Its Connection with the Early History of Society and Its Relation to Modern Ideas*, Boston: Beacon Press, 1963; 中文版：梅因，《古代法》，沈景一译，北京：商务印书馆，2011年版。

② Cynthia Eller, *Gentlemen and Amazons*, Berkeley: University of California Press, 2011, p. 70.

③ George Grote, *A History of Greece : From the Earliest Period to the Close of the Generation Contemporary with Alexander the Great vol1-10*, London: John Murray, 1888–1907.

制是理解古代社会的关键。在这种父权制下,"最年长的父辈——最年长的尊亲属——是家庭的绝对统治者。他握有生杀之权,他对待他的子女、他的家庭像对待奴隶一样,不受任何限制;真的,亲子具有这样较高的资格,就是终有一天他本身也要成为一个族长,除此以外,父子关系和主奴关系似乎很少差别。"① 梅因宣称,父权制是人类最早的家庭形态,而且任何一个人种的早期社会,都是按照父权的模型组织起来的。②

梅因讨论父权制问题,绝不仅仅出于对婚姻家庭制度的兴趣。对他来说更重要的问题是,这种父权制家族是古代社会最基本的组织模式,其他的社会、政治、法律制度,都和父权制有密切关系。梅因说:"一个固定社会的单位是家族。"③ 他认为,在最初的家族集团中,人类是靠对父辈的共同服从联合起来的;后来,这些家族集团又逐渐联合起来,形成了更大范围的社会组织,而法律正是与这种状况相契合的。梅因指出,早期法律之所以不多,是因为它可以由家长的专断命令来增补。随着家父长的死亡,这些集团仍然能维持下去,这就有了超越于家族之上的社会组织。梅因由此给出了政治秩序起源的清晰源流:

在大多数的希腊城邦中,以及在罗马,长期存在

---

① 梅因,《古代法》,第82页。
② 同上书,第81页。
③ 同上书,第83页。

着一系列上升集团的遗迹，而城邦就是从这些集团中产生的。罗马人的家庭（family）、氏族（house）和部落（tribe）都是它们的类型。根据它们被描述的情况，我们不得不把它们想象为由同一起点逐渐扩大而形成的一整套同心圆，其基本的集团是因共同从属于最高的男性尊属亲而结合在一起的家庭，许多家庭的集合形成氏族（gens or house）；许多氏族的集合形成部落；而许多部落的集合则构成了政治共同体（commonwealth）。①

这个同心圆结构是梅因版的"差序格局"。②家父长、氏族首领、部落首领、城邦领袖的权力都是绝对的，对于他们的下属都有生杀予夺的大权。父亲对子女，甚至包括对妻子的权力，都是绝对权力，和对奴隶的权力没有什么差别。政治秩序，正是家父长在家中的绝对权力的延伸和拟制，甚至可以说，"政治共同体是因为来自一个原始家族祖先的共同血统而结合在一起的许多人的一个集合体。"任何古代社

---

① 梅因，《古代法》，第85页，译文略有改动。
② 梅因的描述清楚地表明，古代西方也有差序格局式的同心圆结构。只是关于同心圆结构的构成原则，中西文化有着非常根本的不同。斯多亚学派的 oikείwσls 概念由己身逐层延伸到整个人类，似乎比中国的五服图更符合费孝通先生的差序格局概念。如何由己身之爱推广到人类之爱，是面对差序格局的一个焦点困难，也是中西方思想面对人伦问题时的差别所在。参考李猛，《自然社会》，北京：生活·读书·新知三联书店，2015年版，第73—79页。

会都自认为来自一个共同的始祖;除此之外,他们根本无法想象出,他们会因为别的什么原因而结合为一个政治团体。在梅因看来,最开始血缘是社会集团的政治作用唯一可能的根据,凡对于家族而言正确的,对于氏族、部落和国家也都是正确的。古代社会的形态无论怎样多种多样,父权制的家族都是它的原型,而最初的权力就是"家父权"(*Patria Potestas*)。

这些都并不意味着梅因是父权的支持者,他只是认为这就是古代社会的状况,而法律从古代发展到现代,就是逐渐摆脱家父权,变得越来越个体化的历史。梅因的著作出版之后,在许多领域都引起了广泛影响。英国人类学界的母权论著作,只是其中的一个方面而已。[1]

1864年,法国历史学家菲斯泰尔·德·古朗士(Fustel de Coulange)出版了《古代城市:古希腊罗马宗教、法律及制度研究》一书,主要从古代宗教的角度阐述了与梅因非常相似的观点。这本书并没有获得《古代法》那么大的名声,但古朗士对古代父权制度方方面面的诠释却比梅因更加精细。

古朗士认为,古代人最初的宗教来自对灵魂和死亡的信仰。他们相信死者的灵魂与身体在一起,因而对死者的礼敬成为最早的宗教,坟墓就成为最早的神殿。希腊、罗马人

---

[1] 关于梅因爵士的学术影响,参见 Alan Diamond edits, *The Victorian Achievement of Sir Henry Maine: a Centennial Reappraisal*, Cambridge: Cambridge University Press, 2004。

家中的圣火崇拜，就是对死去的祖先的崇拜，圣火下面很可能就是一位祖先的坟墓。每个家族的家火必须永远燃烧，这是每个家族祖先崇拜的核心，家中所有神圣的仪式都必须包含礼敬圣火的环节。对父系祖先的崇拜是最初的宗教，而家庭即围绕代表祖先的圣火组成的。在古代家庭中，出生和亲情都不重要，重要的是父权与夫权，而父权与夫权之所以重要，是因为"它来自宗教，并为宗教所建立"。①

他认为，由这种家庭宗教而形成了古代家庭中的一系列制度，结婚、添丁等都是家族中的重大事件，也是家庭宗教中的重要场合。为了维护家火永远不灭，家族绵延不绝，家庭就会禁止独身和不育，有了男女之间的种种不平等关系，以及关于出继、继承与所有权的各种规定。希腊、罗马的亲等计算方式，以及男系亲属关系的各种原则，也来自这种家庭宗教。每个家庭中的父权，都来自比父亲更高的权威，家庭的秩序是由对家主神或祖神的信仰决定的。父亲是家庭宗教的大祭司，是家族的法人和业主，在家中有最终的司法权，包括判死刑的权力；父亲死后，他就成为被祭祀的神，而他的长子则成为以后的大祭司，也继承了父亲的种种权力。妻子和女儿都无权成为祭司，所以只能生活在父权和夫权之下。"在远古时代，家庭中的大宗和小宗、奴隶以及门客可形成一个很大的团体。一个家庭因宗教而团结在一起，

---

① 古朗士，《古代城市：古希腊罗马宗教、法律及制度研究》，吴晓群译，上海：上海人民出版社，2012年版，第68页。

因私法而不致分产，因门客制度而有奴仆，久而久之，随着时间的推移，家庭逐渐成为了一个外延很大的组织，有其世袭的首领。"①

随着家庭的繁衍和扩大，就形成了氏族。关于氏族的形成，曾经有过各种不同的解释。古朗士认为，氏族不是诸多家族的集合，而只是同一个家族自然繁衍成很多支以后聚合产生的。所以，氏族也有自己的圣火和神，有自己的祭司和族长，也是世袭的，这些都是同一家族繁衍扩大后的产物，因而每个氏族的人都享有同一个姓。氏族又聚合成了胞族，胞族也有圣火、神和世系的族长。胞族是否也像氏族那样出自共同的祖先，古朗士已经无法断定，但可以肯定的是，胞族也一定出于扩展了的家庭宗教的观念。不同的胞族又聚合而成部落，部落也有圣火和部落首领。临近的部落再聚合成为城邦，城邦也有自己的圣火，城市就建在邦火四周，并围以神圣的城墙。邦火永不熄灭，城邦的神与家庭宗教的神类似，是人死后变成的神。公餐、城邦的节日、涤罪礼、凯旋礼等都是城邦中重要的宗教仪式，城中的元老院、法院、军队也都有神圣的意义，城邦中的君主就是大祭司，同时也是政治首领。②

梅因和古朗士都试图追溯到比文字记载的希腊、罗马社会更古老的时代，认为在真正的法律与城邦产生之前，存

---

① 古朗士，《古代城市》，第142页。
② 同上书，第202页。

在着原始的父家长制模式,这是人类的第一种社会制度,国家和法律的起源只是父家长制的延伸和扩大而已。和后来的许多母系论者一样,梅因和古朗士的父权理论都是针对政治秩序起源问题展开的,他们都认为政治秩序的根源在更古老的父权家庭中。父权制与古代政治的契合,是西方人对古典时代一种很自然的理解;在可靠的文字材料的基础上向无文字时代做合理的推测,父权制理论比较容易被接受。基于这种理论,人们就会形成关于古代家庭、政治、历史、社会、法律、财产的一系列观念。对父权制的颠覆,也不仅是颠覆了关于婚姻家庭的理论而已,而且必将全面颠覆人们对这一系列观念的理解。又由于当时的学术界普遍接受进化论思想,将希腊、罗马的社会当作人类文明共同经历的一个阶段,于是,母权制对父权制的挑战,实质上必将改写关于人类文明更大范围的观念。

2 原始婚姻与父权国家

《古代法》极大地刺激了维多利亚人类学家对古代文明的思考。麦克伦南在1865年出版《原始婚姻》一书,一个重要目的就是为了反驳梅因的父权制理论。此书的副标题是"对婚礼中抢婚形式的起源的探讨",作者写作的出发点是对世界各民族中普遍存在的抢婚习俗的好奇,试图给它找到一个恰当的解释。但麦克伦南的野心绝不限于对抢婚习俗或婚姻制度的考察而已。他和梅因一样,要考察文明社会秩序的形成,以及人类进步的历程。因此,他除了利用各种民族志中的记载,证明梅因仅限于罗马、印度、希伯来的材料的结论是多么狭隘之外[1],更在全书第九章全面批评了梅因关于政治秩序的起源解说。[2]

麦克伦南在复述了梅因关于父系家族扩展为氏族、部落、国家的解释之后,指出梅因根本就没有给出政治共同体起源的恰当理论,因为他的理论无法解释,不同血缘的家族之间为什么会聚合起来,并渐渐组成了政治共同体,而他自己却可以轻易克服这个问题。如果按照梅因的家族理论,同一父系家族可以发展为一个部落;但很多属于不同父系血缘的人却有相同的姓氏,并组成共同的部落,这是怎么发生的?而又有同一个部落分裂为不同的氏族和胞族的情况,这又是怎样发生的呢?麦克伦南认为,梅因并没有给出一个合理的解释,于是他沿着梅因的思路推进,想出了一个解决方式:父权论者只能把梅因所谓的同心圆的扩展解释为收养的拟制,即以亲属的名义将异质性的不同群体聚合到一起,形成部落,并进一步形成国家。但怎么会发生那么大范围的收养?仅仅收养和拟制就能解释希腊、罗马、印度这些古代国家范围内那么大的异质性吗?麦克伦南认为,这种牵强的解释显然无法成立。但如果按照他自己的亲属制度理论,这个问题可以迎刃而解。

麦克伦南认为,早期国家为什么会容纳那么多不同血

---

[1] John F. McLennan, *Primitive Marriage: an Inquiry into the Origin of the Form of Capture in Marriage Ceremonies*, London: Routledge, 1998/1865, pp.48–49.
[2] Ibid., p.106 以下。

缘的异质群体，和抢婚制的起源出自同样的原因；而理解这一切的关键在于解释外婚制和内婚制的相继兴起，并由此可以勾勒出人类婚姻制度和亲属制度的发展历史。麦克伦南把人类的原始状态设想为一种战争状态，但并不是霍布斯笔下个人和个人之间的，而是群体和群体之间的战争状态。当时的不同部落之间普遍怀有强烈的敌意，为了能够实现自我保存，防范临近部落的可能攻击，激烈争夺并不丰富的资源，因而都会尽可能使自己的部落有更强的战斗力。在这种情况下，男人更适合于参与战争，人们都更愿意把健康强壮的男婴抚养长大，而不愿将太多资源花在女婴身上，于是当时的部落都会经常杀死女婴，保留男婴。这样就导致了性别的严重失衡，成年女性稀少，于是，共妻和群婚现象就成为必然的结果，男人们也经常会因为女人而起纷争。由于本部落女人稀少，男人们纷纷到其他部落去抢女人，这就是抢婚和外婚制的起源。这个时期的两大特点是，外婚制和男人共妻。

按照他的推测，在最初没有任何规则的群婚时代，男人共妻的程度不受限制，人类在那个时候是没有任何亲属制度的，虽然可能会有本能性的血亲之爱。那时没有所谓的婚姻制度，男女之间杂居混交，父亲是谁无法确定，但母亲还是可以辨识。当人类认识到一个最初的简单事实，即他身体里流着母亲的血，并由此而与母亲的其他孩子属于共同的血脉，亲属制度就产生了。母系是最初的亲属制度。随着这种亲属制度的产生，同一母亲的孩子们居住在一起，于是形成不那么混乱的多夫制。在最初的多夫制中,一个女人的丈夫之间未必是兄弟,但后来她的丈夫们都是兄弟,这就逐渐使人们开始认识了父系亲属。

在最初级的多夫制度下,女人不和丈夫一起居住,而是和母亲或兄弟一起居住,她的孩子属于她母亲的家族;后来,女人不再和母亲居住,而是在自己的房子里和丈夫居住,与她的母亲仍然保持联系,她的孩子仍然属于她母亲的家族,继承她母系的遗产;再后来,女人不再在她自己的房子里居住,而是搬到丈夫家去住,她的孩子也将属于丈夫的家庭,在这个阶段,她的丈夫们必须是兄弟,父系血统得到清晰的确认。

麦克伦南强调,只要是有外婚制的地方,就一定会有多夫制和母系亲属制度。在此,他再次批判了梅因的父权制理论。他并没有否认文明社会大多是父权制的,但他认为,在这个阶段到达之前,还曾经有过很多更早的阶段:"梅因先生说,古代国家的单位不是个人,而是家族。是的,但是在更早的一个时期,我们可以得出结论说,既无国家,也无严格意义上的家族存在。在那更早的时代,这种无名的亲属制度——与宗法制完全相反的补充制度——是社会现象的决定性因素。"①

外婚制、抢亲、母系亲属制度的产生,都导致本来同质的人群容纳更多的异质性,使来自不同部落的人生活在一

---

① John F. McLennan, *Primitive Marriage*, p.92.

起。在丈夫是兄弟的阶段，亲属制度逐渐由仅承认母系，发展到了父母双系都承认，兄弟的孩子都算作长兄的孩子。随着财产的增加，出现了儿子继承父亲财产的必要，父系亲属制度变得更加重要，逐渐取代了母系制度，成为最重要的亲属关系。父系制度的发展会限制外婚制和部落内的异质性。这时候虽然还会有外族女子来嫁，她们的子女却不再算是外人。父系部落越来越强大，在与其他部落的战争中取得越来越大的胜利，这会使他们越来越为自己感到骄傲，于是自称来自于共同的伟大祖先，宗法制度由此产生，在庞大的宗法体制中实行内婚制，严格内婚制的群体会形成种姓制度。[①]相接近的部落逐渐联合起来，直到最终形成国家。而在部落联合之时，其中会分离出氏族，氏族中再分离出母系婚群，后又演化为父系婚群，并最终变为罗马那样的父权家庭。在麦克伦南看来，是先有部落，再有氏族，最后才有家庭，其演化顺序和梅因所描述的同心圆正好相反。[②]

　　麦克伦南在梅因所描述的父权历史之前，添加了一段更加曲折和复杂的历史，但这不仅是简单的添加，而是根本颠倒了对家庭与国家关系的理解。在对这段历史的想象过程中，他在没有受到巴霍芬影响的情况下，自己发现了母系阶段存在的必要性。麦克伦南以为自己的理论比梅因的更精细，更好地解释了国家构成的异质性，但他对国家起源的解

[①] 见麦克伦南在第八章的详细描述。John F. McLennan, *Primitive Marriage*, pp.63-105.
[②] 同上书，p.111。

释相当粗糙，完全不足以撼动梅因父权制理论的解释力量。而且，麦克伦南在道听途说的民族志基础上勾画出的曲折历史，面对梅因建基于坚实的古典材料上的理论推想，也并没有什么批判力量。后来恩格斯谈到麦克伦南的内婚制和外婚制的理论时，也主要持批评的态度。①

不过，麦克伦南这种粗糙的理论还是有不可忽视的意义。在如此稀薄的证据支撑之下，独立得出与巴霍芬非常相似的结论，这恰恰说明麦克伦南的思考中有非常值得认真对待的因素。他虽然也接受梅因关于国家起源与父权制家庭的基本关系，但他认为这一解释模式还缺少历史和自然的基础，认为只有在更漫长的历史发展过程当中，才会进入梅因所描述的那个时代，于是，他认为家庭（不论是父系的还是母系的）不是自然的产物，而必须是历史的产物，在国家形成之前，人类曾经有过非常不同的集体生活方式，正是这种更符合自然状态的集体生活方式的演变，才最终导致了文明人熟悉的家庭、国家的生活方式的产生。这些正是支配后来的母系论者进一步研究同样问题的思维方式。

3 婚姻的进化

1870年，另一位业余人类学家亚维波里爵士（Lord Avebury，原名 John Lobbock）出版了《文明的起源》一书。

---

① 恩格斯，《家庭、私有制和国家的起源》，北京：人民出版社，1972年版，第13页。

亚维波里对巴霍芬、麦克伦南的学说都有继承和批评，也非常明确地将达尔文主义引入人类学研究中，强调父系社会高于母系社会。①

亚维波里对婚姻进化的过程有这样一个概括："我们有理由相信，一个人，最开始只和他的部落有关，然后只和他的母亲有关，但和他的父亲无关；再以后他只和他的父亲有关，但和他的母亲无关；最后才和他的父母都有关。"② 这是对麦克伦南的氏族先于家庭说的继续和深化。

最初的婚姻形式，亚维波里称为"社群婚"（communal marriage），即"在一个小的社群中，所有的男人和女人都平等地相互结婚"。③ 在社群婚中，所有的女人属于所有的男人，没有哪个男人可以独自占有一个女人。所有人都属于他的部落，而与父母无关；后来，母亲逐渐被明确下来，但仍然是社群婚的状态，人类就进入了母系阶段。④ 亚维波里认为，多夫制即使不是不存在，至少也是非常稀少的，在妇女非常少的情况下才可能发生，一些人所谓的多夫制，在他看来只不过是社群婚而已。⑤ 因此，他的婚姻发展史中的前两个阶段，都是在社群婚下发生的。

---

① Cynthia Eller, *Gentlemen and Amazons*, p.82.
② Lord Avebury, *The Origin of Civilization and the Primitive Condition of Man: Mental and Social Condition of Savages*, London: Longmans, Green and Co., 1912, p.57.
③ Ibid., p.80.
④ Ibid., p.126.
⑤ Ibid., p.116.

亚维波里明确认为，这样的社群婚状态一般不会进入到妇女掌权的母权制，因而不同意巴霍芬给出的母权模式。他认为，无论在哪种婚姻模式下，都没有母权的状况。①在社群婚中，女人的地位与奴隶差不多。②由于亚维波里对完全杂乱的社群婚与知母不知父的社群婚有明确的区分，我们不知道，在他的理论中，进入母系状态后，女人的地位是否会提高。他认为，在母系状态中，是外甥继承舅舅的财产。③那么，这就不应该是母权制的。在此处，亚维波里似乎是一个母系论者，而非母权论者；但在另外一些地方，他又谈到了普鲁塔克所认为的，母系状态下女子较高的地位，但也没有给予明确的肯定。④我认为，亚维波里更多还是一个母系论者，而对于母权则有些含混不清。

对于人类怎样走出社群婚，亚维波里也修正了麦克伦南的解释。在他看来，以杀女婴来解释女子的缺少和抢掠婚是不对的，但他也承认，抢掠婚在婚姻发展史上应该是非常重要的，因为只有抢掠婚才使人类走出了社群婚的状态。在社群婚的状态中，部落中的女人是所有男人的共同财产，任

---

① Lord Avebury, *The Origin of Civilization and the Primitive Condition of Man: Mental and Social Condition of Savages*, p.80.
② Ibid., p.90.
③ Ibid., p.121. 亚维波里的这个说法是存在问题的。如果在社群婚中有甥舅关系，那么兄妹之间的关系就应该是明确的，他们之间是否也是夫妻关系呢？如果不是，这就不再是完全的社群婚；如果是，就无所谓兄妹和甥舅的关系了，因为他妹妹就是他妻子，她的儿子很可能就是他的儿子。
④ Ibid., p.121.

人伦的"解体"

何男人都不能独占某个女人，因为那就是对部落的侵害。但是，那些从其他部落中抢掠来的女子除外。在当时，抢女人不是非法的，反而是法律所要求的。① 男人们在战争中抢来的女子不是本部落的共同财产，他可以合法地占有，其他人不得染指。于是，男人们在共同享受本部落的女子的同时，还拥有自己私人的妻子。其后，这些独占的外族女子越来越重要，超过了社群婚，于是个体婚制就慢慢发展起来了。②

在这种抢掠婚中，逐渐形成了专偶制或多妻制的形式，父子关系得到更多的强调，母子关系则被忽视了。③ 而到了更文明的时代，父母才得到了同样的强调。

亚维波里版本的婚姻进化史比麦克伦南笔下的更加精细一些，但是仍然存在着含混、粗糙、自相矛盾等问题。

4　婚姻与自然

赫伯特·斯宾塞（Herbert Spencer）以社会达尔文主义之父而闻名于世。他在《综合哲学》中构造了一个庞大的思想体系，其中包括《首要原则》一卷、《生物学原则》二卷、《心理学原则》二卷、《社会学原则》三卷，以及《道德原则》二卷。在写于1876年的《社会学原则》第一卷中，他对人类婚姻制度的演化史有非常系统的讨论。

---

① Lord Avebury, *The Origin of Civilization and the Primitive Condition of Man: Mental and Social Condition of Savages*, p.88.
② Ibid., p.114.
③ Ibid., p.127.

斯宾塞非常自觉地将自然选择学说运用到对人类社会的分析上。他认为，原始人类的性关系与低等动物没有什么两样。① 那个时候的特点是，"没有任何规定的秩序；一切都是不确定、不稳固的。既然男人们彼此之间的关系是不确定的，男人和女人的关系也是。"② "向较高社会形态的进化，与向较高形态的性关系的进化是同步的。"而规则明确的两性关系，都是进化的结果，相应的情感也都是逐渐确立的。③ 在这个进化过程中，决定性的因素是："在特定情境下，能否带来自我保存。"④

斯宾塞也认为，人类最初的婚姻关系应该是完全杂交的，没有任何秩序。在他看来，连亚维波里的"社群婚"都是一个错误的概念，因为那个时候不应该有任何法律，而"社群婚"本身已经是一种婚姻制度了，它已经规定了一个社群中的所有男女平等地相互结婚，已经有了婚姻权利的概念。但在那个时代，所有这一切都应该不存在。⑤ 在斯宾塞眼中，那时虽然有性交，但没有婚姻，即没有任何仪式或规则使男女之间的关系维持一定的时间长度，任何男人不能在任何意义上占有某个女人，甚至就不应该有固定的人群，否则就都已经是某种制度了。斯宾塞把自己陷入一个两难的境

---

① Herbert Spence, *The Principles of Sociology Vol. 1*, New York: D. Appleton and Company, 1881, p.631.
② Ibid., p.632.
③ Ibid., p.636.
④ Ibid., p.640.
⑤ Ibid., p.662.

地，因为他所说的那种极端情况，是剥离了任何形式的生活质料，是任何人类生活都不可能的状态。所以，他也不得不承认，纯粹的杂交是没有的，它总要受到一定程度的限制，尽管那会是小到不能再小的限制。①

在这样的状态中，没有婚姻制度，没有家庭，没有祖先崇拜，没有政治制度。和动物一样，男人会为了女人而厮杀，强者暂时的胜利就成为支配一切的规则（但毕竟还是有一些规则）。②

即使在那种最混乱的杂交状态中，亲属关系也会脱颖而出，其中首要的还是母子关系，因为母子之间的联系是显而易见的，于是就形成了以母系为主干的亲属制度。③在人类的竞争中，那些能够产生相对较强的家庭纽带的人群更可能生存下来，性关系相对规则一些的人群，就会击败其他的人群。④

从这种完全杂交的状态，首先进化到了多夫制和多妻制。一妻多夫制比一夫多妻制生出的孩子少，但存活的概率往往更大，因而在食物缺乏、环境恶劣的地方，可能会比多妻制更适合⑤；在多夫制中，丈夫之间是亲兄弟的，比丈夫之间没有关系的，更易于结成团体，因而也会胜出。正如麦

---

① Herbert Spence, *The Principles of Sociology Vol. 1*, p.665.
② Ibid., p.668.
③ Ibid., p.666.
④ Ibid., p.670.
⑤ Ibid., p.681.

克伦南所说,虽然这种家庭中明确的父亲是不知道的,但父系的血统可以确定。①

但总体而言,多妻制比多夫制更适合人类的团结和扩大。在多妻制下,人类将不再知母不知父,亲属关系更加稳固。随着父亲的确定,父母与子女的关系也大大加强了。甚至父系几代的关系都得到确定,家族团结也就强化了。②不同妻子之间的嫉妒可能会是一个负面因素。在一些更发达的民族中,妻妾之间的界限明确了,一个正妻占有不可撼动的位置,她最终将成为王后,而她的儿子也将成为世袭的统治者。③于是,不仅家族团结得到了强化,多妻制还有利于强大的君主制国家的产生。因此,多妻制是一种非常高级的婚姻制度,比前面谈的其他婚姻制度都有更多优越性,更适于人类的生存繁衍。④

多妻制适合强大的军事帝国,因为在频繁的战争中,男子死亡率很高,会出现女多于男的状况。但在比较和平的地方,男子的死亡率没有那么高,女子不再过剩,多妻制会导致很多男人没有妻子,因而就不如专偶制了。⑤多妻制的很多优点,专偶制也具有,但多妻制下容易产生的嫡庶之争,在专偶制中是可以避免的,因而专偶制更有利于家庭和

---

① Herbert Spence, *The Principles of Sociology Vol. 1*, p.675.
② Ibid., pp.688-689.
③ Ibid., p.695.
④ Ibid., p.696.
⑤ Ibid., p.701.

社会的团结。^①斯宾塞认为，专偶制是最高的婚姻形态。

和麦克伦南一样，斯宾塞的这些叙述也是对梅因的一个批评。他虽然承认梅因对古代社会的很多描述非常精彩，但认为他对早期人类的理解是有欠缺的，特别是针对梅因所说的，所有人类制度都起源于父权家庭这一点，斯宾塞提出了自己的批评。^②

表面看上去，斯宾塞只是对梅因学说做了一点修正和补充，即认为希腊、罗马式的父权社会之前还有相当长的演化过程，但他对梅因理论的实质批判并不弱于麦克伦南。一旦确立了这样一个婚姻家庭演化史，人们"就不再认为孝敬是天然的，不再认为父权制是自然的发展。证据表明，这二者只是在有利的环境下，共同进化而来的"^③。在梅因的理论中，父权制家庭及相应的文化观念都是自然的，婚姻更是从来如此，甚至国家的观念也是自然的。但斯宾塞指出，人类是从完全没有任何规则的状态，逐渐发展出确定的制度，才有了婚姻、家庭、国家。而且这些制度都不是从来如此的，都与各地的自然环境相关。比如有些地方的自然环境就适于多夫制，从而会产生完全不同的社会制度。

虽然一度名满天下的斯宾塞在去世之后很快就被人们遗忘了，但他这些思想的系统性远远超过了麦克伦南和亚维波里，却是毋庸置疑的。麦克伦南对梅因的批评也非常重

---

① Herbert Spence, *The Principles of Sociology Vol. 1*, p.702.
② Ibid., pp.713-714.
③ Ibid., p.714.

要，但那是一个非常具体的问题：同质性家族如何演变成异质性国家。斯宾塞则不同，在由父家长发展为君主这一点上，他和梅因倒是颇为一致，他的批评看上去只是对父权之前的历史的质疑，其背后却是一个更根本的理论问题：在人类制度中，究竟什么才是自然的？

他认为，孝敬和父权制都不是梅因认为的那样自然，而是在历史进化中建构而成的。那么，完全无规则的杂交状态，才是人类的自然吗？他确实说过，"在所有的情况下，生活习惯只要持续几代，就会塑造自然。"① 那么，人类婚姻的自然，就是完全没有任何规则的性冲动，等待着各种习惯的塑造了。但在另外一处，他又把专偶制当作人类性关系的自然形式："显然，对于文明人而言，专偶制很久以前就已经是天然的了：所有与婚姻相关的形式和情感，其必然的指向，是唯一的结合。"② 他相信，其实专偶制并不是后起的，而是和所有婚姻形式一样久远，只是在进化的过程中才逐渐击败了其他的形式而胜出的。③ 专偶制是婚姻形式的最高形态。现在的问题就变成了，究竟是没有任何规则的性冲动是性生活的自然，还是最高形式的专偶制是它的自然呢？

其实，梅因自己的研究也并未把罗马的父权制当作婚姻家庭的最高形态。他恰恰认为那是进化的开端，到了现代

---

① Herbert Spence, *The Principles of Sociology Vol. 1*, p.734.
② Ibid., p.704.
③ Ibid., p.698.

不依赖于家庭制度的法律制度，才是最高的文明形态。在梅因那里，同样有一个究竟什么才算自然的问题。现在，斯宾塞把梅因学说中隐含着的这个问题清晰地揭示了出来。而这个问题，正是西方母系论争论的焦点。

斯宾塞对婚姻进化深入细致的讨论，使这个问题已经脱离了麦克伦南和亚维波里那里的粗糙形态，为摩尔根和恩格斯的进一步研究指出了方向。①

二 婚姻史的辩证法

1 从群婚到专偶

1871年，美国又一位业余研究人类学的律师，路易斯·亨·摩尔根（Lewis Henry Morgan）出版了《人类家族的血亲和姻亲制度》②，后又在1878年出版了《古代社会：或人类从蒙昧时代经过野蛮时代到文明时代的发展过程的研究》。③ 摩尔根虽然不是英国人，严格说来不能算维多利亚人类学家④，但他的著作无疑是人类学中母系社会论最全面、

---

① 严复先生将斯宾塞的 *The Study of Sociology* 译为《群学肄言》在中国出版，对斯氏的母系论却从未涉及。
② Lewis Henry Morgan, *Systems of Consanguinity and Affinity of the Human Family*, Lincoln and London: University of Nebraska Press, 1997.
③ Lewis Henry Morgan, *Ancient Society*, Cambridge, Belknap Press of Harvard University Press, 1964；中文版：摩尔根，《古代社会》，杨东莼、马雍、马巨译，北京：商务印书馆，2009年版。
④ George W., Stocking, *Victorian Anthropology*, New York: Free Press, 1991.

最杰出的表述。①

摩尔根关于亲属制度最系统的研究,是在《人类家族的血亲和姻亲制度》当中。该书通过对各民族亲属制度的详细考察,提出了描述式亲属制度(雅利安式、乌拉尔式、闪族式亲属制度)和类别式亲属制度(加诺万尼亚式、土拉尼亚式、马来式亲属制度)的概念,这构成了他进一步理论推进的基础。②

《古代社会》并不是针对亲属和婚姻制度的专门研究,而是对人类古代社会各方面的全面讨论,展示了人类从蒙昧时代经野蛮时代,到文明时代的发展。全书的讨论从政治、家族、财产三个角度平行展开。摩尔根认为,这三个方面虽各有各的发展史,但彼此之间是相互关联的。《古代社会》的这种系统性,是此前的母系论著作所不能望其项背的,它全面展示出母系社会对重构人类文明发展史的思想意义,从而也最好地揭示出 19 世纪后期母权讨论带来的实质价值。

基于他以前的亲属制度研究,摩尔根认为,人类历史上共有过五种婚姻形态:血婚制、伙婚制、偶婚制、父权制、专偶制。

为了证明这五种婚姻制度的存在,摩尔根采用了通过亲属称谓推测婚姻制度的方式。由于这一方式在后来的亲属

---

① 关于摩尔根更详细的情况,参考王铭铭,《裂缝间的桥:解读摩尔根〈古代社会〉》,济南:山东人民出版社,2004 年版。
② Lewis Henry Morgan, *Systems of Consanguinity and Affinity of the Human Family*.

制度研究，特别是中国亲属制度研究中，产生了深远影响，我们有必要稍微详细地介绍一下。摩尔根的基本理念是，如果存在某种和现实的婚姻制度不匹配的亲属称谓，这就证明在以前的时代，曾经存在过与这种称谓相匹配的婚姻制度。他区分了两种亲属称谓模式：类别式称谓和描述式称谓。在类别式称谓中，不是每个人有一个称呼，而是一类人有一个称呼；在描述式称谓中，每个人有一个称呼。

马来式亲属制度是典型的类别式，摩尔根就以马来式的亲属称谓制度来证明血婚制的存在。在马来式亲属制度当中，如不考虑性别差异，只有五种称谓。其中第一等是同辈兄弟姐妹，即我的所有兄弟姐妹、从兄弟姐妹、再从兄弟姐妹、三从兄弟姐妹，表兄弟姐妹、再表兄弟姐妹、三表兄弟姐妹，等等，这些人之间除性别外没有差别，都使用统一的称谓；第二等是我的父母以及他们的兄弟姐妹，从、表兄弟姐妹，等等，他们对我而言也没有差别；第三等是我的祖父母、外祖父母，他们的兄弟姐妹，从、表兄弟姐妹，等等，对我而言都是同样的亲属；第四等是我的子女，他们的从、表兄弟姐妹，等等，也都是同等的亲属；第五等是我的孙子女，他们的从、表兄弟姐妹等，也都是同等的亲属。在每一等中，不同人之间也都是兄弟姐妹。

在摩尔根看来，之所以形成如此粗糙的类别式亲属称谓，绝不是因为语言的贫乏或对亲属关系的漠视，而只能表明，曾有这样的亲属制度：我（假定我为男性）的兄弟的子女就是我的子女，他们的孙子女就是我的孙子女；我的姐妹的子女也是我的子女,他们的孙子女也是我的孙子女;我的父亲的兄弟都是我的父亲,姐妹都是我的母亲,我的母亲的兄弟也都是我的父亲,她们的姐妹都是我的母亲,这些长辈的子女都是我的兄弟姐妹,他们的孙子女都是我的子女;我的祖父和外祖父的兄弟都是我的祖父,他们的姐妹都是我的祖母,他们的儿子都是我的父亲,他们的女儿都是我的母亲,他们的孙子和外孙都是我的兄弟,他们的孙女和外孙女都是我的姐妹。余可依此类推。

他进一步推出,在历史上的某个阶段,这里曾经盛行兄弟姐妹之间相互集体通婚的制度,即他所谓的血婚制。于是,我的所有姐妹,从、表姐妹,等等,都是我的妻子,我和我的兄弟,以及我的所有从、表兄弟,一起共享这些妻子,所有兄弟姐妹的子女,分不出来具体是哪个所生,就都是我的子女,各代依此类推。由于同样的原因,在血亲和姻亲之间也没有明确的区别,我的祖父就是我的祖母的兄弟,也就是我的外祖父,因而就没有祖父和外祖父的区别。摩尔根认为,这种血婚制应该就是人类在蒙昧时代的婚姻制度,是"一种合乎自然的,实际存在的制度"。[1]他认为血婚制团体是人类走出完全混乱的群交状态之后,所进入的"第一个有组织的社会形式"[2],中国的九族制度和柏拉图《理想国》中描述的共妻制度[3],很可能都是血婚

---

[1] 摩尔根,《古代社会》,第404页。
[2] 同上书,第412页。
[3] 同上书,第411—412页。

制的遗存。

血婚制逐渐转变为伙婚制，伙婚制流行于蒙昧时代，甚至到野蛮时代仍然存在。伙婚制是和氏族组织同步产生的。摩尔根通过对澳洲土著婚姻制度的分析认为，最先产生了以性别为基础的姻族，禁止亲兄弟姐妹之间的婚姻，后来又产生了以血缘为基础的氏族，使群婚规模逐渐缩小。在姻族制度下，血婚制下亲兄弟姐妹相互通婚的情况逐渐消失，但娶旁系从、表姐妹的情况依然存在，到氏族产生之后，这也逐渐终止，但是兄弟共享妻子、姐妹共享丈夫的情况依然继续。摩尔根描述的伙婚制有两种情况。一种是，一个男子把他的妻子的姐妹，无论是直系的还是旁系的，也当作是自己的妻子；而这些姐妹的其他丈夫未必是他的兄弟，他称之为普那路亚，即亲密的伙伴。另外一种是，一个女子把她的丈夫的兄弟，无论是直系的还是旁系的，也都当作自己的丈夫；而这些兄弟的其他妻子未必是她的姐妹，她把这些女人称为普那路亚。摩尔根认为，"从血婚制到伙婚制家族的这一社会进步，标志着一次巨大的进步运动的开始"，凡是有氏族组织的民族，包括希腊人、罗马人、日耳曼人、凯尔特人、希伯来人，都曾经有过伙婚制的阶段。

在摩尔根看来，伙婚制就是氏族组织产生的基础，氏族组织有两个基本特点，即禁止兄弟姐妹通婚和女性世系。由混居群交到血婚制，再到伙婚制和氏族，摩尔根无疑是把前述几位学者描述过的进入母系氏族的过程大大细化了。摩尔根认为，人类学家所发现的土拉尼亚式和加诺万尼亚式亲属制度就是伙婚制的遗存,这两种亲属制度也是类别式的,但比马来式亲属制度更加精细一些。这些亲属制度的基本标志是,我兄弟的子女也被称为我的子女。这一点和马来式亲属制度是类似的,但是在其他亲属关系上面,划分要精细得多,可见它是由马来式亲属制度发展变化而来的。

到了野蛮时代,就出现了偶婚制。在伙婚制时代,每个男子在若干个妻子中有一个主妻,每个女子在若干个丈夫中有一个主夫,就已经有向偶婚制发展的倾向。氏族制度限制着伙婚的规模,并且将每一祖先的女性后裔永远地排除出婚姻关系之外,等到氏族再次分化,这种排除就带到了每个分支当中。并且,氏族越来越鼓励外婚制,限制血亲之间的婚姻,外婚制盛行后,需要到其他氏族中娶妻,女子就变得稀少起来。而且由于女子需要通过购买或战争才能获得,男子也越来越不愿意和别人共享妻子,于是就出现了偶婚制。在这个阶段,几个家族共同住在一个房子里,实行共产生活,妇女不仅是丈夫的主妻,而且是他的伴侣,孩子也可以较有把握地辨认父亲了。偶婚制是以一男一女为基本特征的婚姻,但它没有后来的专偶制那么专一、稳定,是向专偶制演化的过渡形态。

专偶制家族出现于野蛮时代晚期。虽然专偶制的一些特点在偶婚制中已经存在了,但它的最核心特征是独居占有,在偶婚制中还没有出现。财产的增长和把财产传给子女的愿望,是促成专偶制出现的主要动力。偶婚制下虽然已经基本可以辨识父亲,但并不确定,所以专偶制早期会把妻子隔离起来，就是为了摆脱群婚制的遗迹。母系变为了父系，女性的地位一落千丈，希腊英雄时代就是这样一个转折时代。女性的贞操被严格监视，男性却不必，所以《伊利亚特》中的希腊英雄都可以恬不知耻地玩弄女俘。摩尔根不无惋惜地说："这也许是把这一部分人类从偶婚制家族引至专偶制家族时要求妇女做出的牺牲之一。像这样一个其禀赋之伟大足以使其精神生活在世界上留下极为深刻印象的民族，何以能在其文明的鼎盛时期对女性采取基本上是野蛮人的态度，这个问题至今仍是个不解之谜。"[①]

正如马来式亲属制度是血婚制的产物，土拉尼亚式亲属制度是伙婚制的产物，雅利安式亲属制度则被认为是专偶制的产物。在这种亲属制度中，主要称谓是描述式的，而非类别式的。父母、兄弟、姐妹、子女是最基本的称谓，其他称谓都根据这些称谓来描述，如兄弟之子，兄弟之子之子。罗马的亲属制度是雅利安式亲属制度的典型代表，且被摩尔根誉为最科学的亲属制度体系。

但摩尔根认为希腊、罗马的父权制并不是专偶制的典型形态，而是专偶制的低级形态，是刚刚摆脱偶婚制时代的状况。父权制，这个在梅因看来唯一的家族形态，在摩尔根笔下竟然成了人类发展史上的一个例外。希伯来人和罗马人把包括自由人和奴隶在内的许多人集中于父权之下，组成一个家庭，家父长对家庭成员有生杀予夺的大权，希伯来人还

---

① 摩尔根，《古代社会》，第478页。

实行多妻制。摩尔根强调,在血婚制和伙婚制之下,人们根本无法辨认父亲,当然就更不知道什么父权;在偶婚制下,父权稍有萌芽,在父亲身份能够完全确认的专偶制下,才有了父权,而罗马的父权制,则完全超出了合理的范围。

2 氏族与国家

摩尔根认为,专偶制家族和父权制家族都是氏族出现之后很久才会有的家族形态,到了文明社会中才得以稳固下来。关于人类群体的管理形式,摩尔根有更加系统的说法。他认为,一切管理形态都可以划分为两种基本方式。其中最先出现的一种方式以纯人身关系为基础,摩尔根把它称为社会,而社会模式的基本单位就是氏族,由氏族到胞族、部落、部落联盟,是顺序相承的几个阶段。第二种组织方式不是以人身为基础,而是以地域和财产为基础,摩尔根把它称为国家,这种组织的基本单位或基础,是用界碑划定的乡、区,及其所辖的财产,政治社会即由此产生。政治社会按照地域组织起来,通过地域关系来处理财产和个人的各种问题。由区到县或省,再到全国的领土。这种政治方式,是由希腊人和罗马人在文明时代创造出来的。这种管理模式一旦出现,古代社会和近代社会也就界线分明了。① 政治的管理方式,正是在有了专偶制家庭之后才出现的。

基于自己的这套理论,摩尔根和麦克伦南一样,全面

---

① 摩尔根,《古代社会》,第6—7页。

批判了梅因等人关于国家社会起源于父权制家族的学说:

> 由于专偶制家族被假定为社会制度中的组织单元,因此,氏族被当作家族的集合体,部落被当作氏族的集合体,民族被当作部落的集合体。这种结论的错误在于,第一命题是不正确的。我们已经说明了,氏族全体加入胞族,胞族全体加入部落,部落全体加入民族;但家族不能全体加入氏族,因为夫妻来自不同的氏族。……社会组织的基本单元就是氏族。①

摩尔根并没有像麦克伦南那么极端,认为氏族和家庭都是后来产生的。但他也认为,家庭不是一开始就有的。摩尔根指出,在拉丁文中,*familia*(家)一词来自*famulus*(奴隶)。就其本意而言,它与配偶和子女都没有关系,在某些遗嘱条文中,它指的是传给继承人的遗产。在拉丁社会中,它指一种新的组织,其首领支配妻室儿女和奴仆团体。家本身就是父权制的产物。②

和麦克伦南一样,摩尔根极不赞同梅因所认为的,国家是由父权式家庭逐步发展出来的产物,而是认为氏族更基本。在他所叙述的这五种婚姻制度中,只有到了专偶制时代才有严格意义上的家庭产生,而古代西方所知的父权制家

---

① 摩尔根,《古代社会》,第474页。
② 同上书,第474—475页。

庭，摩尔根反而不好在历史中给它一个安置，只好说它是专偶制中的一种例外。他引用盖乌斯的话说："罗马人的父亲对其子女的权力是罗马人所独有的；一般来说，在其他民族中不存在这种权力。"①

这一说法的意义在于，摩尔根完全抛弃了梅因所代表的理解政治秩序起源的方向，而必须另外开辟一条路径，来理解政治社会的历史根源。而这正是《古代社会》第二部分的主体内容。

摩尔根认为，政府观念的发展始于蒙昧阶段的氏族组织，从它出现到真正建立社会，经过了三大阶段。第一个阶段，是由氏族选举的酋长会议所代表的部落政府，可称为一权政府，普遍流行于低级野蛮社会；第二个阶段是由酋长会议和一个最高军事统帅平行并列的政府，两个机构分掌内政和军事，可称为两权政府，在低级野蛮社会的部落组成联盟后始露头角，到中级野蛮社会开始确立；第三个阶段是由一个酋长会议、一个人民大会和一个最高军事统帅组成的三权政府，这种政府出现于高级野蛮社会中，如荷马时代的希腊、罗慕洛时代的罗马。但这仍然不是政治社会，直到酋长会议变为元老院，人民大会变为公民大会，真正的政治社会才出现，人类才进入了城邦时代。②

氏族、胞族、部落等概念，都来自希腊、罗马文明，但

---

① 摩尔根，《古代社会》，第475页。
② 同上书，第117页。

摩尔根发现，在世界各文明中，都有类似的组织，如易洛魁人就有和希腊、罗马人非常类似的氏族和胞族组织。他认为，在氏族的基础上不可能建立政治社会或国家，国家的基础是地域而不是人身，是城邑而不是氏族。城邑是政治制度的单元，而氏族是社会制度的单元。氏族不断组成胞族，胞族组成部落，部落之间频繁联盟，但这仍是氏族社会的时代。

在荷马时代，希腊人进入了文明时期，当时已经处在氏族制度的后期，进入专偶制时代，世系已经转变为以男子为中心，孤女和承宗女允许在本氏族内通婚，子女取得对父亲遗产的独占权。于是，人们力图摆脱氏族社会，进入以地域和财产为基础的政治社会，即初次尝试建立国家。英雄时代的雅典已经有了三个权力机构：酋长会议、人民大会和军事指挥官。其中军事指挥官称为巴塞勒斯（*basileus*），但并非君主。摩尔根认为，氏族制与君主制是格格不入的，误把巴塞勒斯当作国王，会完全误解氏族后期的组织形态。

摩尔根说，雅典从氏族社会过渡到政治社会经过了漫长的时间，有过几次波折，最初忒修斯进行了改革的尝试，希望以阶级划分取代氏族划分，但并未成功。梭伦再次改革，其基本精神与忒修斯一致，于是氏族日益削弱，即将走向消亡。但氏族、胞族、部落都还有一定的活力，政治社会仍然没有完全建立起来。一百多年后，克莱斯瑟尼斯彻底解决了这个问题。他建立的政治社会以地域和财产为基础，而不再像氏族制度那样以人身为基础。氏族、胞族、部落的政治权力被剥夺，但并没有解体，而是作为一种血统世系的关系，作为宗教生活的源泉，继续存在了几百年。罗马建立政治社会的进程与雅典非常相似。罗马建城之时仍然处在氏族社会，罗慕洛和努马都做过改革的尝试，但并没有成功。塞尔维乌斯·图利乌斯的改革成功了，从此罗马的氏族不再是政治的基础，罗马也顺利进入政治社会的阶段。

他认为希腊、罗马的政治制度一开始就是民主式的，而且是从氏族、部落体制中直接发展而来的。元老院、公民大会、军事领袖的三权关系，正是氏族时期基本统治模式的自然发展；政治社会建立的标志并不是政府及其权力结构的形成，而是社会结构从氏族模式向阶级—地域模式的转变。这样，摩尔根既然不认为巴塞勒斯和勒克斯（rex）是国王，不认为希腊、罗马是由君主制过渡到民主制的，那么，由父权制家族发展出父权制国家的可能性也就被完全打破了。在这一点上，摩尔根大大深化了麦克伦南以来对梅因的质疑，在根本上挑战了梅因关于国家来自父权制的同心圆理论。

政治秩序的演进与婚姻制度的演进有什么关系呢？摩尔根认为，专偶制小家庭的出现与从氏族社会演变到政治社会是同步发生的，二者都是文明时代早期的产物。财产的增加导致了继承问题的出现和母系向父系的转变，也最终推动了专偶制家庭的出现，而政府和法律的建立，也主要是为了创造、保护和使用财产。[①] 随着专偶制家庭的出现，氏族的血缘组织不再那么强大，才为政治社会的建立提供了机会，

---

① 摩尔根，《古代社会》，第511页。

政治社会的基本特点则在于打破了氏族、胞族、部落结构，使这些组织不再具有政治上的势力，国家机构得以更有效地行使职权。在政治社会完全建立起来以后，氏族、胞族、部落则仅作为血缘和宗教性的社会组织而存在，不可能干预到政治权力或政治结构。但摩尔根的这一理论无法解释，家父长制度在这样一种政治社会结构中，到底处在一个什么位置，可能会发生怎样的作用。或许正是因为家父长制度无法纳入他的解释框架，摩尔根才会把如此重要的制度当作一种例外，而排除出了历史发展的惯常轨道。

3 从母权社会到阶级社会

从麦克伦南到摩尔根，人类学家的研究为马克思主义的母权论准备好了道路，奥古斯特·贝贝尔的《妇女与社会主义》[①]和恩格斯的《家庭、私有制和国家的起源：就路易斯·亨·摩尔根的研究成果而作》应运而生。

对于熟悉马克思主义社会发展史的中国读者而言，恐怕已经很难想象，一个没有母系社会的社会发展史会是怎样的，但在写于1845—1846年的《德意志意识形态》中，马克思、恩格斯对原始社会的描述确实没有母系社会的任何痕迹："在这个阶段上，分工还很不发达，仅限于家庭中现有的自然产生的分工的进一步扩大。因此，社会结构只局限于

---

① 奥古斯特·贝贝尔，《妇女与社会主义》，葛斯、朱霞译，北京：中央编译出版社，1995年版。

家庭的扩大：父权制的酋长，他们所管辖的部落成员以及奴隶。"① 这里不仅没有提到母系社会，而且明确认为那时候的部落首领是父权制的。此时达尔文的《物种起源》尚未发表，巴霍芬、梅因、麦克伦南、摩尔根都还默默无闻，考古发掘也尚未发现早期人类的化石。马克思和恩格斯不仅想都没有想过母系社会的问题，而且对那些研究史前文化的德国学者嗤之以鼻："德国人认为凡是在他们缺乏实证材料的地方，凡是在神学、政治和文学的谬论不能立足的地方，就没有任何历史，那里只有'史前时期'；至于如何从这个荒谬的'史前历史'过渡到真正的历史，我们没有得到任何解释。"② 他们的历史唯物主义，尚完全在《圣经》描述的历史时限内演进。③

随着生物学、考古学、法律史、民族志等领域研究的推进，19世纪后半期的学术图景发生了巨大的改变，马克思阅读了梅因的《古代法》、摩尔根的《古代社会》，以及很多其他的民族志材料，并写下了厚厚的摘抄。④ 在《摩尔根〈古代社会〉一书摘要》中，马克思将《古代社会》后三

---

① 马克思、恩格斯,《德意志意识形态》,收入《马克思恩格斯选集》第一卷,北京：人民出版社,1966年版,第25—26页。
② 同上书,第32页。
③ Cynthia Eller, *Gentlemen and Amazons*, p.108.
④ 马克思在去世之前到底是否相信母系社会存在，在目前的研究界存在争论。Fleuhr-Lobban 和 Eller 都认为恩格斯的思想很大程度上是马克思未必同意的。但从马克思对摩尔根著作所做的笔记看，他还是相当赞赏摩尔根的。参考 Carolyn Fleuhr-Lobban, "A Marxist Reappraisal of the Matriarchate," in *Current Anthropology*, June, 1979。

部分的顺序颠倒了，即先叙述婚姻制度的发展（原书第三部分），再叙述继承制度的发展（原书第四部分），最后叙述政治观念的发展（原书第二部分），这样就更清晰地呈现出古代社会的发展脉络，和本文在前两节的叙述顺序是一样的。

马克思对摩尔根的认可是清晰可见的。在对梅因《古代法制史演讲录》[①]的摘抄和评注中，他的厌恶也跃然纸上。比如在梅因谈到家庭和更大的人类集团时，马克思评注说："这表明氏族是一个多么不为他梅因所注意的事实！"他又在下一个段落评注说："梅因先生，作为一个呆头呆脑的英国人，不从氏族出发，而从后来成为首领等等的家长出发。愚蠢。这正好符合氏族的最早形式！例如，摩尔根的易洛魁人就有这种家长，在那里氏族是按女系计算世系。"梅因写道："人类社会的所有各分支可能是或可能不是从原始家长细胞所产生的联合家庭。"马克思在这句话上面批道："梅因的愚蠢在以下的话中达到顶点。"[②] 马克思几次把梅因称为"蠢驴"，并不时地用摩尔根的理论来纠正梅因的说法。在父权制论者梅因和母系论者摩尔根之间，马克思明显偏向摩尔根，而且他已经能相当熟练地运用摩尔根的一些概念来批判

---

① 两部笔记均收入《马克思恩格斯全集》第四十五卷，北京：人民出版社，1985年版。所摘抄的梅因的书为出版于1875年的 Lectures on the Early History of Institution，中译本题为《早期制度史讲义》（冯克利、吴其亮译，上海：复旦大学出版社，2011年版）。梅因在此书中主要研究了爱尔兰的古代法，补充了《古代法》的材料，对当时已经出现的母系社会的理论做了回应和批评。

② 《马克思恩格斯全集》第四十五卷，第575、580、581页。

梅因的说法。他生前没有发表这方面的系统论著,很可能只是因为时间来不及。恩格斯在《家庭、私有制和国家的起源》中表达的基本思想,应该是两个人共同思考的结果。

在恩格斯发表《家庭、私有制和国家的起源》的前前后后,除去英国人类学家的努力之外,欧洲大陆的一些学者也在巴霍芬的影响下,通过母系社会的问题思考家庭和国家制度的起源。比如瑞士学者吉罗-特龙(Alexis Giraud-Teulon)于1884年以法文出版的《婚姻和家庭的起源》,探讨了从母权社会向父权社会的转变,以及私有财产在其中发挥的作用。李波特(Julius Lippert)于1887年以德文出版的《人性的文化史及其有机结构》,指出母权问题提醒人类重新思考权威问题,母权与父权的对立就如同自然与艺术的对立。他还认为,随着社会的发展,父权应该逐渐衰落。1889年,海尔华德(Friedrich von Hellwald)出版了《人类家庭的起源和自然发展》,对母权制到父权制的发展给出了一个新的描述,并以此来支持当时的妇女运动。[①]

恩格斯的《家庭、私有制和国家的起源》中关心的问题和上述几位作者是非常类似的,而且也和他们一样受到了巴霍芬的深刻影响。但和他们不同的是,恩格斯对英国人类学材料运用得更多。在一定程度上,恩格斯的研究将德国和英国两条线索结合到了一起。因此,我们会看到恩格斯的书

[①] 关于以上著作的情况,均可参考 Peter Davies, *Myth, Matriarchy, and Modernity: Johann Jacob Bachofen in German Culture, 1860–1945*, New York: De Gruyter, 2010, pp.72–75。

中体现出两条学术线索的痕迹。前面所述的麦克伦南、亚维波里、斯宾塞、摩尔根，严格说来都是母系论者，因为他们并没有强调女性在那个时期的公共权力。非常了解巴霍芬的恩格斯至少更接近母权论一些；但他从摩尔根那里借来的证据，其实最多只能证明母系论。恩格斯是一个自以为是母权论的母系论者。

恩格斯同意摩尔根对古代社会做出的阶段划分，也认可摩尔根对几种婚姻模式的基本判断。但由于摩尔根的重点是在不同婚姻制度之间的过渡上，他没有专门花笔墨来讨论母系到父系的转变，而只把它淹没在了偶婚制向专偶制的转化过程中，特别是因为把父权制当作一个例外，所以母系到父系的转变在他笔下不构成一个有实质意义的转折，他笔下的专偶制不必然是父权的。在这个问题上，恩格斯更欣赏巴霍芬，巴霍芬没有像摩尔根那样讨论很多婚姻制度，而把群婚到母权，再由母权向父权的转换当作更核心的问题。

随着财富的增长，越来越多的私有财产集中到个体家庭当中，就有了改变传统继承制的要求。这是摩尔根曾经有过的理论。恩格斯指出，从母权制进入到父权制，这是"人类所经历过的最激进的革命之一"[①]，但并不困难，因为它不需要伤害到任何氏族成员，只须规定男性成员的子女留在本族，女性成员的子女离开本族，到他们父亲的氏

---

① 恩格斯，《家庭、私有制和国家的起源》，第53页。

族中就行。通过巴霍芬收集的各种材料,恩格斯证明这一革命确曾发生过。这一自然而然的过渡,"乃是女性的具有世界历史意义的失败"。①

显然,恩格斯并没有接受摩尔根关于父权制和专偶制的观点。他明确认为,父权制是人类历史上继母权制之后的又一阶段。在这个时期,丈夫成为家中的领袖,女子被奴役。希腊英雄时代正是这样的时期。这一时期产生了家父长制,奴隶也被容纳到家庭当中,在父权制家庭中,家父长对妻子、儿女、奴隶,都握有同样的生杀之权。恩格斯宣称:

> 个体婚制在历史上决不是作为男女之间的和好而出现的,更不是作为这种和好的最高形式而出现的。恰恰相反,它是作为女性被男性奴役,作为整个史前时代所未有的两性冲突的宣告而出现的。……在历史上出现的最初的阶级对立,是同个体婚制下的夫妻间的对抗的发展同时发生的,而最初的阶级压迫是同男性对女性的奴役同时发生的。②

以阶级对立来解释个体婚制,并以父权制为个体婚制的主要形态,这应该是摩尔根闻所未闻的,也是恩格斯的理论中一个极具独创性的地方。但恩格斯也向摩尔根做了一些

---

① 恩格斯,《家庭、私有制和国家的起源》,第54页。
② 同上书,第62页。

妥协。他也没有认为，个体婚制就一定是希腊人那样的绝对父权制。相比而言，罗马的妇女就有更大的自由；在日耳曼人中间，妇女有着更高的地位。这些都使专偶制内部有了伟大的道德进步。但恩格斯指出，日耳曼人的这种道德进步，只是由于他们还没有完全从偶婚制过渡到专偶制。专偶制一定是父权制的，表现为男性对女性的压迫，所以在现代文明表面平等的专偶制下，一定会以卖淫和通奸来补充。

于是，恩格斯对人类婚姻史的叙述还是与摩尔根有了相当大的不同。他认为，人类历史上共出现过三种婚姻模式：群婚制（包括摩尔根所谓的血婚制和伙婚制）是蒙昧时代的婚姻制度；偶婚制是野蛮时代的婚姻制度；以通奸和卖淫为补充的专偶制是文明社会的婚姻制度。① 这和摩尔根以血婚制、伙婚制、专偶制为三种最主要的婚姻制度的观点，已经大相径庭了。因而，恩格斯认为，婚姻制度的历史，就是女性越来越被剥夺群婚自由的历史。到了现代所谓的专偶制中，只是女子被要求专一，而男性实质上仍然处在群婚的状态当中。

他和摩尔根一样，认为家庭不同于氏族，国家的产生就发生在氏族制度瓦解之时。虽然他说自己只是在摩尔根所描述的国家起源的过程中补充一些经济上的因素，但恩格斯对国家起源的解释还是与摩尔根很不同。恩格斯认为，社会经济的发展导致了家庭经济的革命。第一次社会大分工使家

---

① 恩格斯，《家庭、私有制和国家的起源》，第72页。

庭经济越来越依赖于男子，妇女变成第二位的。随着男子统治地位的确立，母权制颠覆，父权制实行，偶婚制过渡到一夫一妻的专偶制。于是，个体家庭成为一种力量，与氏族抗衡。① 第二次社会大分工根本摧毁了氏族制度的经济基础，向完全的私有财产过渡，偶婚制彻底转变为专偶制，家庭成为社会的经济单位，不同家庭之间的经济差别也日益明显。② 贪欲盛行，争夺不断，战争就成为非常频繁的事，军事首领、酋长会议、人民大会成为军事民主制的常设机构。这样的一个后果是："掠夺战争加强了最高军事首长以及下级军事首长的权力；习惯地由同一家庭选出他们的后继者的办法，特别是从父权制确立以来，就逐渐地转变为世袭制，人们最初是容忍，后来是要求，最后便僭取这种世袭制了；世袭王权和世袭贵族的基础定下来了。"③ 恩格斯表面是在讲摩尔根已经谈过的军事民主制国家的形成，但这里不像是在描述父权式君主制国家的产生过程吗？

恩格斯也把忒修斯的改革当作雅典国家形成的第一步，但他认为这一改革的实质是，使本来就拥有财富和势力的家庭，在氏族之外形成一个独特的特权阶层，国家则使这种霸占神圣化。建立国家的最初企图，就在于通过区分特权者和非特权者，破坏氏族的联系。新兴的国家根据财产占有的多少来划分阶级。血缘团体被打破，氏族制度遭到了失败。

---

① 恩格斯，《家庭、私有制和国家的起源》，第 159 页。
② 同上书，第 161 页。
③ 同上书，第 162 页。

恩格斯和摩尔根之间的不同，根本上还是来自对父权制认识的不同。摩尔根认为父权制是婚姻发展史中的一个例外，在论证中尽可能排除梅因式国家起源说的痕迹；但恩格斯认为父权制是历史上有过的专偶制婚姻的实质。尽管他未必同意最初的国家是父权式的君主制，但他明确认为，父权式专偶制的产生、阶级对立的产生、国家的起源，都是同时的。即使最初的国家是民主制的，其本质却和父权制一样。或者说，恩格斯在根本上并不关心最初的奴隶制国家究竟是民主制还是君主制，因为在他的理论中，这种区分无足轻重。第一种国家形态中实质的对立是奴隶主和奴隶阶级的对立，至于这种对立以哪种政府形式表现出来，是无关紧要的。我们甚至可以说，恩格斯的阶级对立理论，其实是父权理论的另外一种形态，因为阶级压迫（尤其表现为家父长对奴隶的压迫）不过就是家父长制的抽象形态罢了。摩尔根之所以说父权制并非专偶制的一般形态，就是因为父权制家庭的特点不在于父系继承，而在于有奴隶（*familus*）；恩格斯认为，最初国家的基本特点就在于有奴隶。在这个意义上，恩格斯国家起源学说的实质，倒更接近麦克伦南，而不是摩尔根。正如麦克伦南要在绝对专制的父权制之前找到一种更接近自然的婚姻制度和家庭制度，恩格斯要在绝对对立的阶级社会之前找到一种更接近共产的社会制度。

这条思路，正是支配着我们所描述过的每一个母系社会论者的思维模式。几乎所有的文字史料都更倾向于梅因的父权论，为什么这些学者要从虚无缥缈的神话中和丛林海岛上寻求另外的生活方式呢？和梅因关于国家起源的理论比起来，麦克伦南的理论明显曲折很多，非常牵强；摩尔根和恩格斯的描述都要系统得多、精致得多，但他们想象出来的群婚制，特别是摩尔根以亲属称谓判断婚姻制度的思路，却和麦克伦南的理论一样，很难自圆其说；一经严谨的人类学家的田野材料的检验，他们的学说就不攻自破了。这么多优秀的学者，为什么会如此痴迷于母权神话呢？

一位学者分析说，社会进化论、当时关于现代性与社会结构的争论（特别是家庭在社会与共同体中的位置）、政治与父母权威的实质，以及对人性自然的思考，都是造成这一神话的因素。[①] 这一概括相当精彩。进化论和社会进化论只是提供了将问题放在历史中讨论的理论契机，而这一争论的实质，正是关于社会、共同体、政治权威的观念，而其哲学根源则是对人性自然的理解。母系论者都认为，在政治社会产生之前存在的母系社会，是一种更加自然的社会秩序。

即便父权论者梅因，也并不认为家父长制或由此产生的君主制国家是"自然"的，但他没有从更早的史前史去寻求更自然的形态，而是随着法律史的发展，在更现代的法律制度中寻找自然的实现。麦克伦南和摩尔根都明确地讲，母系社会是一种更加"自然"的生活方式。无论麦克伦南、摩尔根，还是恩格斯，都认为即便群婚制或血婚制

---

① Peter Davies, *Myth, Matriarchy, and Modernity: Johann Jacob Bachofen in German Culture, 1860–1945*, New York: De Gruyter, 2010, p.52.

也不是最初的婚姻形态，在这些形态之前，曾经存在过完全无限制的杂交时代。麦克伦南所谓的最初的母系亲属关系，摩尔根和恩格斯所谓的血婚制群体，都是在走出了那种群交状态之后，人类的第一种群体生活方式，是在尚未产生政治秩序之前的社会秩序。摩尔根明确区分了以血缘为基础的社会秩序和以地域与财富为基础的政治秩序，就清楚地表明了这一点。

人类社会从完全散乱的杂交状态进入到有秩序的群婚制，再由母权制进入到父权制，由以血缘为基础的社会模式进入到有着明确权威的政治模式，这是19世纪后期的母权论者勾勒出来的社会发展史。关于这几个方面的进化，他们却又往往有不同的判断。从杂交、群婚到有秩序的婚姻形式，当然被认为是从野蛮到文明的一种进步；但从野蛮社会进入到文明社会的最后一步，即政治社会的产生，却往往被当作一种堕落，是从美好的共产状态向罪恶的政治的蜕化。而从母权到父权的转变，则往往介于二者之间。一方面，父权代替母权，是摆脱了种种群婚制度，向文明社会的进步；但另一方面，母权社会的失败，却是阶级压迫和政治社会的开始。比起麦克伦南和摩尔根来，恩格斯更辩证地描述了这一过程：女性的历史性失败是因为生产力的发展和社会的进步，因而是社会进步的结果；但这种社会进步又导致了阶级和压迫的产生。

麦克伦南、亚维波里、斯宾塞、摩尔根和恩格斯虽然都认为血缘是社会的基础，但他们也都认为，希腊、罗马人所了解的那种父权制家庭并不是从来如此的,而是社会发展的产物。摩尔根浪漫地设想男女平等的专偶制家庭将取代父权制家庭,是未来家庭发展的趋势,而人们习见的那种父权制家庭只是历史发展的插曲,是一种例外状态的专偶制家庭。恩格斯却认为,只要是专偶制家庭,就必然是父权制的,因为专偶制家庭与阶级和压迫是同时产生的,其中必然有男性对女性的绝对权力。恩格斯的判断无疑比摩尔根深刻得多。按照他们的这条思路,父权制家庭和国家在根本上是一致的,都是社会发展到一定阶段的产物,因而也都将消亡。在某种意义上,他们的思考都是对梅因父权论的一种继续。他们并未根本颠覆父权制家庭与政治权威的相似性,而是仍然将这二者放在了同一个范畴之内;他们和梅因的不同,只是指出,在这个以权力为根基的生活维度之前,还有一个以血缘关系为根基的生活方式,其中有与父权制家庭和政治社会完全不同的集体生活。这种集体生活更接近自然,因而也更符合人性。但这种以血缘为根基的集体生活,却不是一般所谓的家庭生活,因为家庭生活的根本特点既非血缘、亦非感情,而是父权。要摆脱权力因素来寻求更纯粹、更自然的血缘关系,这就是思考母权问题更深层的动力。

4 母权神话的覆灭

恩格斯的母权论,是 19 世纪母权论的最后一个比较系统的学术形态了。以后的母权论大多充满了意识形态色彩。20 世纪仍然为母权论辩护的布利福特(Robert Briffault)等人虽然又写了大部头的学术著作，但影响很小①，因为在母系论的根据地人类学界，它在19世纪末就已经被推翻了。

母权论一产生，就遭到了各方面的批判。首先是在旧的学术阵营中，母权论者所依赖的达尔文和所反对的梅因，都对他们的说法不以为然。

母系论者大多是进化论者，因为只有承认进化论，才谈得上从母系到父系的社会发展史。在亚维波里和斯宾塞加入之后，达尔文主义更成为他们重要的理论支撑。但达尔文自己在1871年出版的《人类的由来》中并不支持母系论。他认为性嫉妒，特别是雄性的性嫉妒，是包括人类在内的所有动物的本能。这一点就使群婚杂交和大规模的多夫制不可能发生。

达尔文承认，如果存在群婚，会有知母不知父的情况，因而母系社会是有可能的，因为，"在这种婚姻里，或夫妇关系松弛的其他婚姻形态里，孩子和父亲的关系是无法知道的。"②但达尔文通过各种灵长类动物推测，说人类会有乱交和母系时代，在进化论中没有事实根据：

> 像我所已试图指出的那样，人肯定地是从某一种人猿似的动物传下来的。就现在存活的四手类而言，

---

① Robert Briffault, *The Mothers: a Study of the Origins of Sentiments and Institutions*, New York: Macmillan, 1927.
② 达尔文，《人类的由来》，潘光旦、胡寿文译，北京：商务印书馆，1983年版，第892页。

也就我们对它们的生活习惯所已取得的知识而言,有几个物种的公的是一夫一妻的,但一年之中只有一部分的时间是和母的生活在一起的,猩猩似乎就是这方面的一个例子。有若干种类的猴子,例如印度的和美洲的某几种,是严格的一夫一妻的,而夫妇是经年地不相分离的。其他是一夫多妻的,例如大猩猩和几个美洲的猴种,各有各的家族,分开居住。但尽管分居,同一地区之内的一些家族可能有些近乎社会性的活动;例如,有人碰见过,黑猩猩是不时以大队出来活动的。还有一些物种也是一夫多妻的,但与上面所说的不同,若干只公的,各自携带了好几只母的,合在一起生活,形同一体,有几种狒狒就是如此。①

动物学家几乎没有发现过哪种动物有人类学家们所谓的那种杂交群婚的状态,而灵长类动物已经有非常明确的婚姻形态,都实行一夫一妻制或一夫多妻制,人类怎么会退回到杂交群婚的状态?虽然一些人类学家自称在原始部落中发现过性生活非常放荡的情况,但达尔文不相信这些部落会是完全的乱交,而没有一定的婚姻规则。他们可能遵循这种或那种的婚姻形态,也可能会比文明人松懈一些,但说他们处在完全没有规则的乱交状态,他是不肯赞同的。②

---

① 达尔文,《人类的由来》,第 895 页。
② 同上书,第 896 页。

人伦的"解体"

而根据达尔文的性选择理论,雄性有着强烈的嫉妒心,所以他不大可能让自己的妻子与很多雄性有性关系,因而乱交也是不可能的:"根据我们所知道的关于四足类动物的情况,一则此类动物的公的全都懂得争风吃醋,再则许多物种的公的都备有和情敌搏斗的特殊武器,我们甚至可以得出结论,认为在自然状态以内,乱交是极不可能之事。"[①] 那么,早期人类的婚姻状况是怎样的呢?达尔文用他的进化论作了推测:

> 十分近乎事实的看法是,最原始的人在本地以小群为生活单位,一群构成一个社群,社群之中,每一个男子有个单一的妻子,或,如果强有力的话,有几个妻子,他对妻子防卫得十分周密,唯恐别的男子有所觊觎。另一个可能的情况是,他当时还不是一个社会性的动物,而只是和不止一个的妻子厮守在一起,有如大猩猩一般。[②]

早期人类要么是由若干个一夫一妻或一夫多妻的家庭联合组成的社群,要么是由一个男性家长带着若干个妻子组成的父权制家庭(他认为这样的家庭还构不成社会,这个问题我们在后文再详谈),总之这时候不可能是没有规则的杂

---

① 达尔文,《人类的由来》,第895页。
② 同上书,第895—896页。

交状态，也不大可能是知母不知父的母系社会。①

梅因起初对母系论者的批评还比较客气。他在1871年出版的《村庄共同体》(Village Communities)中承认，麦克伦南和亚维波里等人对父权制提出的质疑不是没有道理的，因为，"家庭群体是一个非常高级的人为建构"。②在1874年出版的《早期制度史讲义》中，梅因也提到了摩尔根的研究，在不否定自己理论的前提下，认为原始家庭的状态是不确定的。③等到1883年出版的《论早期法律与习俗》第七章，他就非常系统地批驳了麦克伦南和摩尔根。

他首先指出，自己关于早期政治的父权起源的理论，并不是凭空捏造的，而是有着深厚传统的理论。柏拉图在《法律篇》和亚里士多德在《政治学》中都用父权制家庭理解国家的起源。这些古代哲学家距离原始时代最近，他们之所以如此理解国家的起源，一定是有根据的。到了17、18世纪，自然状态的理论假想取代了父权式起源，直到19世纪，对罗马法的研究恢复了对国家的父权制理解。④

麦克伦南和摩尔根认为人类社会不是从家庭起源，而

---

① 恩格斯显然是敏锐地意识到了达尔文这一批判的力量，所以在《家庭、私有制和国家的起源》(第29页以下)中花了很大的篇幅来反驳这一批评。但我认为，恩格斯并没有驳倒达尔文和其他进化论者的批评。
② Henry Maine, *Village Communities in the East and West*, London: John Murray, 1913, p.16.
③ 梅因，《早期制度史讲义》，第34页。
④ Henry Maine, *Dissertation on Early Law and Custom*, London: John Murray, 1907, pp.196-197.

是从更大的人群起源，后来才逐渐产生了家庭，完全颠倒了梅因的理论。虽然母系论者彼此之间也有很多不同，但他们都认为，"人类社会是从杂交开始，越来越被规范化，逐渐改造，从族群生活，发展到了家庭生活。"在他们看来，现代社会秩序就是杂交状态逐渐改造的结果。① 梅因承认，仅靠法律文本无法解决这个问题，但生物学和心理学的研究可以提供帮助。他引用了达尔文的说法，指出，性嫉妒的本能表明，母系论者所说的杂交和群婚状态都是不可能的。② 当然，梅因无法逐一批驳母系论者所用的田野材料。如果他们所说的那些原始部落的群婚状态确实存在呢？梅因说，这也得不出他们的结论，因为这有可能是达尔文所说的人类理智进化之后一定程度上的本能退化，或者就是麦克伦南所说，是男女比例失调导致的。③

梅因强调："亲属制度新形式的来源只能是权力。法学家所谓的主权是一种特定的权力，它造就了现代亲属制度，即民族，使我们可以谈英国人、法国人、澳大利亚人、美国人。随后，父权理论也假定，权力运用背后的刺激是性嫉妒。"④ 而按照母系论者的理论，权力和性嫉妒的本能都长期不起作用，起初人们都不具有阿基里斯的愤怒和奥赛罗的焦虑。梅因认为，这已经偏离了对人性的基本理解。

---

① Henry Maine, *Dissertation on Early Law and Custom*, pp. 200-201.
② Ibid., p.206 以下。
③ Ibid., p.210.
④ Ibid., p.216.

麦克伦南和摩尔根关于父子关系的讨论,梅因认为是最不能让人满意的,好像父亲并不是自然就有的。"但事实是,有一种自然力量一直在起作用,现在还在作用于这些特殊形式的社会,使每个共同体中最有权力的部分组成群体,确认父亲,行使作为父母的本能。"[1] 梅因并不承认母系论者所描述的进化过程,不认为人类都是经过相同的某些阶段进化到现在的状态的,而是认为人类有共同的自然和本能,都作用于他们,因而使他们呈现出类似的生活形式。可能有些地方确实并不存在罗马式的父权家庭,但那只是偶然的例外,罗马自身的这种家庭形态,应该是从来如此,而不是经过多么复杂的演变才形成的。[2]

对母系论更致命的打击来自人类学内部。泰勒(Edward Tylor)和博厄斯(Franz Boas)最初都是母系论的支持者,但深入的研究使他们都变成了母系论的批判者。

爱德华·泰勒是公认的人类学奠基人。1888年,泰勒在《论考察制度发展的方法》一文中,总结了当时母系论者的思想,认可母系社会到父系社会是进化的总体倾向。[3] 但泰勒不仅代表了母系论的高潮,也标志着它的衰落。[4] 1896年,泰勒写了一篇题为《母权家庭体系》(The

---

[1] Henry Maine, *Dissertation on Early Law and Custom*, p.218.
[2] 关于梅因对母系论的态度,可参考 T. K. Penniman, *A Hundred Years of Anthropology*, London: Duckworth, 1965, p.118。
[3] Edward Tylor, "On the Method of Investigating the Development of Institutions," *Journal of the Anthropology Institute*, 18, pp.245-272.
[4] Cynthia Eller, *Gentlemen and Amazons*, p.99.

Matriarchal Family System）的文章，回顾了麦克伦南的《原始婚姻》发表以来的情况。虽然母系论一度非常流行，以至于原始杂交几乎成了人类学界的公认真理，但现在的泰勒还是认为，达尔文对母系论的批判是有道理的，他得出结论说："不论怎样划分人类文化的阶段，无论是从低级石器时代到高级石器时代，又从青铜时代到铁器时代，还是从依靠采集狩猎的野蛮时代到农牧业繁荣的时代，或从游牧家庭到定居民族，我们都发现，父系制度即使不是唯一的，也是极强的统治模式。"①

博厄斯最初在加拿大西北部的瓜葵特尔人（Kwakiutl）中做研究的时候，曾经认为他们很可能是母系社会。但在1895年，他也完全改变了态度，说瓜葵特尔人在从父系制度向母系制度转变。田野研究使博厄斯不仅抛弃了母权神话，而且全面挑战进化论的人类学理论。他认为，仅仅是部分民族中存在从母系到父系的转变，就认为这是所有人类文化的普遍模式，是有问题的，因而必须抛弃要建立人类的共同文化进化模式的努力。②博厄斯根本改变了人类学的研究方法，使长期的田野工作成为人类学研究的必需前提。

人类学家在进入更扎实的田野研究之后，没有找到支持

---

① Edward Tylor, "The Matriarchal Family System," *The Nineteenth Century*, n.40, 1896, p.82.
② Franz Boas, "The Limitations of the Comparative Method of Anthropology," *Race, Language and Culture*, New York: Macmillan Company, 1940, pp.270–280.

母系论的材料。在岛屿、丛林中的人类社会里，不存在杂交群婚的民族，也不存在母权部落；即使在有母系制度的地方，其生活面貌和母系论者所描述的也截然不同：没有知母不知父的情况，母系也并不意味着母权；人类的婚姻模式相差无几。而且，很多人类学家发现，以母系传承的社会文化水平往往高于附近的父系社会，这就说明，它不是更原始的一个阶段。① 于是，梅因还不敢断然否定的母权神话的实证依据也被彻底颠覆了。

美国人类学家克鲁伯在1909年发表文章，对摩尔根的亲属研究方法做了系统的批判。克鲁伯首先指出，类别式和描述式的区分就是有问题的。比如英文的亲属制度中，brother一词可能是指代最清楚的称谓了，但它可以表示男人的哥哥、女人的哥哥、男人的弟弟、女人的弟弟这四个关系；cousin一词，可以指代父母双方的兄弟姐妹（不论比父母大小）的后代（不论比自己大小），也不论自己是男是女，这样就会指代三十二种关系。这算描述式的，还是类别式的呢？摩尔根的两分法太粗糙了，他只从欧洲语言的角度看待这一问题。克鲁伯认为，应该具体看亲属称谓能表达的范畴。

他找到了亲属关系中包含的八个范畴：
1. 区分代际，如父和祖；
2. 区分直系与旁系，如父与叔；

---

① 详见 Cynthia Eller, *Gentlemen and Amazons*, pp.178–179。

3. 区分每代中的年龄大小，如兄与弟（英语中就不做这一区分）；

4. 区分对方的性别，如父与母；

5. 自己的性别，在某些语言中兄弟和姐妹对父母的称呼不同（在绝大部分欧洲语言中都无此区分，中文也不区分）；

6. 区分男系女系，如父之兄弟与母之兄弟（英语中不做这一区分，但中文区分得非常清楚）；

7. 区分血亲与姻亲，如父与岳父；

8. 区分建立关系之人的生活状态，如存没，婚否，在一些印第安人部落中，在妻子死后，就不再承认岳父（英语中不做区分，中国丧服制度中的徒从和女子的出入就是来自这种区分）。

在这八个范畴中，英语的称谓可以表达四个（1、2、4、7），而印第安语大多能表达六到八个。但英语除了一个外来词 cousin 不区分对方性别（第4）外，其他所有亲属称谓都同时表示了1、2、4、7四个范畴（比如 brother 就是同辈，旁系，男性，血亲；但不分大小，不管我的性别，等等），而印第安语言中的一个称谓常常只表达很少几个范畴。英语称谓简单、融贯、完全；印第安语更加精细，但并不融贯和完全。用类别式和描述式来区分亲属制度，显然过于粗糙了。"所谓的描述式制度完全地表达了少数几个范畴；所谓的类别式制度不完全地表达了更多的范畴。从英语自身的角度看，它那么像类别式；但从印第安语的角度看，它非常不像类别式，因为它的任何一个称呼都不能表达出其他语言的称谓中能表达的范畴。"[1] 每种语言表达亲属制度的侧重点很不同，不能一概而论，比如，达科他人就特别注重说话人的性别，而加利福尼亚人就特别注重建立关系之人的性别，比如母亲的弟弟和父亲的弟弟就差别很大，而英语中都称为 uncle。总体来看，根本无法用"类别式"判别任何亲属制度。

克鲁伯指出，"从亲属称谓中推论出社会或婚姻制度在以前的存在状态，没有什么比这更危险了。即使社会环境与亲属称谓完全契合，没有确凿的证据就得出结论说，这些表达方式是社会环境的直接反应或结果，还是不安全的。"[2] 他举例说，在达科他语言中，外祖父和岳父用一个词来表达，如果按照摩尔根的推理方式，那么外祖父和岳父就是一种关系，那就会推出与自己母亲成婚的制度。还有什么比这更荒谬的？再比如，英语口语中把姐妹之夫也称为 brother，这是语言自然简化而成的习俗，怎可由此推论出相应的婚姻制度？语言的、心理的因素都有可能影响到亲属称谓，不可一概而论。"总之，因为用同样的称谓称呼一些亲属，就说这些亲属是因为弟收寡嫂或群婚这样的特殊风俗，在任何情况下都很难说有什么内在的理由。"[3] 虽然克鲁伯认为亲属称谓与婚姻制度完全无关的看法有些极端，但他有力地指出，摩尔

---

[1] Cynthia Eller, *Gentlemen and Amazons*, p.80.
[2] Ibid., p.82.
[3] Ibid., p.83.

根根据称谓来推断婚姻制度史，证据过于单薄了。冯汉骥和芮逸夫先生虽然并不完全接受克鲁伯的结论，但不肯轻信中国母系论的态度，应该是更妥当的。①

对母系论做出最系统、最全面批驳的，是芬兰人类学家韦斯特马克（Edward Alexander Westermarck）用英文写的《人类婚姻史》。这部巨著初版于1891年，当时母权论正如日中天，韦斯特马克和泰勒与博厄斯一样，最初接受了母系论的很多说法。因此，他最初写作《人类婚姻史》时，是相信原始杂交的，但新的研究方法和证据使他变成了杂交与母系论的死敌。他在此书中花了大量的篇幅来批驳杂交与母系论，并且不断增补与修订；等到此书第五版在1921年问世之时，母权论已经差不多被遗忘了。

在《人类婚姻史》第五版中，韦斯特马克用了七章的篇幅，从七个不同的角度，全面总结了对杂交群婚和母系论的批判：

一，他首先指出，巴霍芬等人用以证明存在杂交状态和母权社会的证据，要么不是信史，要么可以有很多种解释

---

① 两位先生对中国亲属称谓中从儿称和逆从儿称的研究尤其可以佐证克鲁伯的批评。舅姑之称总是被当作中国母系社会的证据，但舅也是对妻子之兄弟的称谓，这是因为自己的儿子称之为舅，姑也是对丈夫姐妹的称呼，这也是因为自己的儿子称之为姑。这是父母学孩子的称谓，是从儿称。而"姨"本是对妻子姐妹的称呼，但对母亲的姐妹也称为姨，这是孩子学父母的称谓，是逆从儿称。以这种称谓来推断婚姻制度，是非常荒唐的。见冯汉骥，《中国亲属称谓指南》，第59页；芮逸夫，《伯叔姨舅姑考》，第894页。

可能。虽然在某些地方（比如中国史书中所记录的兄弟共妻），群婚、一妻多夫等确实存在，但这些往往与一夫一妻制同时并存。以这些似是而非、道听途说的材料来证明存在杂交制和母系社会，是非常荒唐的。所以他总结说："在目前或不久以前，没有哪一个未开化的民族生活在乱交状态，这是显而易见的。"①

二，有些人以原始部落中的淫乱风气来推断，他们起初的性交一定是毫无约束的。而韦斯特马克指出，这种淫乱之风大多是和西方文明社会接触之后的结果，是现代人带给他们的。虽然在某些原始部落中也有淫乱之事，但大多数民族非常强调贞节，而且相对而言，越是未开化、接近自然状态的人，越重视贞节。②

三，初夜权流行于古代各个民族，有些学者以此来证明曾有过男人共有女人的阶段。韦斯特马克对初夜权提出了各种解释方式，认为它要么来自人们对初婚之血的恐惧，要么来自人们希望与圣者或权贵交好的心态，要么来自拥有特权的人的性欲，但一定不是杂交或群婚的结果。③

四，神妓、以妻待客、节日纵欲，古代这几种怪异的风俗，也是很多人用以证明杂交或群婚的证据。首先，韦斯特马克认为神妓现象更多来自于宗教崇拜，不应该解释

---

① 韦斯特马克，《人类婚姻史》，李彬、李毅夫、欧阳觉亚译，北京：商务印书馆，2002年版，第96—115页。
② 同上书，第116—149页。
③ 同上书，第150—184页。

为群婚和共妻；以妻待客和朋友互相换妻，更多被解释为仅仅是一种表达友谊的方式，而未必是群婚制的遗存；至于节日时的纵欲乱交，则被解释为某种巫术行为，与婚姻制度无关。①

五，对于摩尔根所发明的以亲属称谓推测亲属制度的方法，韦斯特马克借助克鲁伯的研究，指出这是没有什么根据的。亲属称谓的起源有各种可能性，描述式和类别式的区分并不严密，而且由此就推断出群婚制和母系制，更加没有根据。即使某些民族中的群婚制成立，也不能由此认为人类普遍经历过这样的阶段。②

六，和其他很多人类学家一样，韦斯特马克并没有否定某些民族中存在母系社会的事实，但他指出，这些社会中仅是按照母系传承而已，父亲或舅舅仍然是说一不二的家长，而且，这些母系社会很多就是从父系社会发展来的，并不是父系之前的阶段。韦斯特马克进一步谈到，母系社会的存在也不能证明杂交制的存在。对于母系论者特别倚重的"知母不知父"的现象，韦斯特马克做了细致的考察。知母不知父可以有两种可能，一种是因为杂交制导致父亲的身份不明，另一种是原始人不知道性交与怀孕之间的关系，因而不知道父亲在生育过程中的作用。但这两种可能性都并不普遍存在。他首先指出，父权制和母权制与婚姻道德完全无

---

① 韦斯特马克，《人类婚姻史》，第 185—208 页。
② 同上书，第 209—243 页。

关,不会和杂交状态必然相连;其次,他在细致考察了人类学家在各地的报告后,发现没有哪个民族不清楚父亲在生育中的角色,即使对怀孕的生物学原理并不了解。因此,母权制和杂交制都是没有根据的。①

七,在第七章,韦斯特马克和达尔文一样,诉诸男性的性嫉妒。在有性别区分的动物和人类当中,雄性的性嫉妒是一种普遍的本能,这使得男子既不允许群婚杂交的存在,也会以暴力阻止这种情况的发生。因此,自然状态中不可能存在杂交的情况。虽然在某些民族中确实存在过以妻待客或换妻的事情,但这并不能证明丈夫就没有嫉妒心,因而不能以此来证明曾经存在过杂交制。②

面对批判者如此猛烈的攻击,母系论者已经没有什么还手的余地。特别是作为母系论根据地的人类学界全面否定了他们的观点和研究方法,20世纪的人类学家已经很少有人继承母系论的进化命题了。

在对母系论的批判者当中,达尔文、梅因、韦斯特马克是连杂交群婚一并否定的,但泰勒仍然在一定程度上认可群婚现象的存在。虽然他们合力将母系论终结了,但他们之间的不同路径将开启对乱伦禁忌问题的新一轮争论。对这个问题,我们将在中篇详细讨论。

现在,我们还要回过头来看一下,母系论的文化根源

---

① 韦斯特马克,《人类婚姻史》,第244—264页。
② 同上书,第265—295页。

到底在哪里。虽然作为一个学术命题,母系论已经遭到了否定,但作为一个思想现象,母系论在 19 世纪后期三十年的繁荣,却自有其内在的理据。母系论者实质关心的问题,还将在乱伦禁忌和弑父弑君的讨论中延续。

三 母权论的自然状态

有一种解释认为,社会发展史的思路使血缘关系成为社会的基础,取代了以社会契约为人类基本关系的思路。[①] 表面看上去,这一说法颇有道理。正是在自然法学派与社会契约论渐渐式微之后,随着苏格兰启蒙运动对社会发展史的强调,再加上进化论的推动,才导致了 19 世纪后期的学者们在血缘关系中寻找社会的自然基础。这一点不仅适用于母系论者,甚至对梅因和古朗士这样的父权论者也颇有意义。《古代法》中的另外一条线索,就是对自然法学派的批判。

不过,这一说法并未抓住问题的要害。早在霍布斯笔下,后来母权论者的一些基本倾向就已经出现了。母权论者所热衷的,比如人们更容易确定母亲,而不容易确定父亲,母子关系比父子关系更接近自然,甚至群交比婚姻更自然等说法,在霍布斯那里都可以找到痕迹。母权论与契约论不仅不矛盾,而且完全可以相容。在一定程度上,母权论者

---

① Peter Davies, *Myth, Matriarchy, and Modernity: Johann Jacob Bachofen in German Culture, 1860–1945*, New York: De Gruyter, 2010, p.55.

的原始社会,只不过是契约论者的自然状态的另外一种说法而已;群婚状态中所有人对所有人的性交,只不过是自然状态中所有人对所有人的战争的另外一个面相;而反过来,即使在群婚状态中也不得不有的性交限制,也正是战争状态中不得不有的限制。之所以会有这样的关联,在根本上是因为,现代早期自然法学派的自然状态,正是现代社会论者的理论前提。① 梅因说自然法学说导致了父权论晦暗不明,无意中正指出了契约论与母系论的内在关联。在自然状态中最自然的,正是后来的社会论者用以构建神圣社会的基础,而我们在前文看到,这也正是母权论者构建血缘群体的理论根基。更进一步说,无论自然状态中的自然、神圣社会中的社会,还是母权论者笔下的最初社会群体,其最深层的哲学基础,都是古希腊以来西方哲学传统中的形质论,而这也正是20 世纪 70 年代以来女性主义者最关注的一个问题。

1 战争状态与杂交状态

现代西方最早的母系论者,大概要数霍布斯了。虽然这一说法在他的思想体系中并不占重要位置,甚至和他的其他很多说法未必一致,但这毕竟告诉我们,社会契约论与母系论有内在的关联。

在《利维坦》第 20 章,霍布斯谈到了取得支配权

---

① 参考李猛,《社会的构成:自然法与现代社会理论的基础》,刊于《中国社会科学》,2012 年第 10 期。

（dominion）的两种方式：生育和征服。来自生育的支配权就是指父母对子女的权力。但霍布斯并不认为生育本身可以赋予父母以支配权，子女必须以某种方式表示同意，即这也必须是父母和子女之间的一种契约，而不是生育自然导致的统治。① 这契约的内容，应该包括相互关联的两个内容：一、父母中由谁来统治子女；二、子女是否同意或默许父母的统治。

霍布斯首先回答了父母究竟由谁统治的问题。既然父母共同生育了子女，那么二人就应该都有对子女的支配权，子女要平等地服从父母，但"这是不可能的，因为任何人都不可能服从两个主人"。因此需要首先决定谁是一家之主。霍布斯认为父亲一般是一家之主，不过，他并不认为这是由于男性更有力量，"因为男人与女人在体力和慎虑方面并不永远存在着那样大的一种差别，以至使这种权利无须通过战争就可以决定。"②

他既不认为父母可以同时为一家之主，又不认为男人是由于天生的优越性而凌驾于女性之上，而是以为男女之间无论在体力还是智力上都无甚差别，那么，自然状态就不只是所有男人对所有男人的战争，而是包括男女在内的所有人之间的战争，男人对女人的统治，只能是战争的结果和契约的规定。在大多数民族中，这一战争的结果是男性统治，因为国家大多是

---

① 霍布斯，《利维坦》，黎思复、黎廷弼译，北京：商务印书馆，1997年版，第154页。
② 同上。

由男性建的，但这并不是必然的，也可能有女性统治的情况。

就像在讨论一般性的自然状态与社会契约时一样，在霍布斯看来，男女同等地在自然状态中参与战争，和后来男人对女人的征服，未必是真实发生过的历史事件。这只是一种合理的假定，换言之，这是他对男女之人性的一种理解。因而，霍布斯随后抛开了那些通过法律规定男性高于女性的历史事实，说："但现在问题在于单纯的自然状态，我们假想其中既没有婚姻法，也没有关于子女教育的法规，而只有自然法和两性之间以及其对子女的自然倾向。"在这样的自然状态下，男性并不必然优于女性，未必就一定统治女性。他说，这种情况下要么人为地订立契约，要么根本不做任何规定。人为地订立契约，就像人们为走出自然状态而订立社会契约一样，也未必是男性居于统治地位。霍布斯像后来的母权社会论者一样，举出了亚马逊的例子说明，这个契约完全有可能倾向于女子一方。

若是完全不订立契约呢？完全没有任何契约的状况，应该就是绝对的自然状态。几乎所有的母权论和母系论者后来都设想过，在进入最初的婚姻关系之前，有一个毫无规则的杂交状态。那应该是最接近自然的一种生活状态。霍布斯并没有认为，如果不订立男女之间的契约，就完全没有任何家庭关系，他这里完全自然状态之下的婚姻制度，正是麦克伦南和摩尔根都设想过的知母不知父的状态：

> 如果没有订立契约，那么支配权便属于母亲。因为

在没有婚姻法的单纯自然状态下,除非母亲宣布,否则就不知道父亲是谁。这样一来,对子女的支配权就取决于她的意志,因之便存在于她的身上。此外,我们也看到,婴儿最初是在母亲的权力掌握之下的,母亲可以养育他,也可以抛弃他。如果她养育的话,婴儿的生命便得自于母亲,因之就有义务服从母亲而不服从任何其他人,于是对婴儿的支配权就归母亲所有了。但她如果把婴儿抛弃,被另一人捡到并收养下来,那么支配权便存在于收养的人身上,因为这婴儿应当服从保全他的生命的人,其道理是:一个人服从另一个人的目的就是保全生命,每一个人对于掌握生杀大权的人都必须允诺服从。①

在没有任何社会契约的自然状态中,母亲享有对子女的支配权。为什么这样?霍布斯举出了两条理由:第一,子女知母而不知父;第二,母亲有养育他或抛弃他的权力。

为什么子女知母而不知父?霍布斯没有像后来的人类学家那样,明确宣布这是一个群婚杂交的时代,但"没有婚姻法"意味着什么呢?为什么母亲不宣布,子女就不知道父亲是谁?虽然霍布斯自己没有说,甚至可能根本没有想到他的理论有这样的推论,但我们由他确立的前提可以合理地推

---

① 霍布斯,《利维坦》,第155页。同一观点在《论公民》第九章中也有详细阐述。

断出来，自然状态就应该是一个杂交群婚的状态。完全没有婚姻法，但人们并非没有性交欲望，所以，那时候应该是每个男人都可以和每个女人性交的。在《论公民》中，霍布斯也说，在自然状态之下，任何性交都是合法的。[①]这样，霍布斯的自然状态就不仅是所有人对所有人的战争状态，也是所有男人对所有女人的杂交状态。所有人处于对所有人的战争中，是因为人们没有理由相信任何别人不会伤害自己的性命，即没有什么社会纽带在人和人之间建立一种安全的信赖关系，使人们可以相信某个人不可能随便取自己的性命。那么，两性之间之所以处在杂交的状态，就是因为没有婚姻法规定性交的限制；凡是可以和你随便性交的人，也都可能成为杀死你的人。性交没有限制，战争永无终结，这应该是自然状态的两个方面。

不过，随即就出现了问题。既然知母不知父，女儿与父亲之间的乱伦就无法避免；但母亲与儿子之间呢？既然已经知母，还会发生母子乱伦的事吗？这里出现了后来斯宾塞面对的那个问题：不可能有完全的杂交状态。而走出杂交状态的第一步是确立母子关系，母子关系已经确立，就有了母子之间的乱伦禁忌，就已经走向了契约状态。

由此我们看到了霍布斯关于母亲支配权的第二个理由：母亲养育和抛弃子女的权力。母亲之所以有对子女的支

---

① Thomas Hobbes, *On Citizen* (*De Cive*), 11:9, Cambridge: Cambridge University Press, 1998, p.158；中译本《论公民》，应星、冯克利译，贵阳：贵州人民出版社，2004年版，第150页。

配权，是因为母亲的养育保存了孩子的生命；而如果母亲抛弃了他，另外一个人养育了孩子，则那个养育者也有对孩子的支配权。自然状态虽然是极为残酷的战争状态，但每个人必须首先成长到一定年龄才可以进入战争状态，那就必须有养育者。作为自然法的第一条，自我保存不仅要求人们避免被别人杀死，而且要求有人能把他养育到足够的年龄再加入战争，这一点甚至比前一点更加重要。这样，我们至少可以推断，养育者和被养育者之间并不处在战争状态，母子之间可以建立一种足够信任的关系，而不必因为怀疑对方会无端取自己的性命而相互杀戮。因此，所有人对所有人的战争并非没有例外，养育者和被养育者就要被排除出去。如果战争状态有例外，杂交状态就也应该有例外。①

但这里就触及了家庭契约第二方面的内容：子女对父母支配权的同意和默许。霍布斯所谓没有任何婚姻契约的自然状态，只是就夫妻之间而言的。这时虽然没有夫妻之间的任何契约，却有母子之间的契约。霍布斯说，母亲有对子女的支配权是因为她给了他生命；如果母亲抛弃他而不给他生命，则任何一个领养人都有对他的支配权，因为他也给了孩子生命。那么，养育这个行为就是母子契约的签订。因为母亲或任何一个领养者对儿女的养育始自孩子尚未成为一个成年人的时候，孩子没有足够的理性来同意或拒绝对他的养

---

① 母子之间是无战争的契约状态，这一点在《论公民》第九章中说得非常明确。

育,而母亲或收养者单方面决定了帮助他实现自我保存,子女就已经没有选择接受还是拒绝的权力,而是"有义务服从母亲而不服从任何其他人,于是对婴儿的支配权就归母亲所有了"。这是最原始的契约,是在人类的其他方面尚未走出自然状态,尚在其他所有人对所有人的战争中之时,已经订立了的契约。但这份契约与霍布斯一般说的社会契约非常不同。首先,订立者双方不是能同等充分地运用理性的成年人[1];其次,这缺乏订立契约时最基本的自愿因素。子女对母亲支配权的同意,不是一种自愿的接受,而是一种被动的债务,成了不得不然的义务。

另外一种可能性是,霍布斯是否会仅把抚养权当作孩子尚未成年时的暂时权力,而在孩子成年之后,就可以让孩子自由选择是否接受母亲的统治?若是那样的话,孩子就要自愿选择是否与母亲陷入战争状态甚至乱伦状态了。在文本中,我们看不出霍布斯有这样的思想倾向。而且,这一部分是在讨论养育和征服两种支配模式,霍布斯在后文明确说,通过这两种方式建立的统治,和通过契约建立的统治,无论在结果上还是所根据的理由上,都是一样的。[2] 父母不会因为生育了子女而自动有了对他们的支配权,却会因为养育了子女而获得对他们的支配权,单方面的养育,就是在母子之间建立家庭契约的充足步骤。母亲或领养者通过养育孩子建

---

[1] 在第 14 章,霍布斯谈到,战争状态中"人人都受自己的理性控制",参见《利维坦》中译本第 98 页。
[2] 《利维坦》,中译本,第 157 页。

立支配权,这和通过社会契约建立国家在本质上是一样的,有主权般的约束力,孩子无权随意退出。霍布斯应该不会认为母亲对孩子的支配权仅限于未成年期。

表面看上去,母子关系是作为战争状态的自然状态里唯一还存在的一种社会关系。但霍布斯进一步说:"对于子女有支配权的,对子女的子女和孙辈的子女都有支配权。因为对一个人的人格有支配权时,对他所拥有的一切便都有支配权;不这样,支配权就徒有虚名而无实效了。"[①] 那么,这个时候不仅母亲对儿女有支配权,而且对他们的后代都有支配权,于是这就不再是战争状态中小小的亲情绿洲,而成了庞大的母权群体,有了这样的母权群体,人们离走出战争状态也就不远了。自然状态似乎不应该是这样的。

但霍布斯毕竟不是一个持进化论的人类学家,他既没有研究原始社会的实际生活情况,也没有勾勒出一个社会发展史来,而只是在设想一种完全没有任何社会关系的自然状态。我们完全可以推测,霍布斯笔下的自然状态,应该和基督教中的伊甸园一样,没有婴儿和养育的问题,每个人都是成年人,具有足够的理性能力和身体力量,这样也就不必担心母子关系对它的破坏,其中的所有成年人(无论男女)处在战争状态,也处在所有男人和所有女人的杂交群婚状态,没有任何契约,也没有任何家庭。这个假想的状态,和麦克伦南、亚维波里、斯宾塞、摩尔根、恩格斯所说的那种完全

[①] 《利维坦》,中译本,第155—156页。

前社会的杂交状态,而非母系社会,是相对应的。

正如战争状态并不是一个历史时期,杂交状态也不是一个历史时期。一旦设想在这个状态中出现了婴儿,就必然出现了母子关系,母子之间因为在养育与回报中建立了最初的家庭契约,而最早走出了战争状态和群婚状态。战争状态有了例外,群婚状态中也就引入了最初的规则。这种母子关系会延伸到几代,后来可能还会加入父子和夫妻关系,并且在进一步的斗争和妥协中,建立了更完备的家庭契约和更庞大的家庭。家庭契约和社会契约的建立,遵循完全类似的逻辑。在霍布斯这里,母子关系比父子关系更加自然,但严格说来,这都不是纯粹的自然,不存在于自然状态。只有绝对的杂交群婚和战争状态,才是自然状态。

虽然母系问题在霍布斯的总体思想中并不重要,他甚至可能并没有想到,他自己的一些说法会推出杂交群婚和母系社会的观念,但我们在他这里几乎已经看到后来人类学家讨论的全部问题:自然状态的杂交群婚、知母不知父、从建立家庭到进入国家。人类学家的讨论,似乎只是把霍布斯的自然状态铺陈到社会发展史中而已。这正是维多利亚人类学家所要做的:他们要在更加纯粹的环境中研究普遍人性,社会进化论帮助他们找到了研究人性的天然实验室,使他们能够更直观地思考霍布斯曾经思考过的问题。① 对母权社会的发现,正好验证了他们和霍布斯共同理解的

---

① 参考 George Stocking, *Victorian Anthropology*, New York: Free Press, 1991。

人性。那种认为母权问题取代了契约论的说法,并没有深入到问题的实质。①

2　希腊神话中的母权制

无论是在霍布斯笔下,还是在后来的人类学家那里,杂交群婚的自然状态与后来的社会状态之间都呈现出这样的辩证关系:自然状态最接近人性自然,却是极为野蛮的混乱状态;社会状态一方面代表了社会的进步,另一方面也意味着纯真时代的结束和阶级对立的开始。霍布斯的社会契约论最简洁地概括了这对矛盾;恩格斯的社会发展史最充分地展现了这一辩证过程。为什么最自然的是最混乱的,最文明的却是充满恶的?对这个问题最好的揭示,是在巴霍芬的《母权制》当中。

如果说霍布斯是母权神话的远祖或初祖,巴霍芬就是它的太祖。虽然后来的人类学家从巴霍芬这里直接继承的东西并不多②,而且研究对象和思考方式都非常不同,但恰恰是在巴霍芬那抽象而晦涩的古典研究当中,我们才能更好地看到母权神话的实质问题。

---

① 关于霍布斯的家庭观,亦可参考李猛,《自然状态与家庭》,刊于《北京大学学报》,2013 年第 4 期。
② 虽然生活在同时代,麦克伦南对巴霍芬几乎没有了解;亚维波里应该知道巴霍芬的理论,批评了他的一些说法;摩尔根和巴霍芬有通信来往,但因为他不懂德文,巴霍芬的著作对他并无多大帮助。倒是巴霍芬自己,对麦克伦南和摩尔根等人的研究都有更详细的了解,但他的《母权制》是在所有这些英语著作完成前就已出版的。

和后来的人类学家不同，巴霍芬很少使用当代的民族志材料。他所依赖的，大多是西方的古典文献，并旁及这些文献中谈到的埃及和印度等古代文明。在这些古代文献中，巴霍芬发现很多民族中都有按照母系传承的记录。比如希罗多德记载，在利西亚人当中，孩子按照母系起名，而不是按照父系；后来又有人发现，其财产也是按照母系继承的。又比如斯特拉波记载，在坎塔布连人当中，姐妹为兄弟准备嫁妆。塔西佗和其他一些历史学家都曾经记录过女性在古代日耳曼人当中有很高的地位。更不用说希腊作家经常谈到的亚马逊女战士。巴霍芬认为，所有这些材料都表明，在有文字记载的希腊历史之前，母权制曾经是一个相当有系统的组织形态，在上古文化中留下了深刻的烙印，正如父权文化在有文字记载的希腊文化中留下的印迹一样。鉴于历史发展的普遍性，这个阶段应该是人类历史上共同经历过的，是父权体制建立之前的一个阶段。只是在进入父权时代后，母权制度被摧毁，关于那个时代的记忆也慢慢散失了，后来的人们只会从自己的角度理解古代。利西亚等地的这些现象，本来是普遍的母权制残存的一些痕迹，却被父权时代的希腊人当作不可理解的奇风异俗。所幸的是，母权制的存在状态还系统地反映在希腊的神话传统当中。巴霍芬甚至认为，神话和宗教在历史文化的发展中起过决定性的作用，因此，对神话的研究，就成为考索母权制的必由之路。

在巴霍芬看来，希腊神话中很多关于女神和女祭司的内容都和母权制阶段有关，而母权制的典型形象就是德米特尔（Demeter）大母神。德米特尔是大地之神、丰收之神、母亲之神，同时又是冥后，而她的这些方面都体现出母权制的基本特点，所以巴霍芬把希腊文化中的母权制称为"德米特尔母权制"（Demetrian Matriarchy）。特洛伊女祭司特阿诺（Theano），女诗人萨福（Sappho），以及女巫狄俄提玛（Diotima），都被认为是母权制的文化遗存。在母权时代，人们崇尚大地、感性、自然，而对社会性的、精神性的、抽象的情感没有兴趣。母神既是大地之神更是冥界女神，人们对死亡现象有更多的迷恋，希望在对冥神的崇拜中获得新生。在巴霍芬看来，这些都不只是诗意的想象，而有深厚的历史根据，体现在女性的宗教使命上面。虔敬、正义、文化等抽象词汇是阴性名词这一语言学现象就说明了这一特点。在那个时代，女性是和平与正义的守护神，具有神圣的地位。因此，母权制是"人类发展的必然阶段，因而也是掌管每个民族和每个个体的自然法的实现"。[①]

在挑战了父权制的思维模式之后，巴霍芬也像后来的麦克伦南和摩尔根那样，感到需要为人类婚姻制度的发展做一个历史分期。虽然他的语言更像神话和诗，但他和严谨的人类学家一样，感到这种德米特尔母权制不可能是历史的第一个阶段，而只可能处在中间的位置。在母权制之前，应该有一个完全无规范的杂交制（hetaerism），其统治原则是

[①] Johann Jakob Bachofen, *Myth, religion, and mother right: selected writings of J. J. Bachofen*, Princeton: Princeton University Press, 1973, p.91.

"阿芙洛狄忒的自然法"(Aphroditean *ius naturale*)。"要理解德米特尔母权制,就要存在一个更早、更野蛮的状态;母权制原则要求有一种相反的原则存在,母权制正是在对抗这一原则的时候实现的。"①

杂交时代是最初级的自然法时代,"物质之法拒绝任何限制,讨厌任何枷锁,把专一看成对神圣的冒犯。"②那个时代的宗教就要求杂交,婚姻反而是对古老宗教原则的破坏。

按照巴霍芬的婚姻史,女性最先厌倦了杂交状态,因为杂交状态中很容易发生男人对女人的虐待,于是她们为了更安全的生活,要求设立婚姻规则,男人不情愿地接受了。从杂婚制到母权制,曾有过非常激烈的血腥斗争,也有过反复的动荡,但德米特尔原则最终取得了胜利,母权制得以成功建立,人们走出了纯粹自然法的时代。

巴霍芬认为,亚马逊主义就代表着女性对杂交状态的反叛,是母权制的准备阶段。亚马逊主义的产生,来自女性对杂交时代的虐待的暴力反抗,表明了女性对更有尊严、更安全的生活的向往。巴霍芬甚至进一步推出,亚马逊主义是人类历史上的普遍现象,是杂交之后必然出现的一个阶段,代表了人类文明的一种进步。中国古代文献中记载的女儿国,也被认为是亚马逊主义的团体。正是在亚

---

① Johann Jakob Bachofen, *Myth, religion, and mother right*, p.94.
② Ibid., pp.94-95.

马逊主义中，开始了母权制的雏形，也孕育了政治文明的开端。在亚马逊的激烈战争之后，胜利者烧毁了船只，定居下来，建立了城市，开始了农业生活。于是，人类从游牧阶段进入了农业阶段，母权制确立下来，人类也有了最初的国家。

在他看来，东西方文明的第一次交锋是特洛伊战争，这就是阿芙洛狄忒杂交制与赫拉的婚姻原则之间的冲突。特洛伊战争的起因本来就是特洛伊人对希腊人婚姻专一性的侵犯；而希腊人对特洛伊人的胜利，就被解释为母权制文明对杂交制文明的胜利。罗马人，作为特洛伊的后代和阿芙洛狄忒的子孙，最初完全臣服于亚细亚的杂婚原则。来自俄特鲁里亚的两位塔昆王使罗马人接触到了母权文明。在帝国观念的支持下，罗马终于挣脱了东方杂婚文明，摆脱了那种纯粹的自然法，拒绝了埃及杂婚制的魅惑，并战胜了杂婚制的最后一个象征克里奥佩特拉女王。①

面对埃及女王尸体的奥古斯都究竟代表了母权原则还是父权原则，巴霍芬有些含混不清，因为古典神话中的很多现象本来就非常复杂。他把这些含混之处解释为三个阶段之间的过渡、反复和回归。如狄奥尼索斯宗教的广泛发展，他就认为这是杂婚制与德米特尔原则的又一轮斗争。在狄奥尼索斯宗教中，有对德米特尔婚姻原则的肯定，甚至有对男性的光荣的发扬，在此，狄奥尼索斯似乎是德米

---

① Johann Jakob Bachofen, *Myth, religion, and mother right*, pp.99-100.

特尔主义的支持者,甚至反映了父权制的胜利。巴霍芬承认,狄奥尼索斯崇拜的某个阶段确实代表这些。但他认为,巴库(Bacchus,狄奥尼索斯的罗马名字)式的酒神崇拜,实实在在地代表着杂交原则,因为它对男性的崇拜是完全感性的肉体崇拜,同时也把女性完全降低到了阿芙洛狄忒主义的自然状态。酒神崇拜强调的是性爱和迷幻的魅惑,在妇女当中找到了最多的支持者。这种形态的狄奥尼索斯主义全面瓦解着母权道德。狄奥尼索斯本来与农业之神德米特尔更有关系,但后来成为酒神之后,感性的疯狂使他更成为阿芙洛狄忒的朋友,酒神精神带来了古代阿芙洛狄忒主义的最高峰,打破了所有的枷锁,铲除了所有的区隔,让人们倾向于物质性的自然存在,回归到最纯粹的自然法。

而从母权制转变到父权制,是一个非常重大的历史变化。他说,阿芙洛狄忒杂交制和德米特尔母权制都以自然的生育为基础,但在父权制下,生活的根本原则变了,旧的观念被完全超越,人们产生了一种非常不同的文明态度。父权与母权的冲突,可以从俄瑞斯特斯神话中看出。俄瑞斯特斯弑母,这在母权时代是绝对不能容忍的大罪,所以复仇女神一定要找他报复;复仇女神代表的,就是母权时代的法律。但是,阿波罗和雅典娜出面,宣布了新法对旧法的胜利,俄瑞斯特斯弑母是为父报仇,父权原则高于母权原则,所以他无罪。这是历史斗争的真实反映,和母权制代替杂婚制时一样,是血淋淋地、慢慢实现的。最终,阿波罗时代到来,母权让位给父权，日神时代是父权的时代。巴霍芬给出了对俄瑞斯特斯神话的精彩分析，后来为恩格斯所激赏。①

这是阿提卡民族的宗教，宙斯代表了父权的最高发展。虽然雅典起源于母权时代，它却让德米特尔主义服从于阿波罗原则。从母权到父权的转换，尤其体现在俄瑞斯特斯案件中的另外一个神身上：雅典娜。雅典娜虽然是女神，但她是只有父亲没有母亲的女神，她让无母的父权取代了无父的母权。雅典娜的英武形象，似乎正是亚马逊主义的化身，但她让自己保护的雅典城降低女性的地位。奥古斯丁《上帝之城》中记载的瓦罗讲过的一个故事应该来自古代雅典：雅典城初建之时，一棵橄榄树突然出现，一股泉水突然涌出，雅典人不知道两个神迹的含义，德尔菲的阿波罗告诉雅典人，橄榄树代表雅典娜，泉水代表波塞冬，他们要从两个神中投票选出一个，来命名自己的城。结果男人都选波塞冬，女人都选雅典娜，因为女人比男人多一个，所以雅典娜取胜，这个城称为雅典。但波塞冬暴怒，洪水四溢。雅典人为了平息他的怒气，给了雅典女人三个惩罚：取消雅典女人的投票权，雅典的孩子不得以母名命名，她们不得称为雅典女人。②在巴霍芬看来，这个故事正说明了雅典娜的角色。她是女人选出的，即来自母权制，但恰恰是她取消了母权制，使德米特尔主义的城邦变成了阿波罗主义的雅典。因而，在雅典出现

---

① 恩格斯，《家庭、私有制和国家的起源》，第9页。
② 奥古斯丁，《上帝之城》下册，18∶8，吴飞译，上海：上海三联书店，2009年版，第57—58页。

了父权制的最高形态。

这样，巴霍芬以充满想象力的诗化语言，讲出了从杂交时代经母权时代再到父权时代的历史进化。天才的巴霍芬和那些刻板的人类学家非常不同，他创造的确实是一个美丽的神话。这里没有人类学家科学面目下的严谨，却讲出了母权神话的真正深度。

3 自然之母，精神之父

巴霍芬把杂交阶段和母权阶段都当作自然的阶段，而把父权阶段当作精神的阶段。母子关系是物质的、可见的、直观的、自然的，是可以通过感觉就能了解的生物性事实；但父子关系却完全不同，是不可见的、抽象的、推理出的、精神性的。因而，父权对母权的胜利，就是精神的发展和从自然的解放。

本来，母权代表自然，父权代表精神，这一对关系似乎就已经足够了，但在推想出母权制时代之后，巴霍芬却一定要假定有比它更早的一个杂交时代。为何如此？这是他的原则的必然推论。母权制的存在不在于有多少历史材料的支持，而在于它是比父权制更"自然"的时代。但母权制时代已经有了婚姻规则，甚至有了政治，在巴霍芬这里已经是有了一些文明的时代了，并不是最初的自然状态。他既然认为人类文明是从最自然的状态逐渐向精神状态发展的，那就应该有一个比母权制更自然的时代，即杂交时代。这同麦克伦南、亚维波里、斯宾塞和摩尔根的思路是一样的：在所有婚姻规则产生之前，必然存在一个更接近自然状态的杂交群婚时代。

在巴霍芬看来，杂交时代代表了更加纯粹的自然法和大地原则，因为那种状态就像泥沼中的野生植物全无规则生长的状态。性欲肆意蔓延，毫无限制。相对而言，德米特尔母权制则如同有了一些规则的农业。"两个阶段都遵循同样的基本原则：生育性的子宫占统治地位，差别只在于与自然的距离，二者都是用自然来诠释母性的。杂婚制与最低等的植物生命相关，母权制则与较高阶段的农业相关。"① 遵循纯粹物质性自然法的杂交制才是最自然的婚姻形态，因而这个阶段的原则体现在污泥沼泽中的植物和动物上，而母权制却崇拜农业之神，因为那是已经有了规则的自然状态。巴霍芬认为，"到处都是自然指导着人类的发展，让人拜服在大自然脚下；人类的历史发展都经过和自然一样的阶段。"② 这正是巴霍芬理解人类历史的基本原则，即按照自然的发展而发展；这也决定了历史发展的辩证模式，最接近自然的也可能是最黑暗的；文明发展的最高程度却距离自然越来越遥远。从杂交时代纯粹物质性的自然法，发展到母权时代，人类文明已经有了初步的成就：

> 在人类存在的最低的和黑暗的阶段，母子之间的爱

---

① Johann Jakob Bachofen, *Myth, religion, and mother right*, p.97.
② Ibid.

> 是生命中的一点火花,是道德深渊中唯一的光,是深重的悲惨中唯一的快乐。……在任何文化、任何德性、存在的任何高贵方面的起源阶段,我们都看到母子之间的关系。在充满暴力的世界中,这是神圣的爱的原则,统一的原则,和平的原则。女人把她的孩子养育成人,比男人更早地学会了将爱延伸到自我之外的另外一个生灵。①

无论霍布斯还是后来的人类学家,都不认为爱或任何一种情感是历史发展的动力;他们甚至不认为爱或任何情感是氏族或家庭的根本原则。他们更愿在冷冰冰的权力或财产当中理解历史的发展。巴霍芬的运思方式与他们非常不同。他认为爱是决定性的,宗教和神话是历史发展的动力。人们最初之所以知母而不知父,是因为母子之爱是更加自然的一种爱,而父子之爱是更加精神性的,不那么直观,因而就距离自然更遥远。

比起后来的父权制,母权制时代的最基本特点就是它与自然的接近,于是很多后来的观念在那时都是颠倒的,比如左优于右,夜优于昼,月亮优于太阳,黑暗的大地优于发光的天体,甚至死优于生,哀悼优于快乐。母亲的原则,就是物质-大地的原则,而不是精神-天空的原则,所以大母神德米特尔既是丰收之神、农业之神、大地之神,也是冥界之神和死亡之神。出于自然的母爱是更具普世性的爱,没

---

① Johann Jakob Bachofen, *Myth, religion, and mother right*, p.79.

有任何限制和枷锁,创造出四海之内皆兄弟的博爱文化。因此,母权制的时代没有深层次的精神生活,那时的宗教生活也充满感性,极为肤浅。但在母权制国家里几乎没有冲突和内战,到处充满了无私的情怀,丰收时的富足与和平就象征了这样的文化。巴霍芬把母权制时代的基本特点概括为:

> 生儿育女的母性就是母权制的自然形象,母权制完全服从物质和自然生命的现象,它正是从这些当中得到了其内在和外在的存在形态;在母权制时代,人们比后来更强烈地感觉到生活的统一,宇宙的和谐,因为他们并未从中脱离;他们更敏锐地了解死亡的痛苦和地上存在物的脆弱,女人,特别是母亲为此而哀悼。……他们在任何事情中都服从于自然存在的法则,将眼睛紧紧盯住大地,将地下冥界的力量放在天上星体的力量之上。……一言以蔽之,母权制的存在是一种有规则的自然主义,其思考是物质性的,其发展首先是物理性的。[①]

巴霍芬非常迷恋他自己创造出的这个母权神话,沉浸在母权时代的温情脉脉当中,热爱那个时代的统一、和谐、自然、博爱。但我们不能因为巴霍芬使用了这么多诗意的语言,就认为他和霍布斯的思维方式真的不同。霍布斯理想中

---

① Johann Jakob Bachofen, *Myth, religion, and mother right*, pp.91-92.

的自然状态里没有婴儿,没有母子关系,因而所有人都处在战争状态,也都处在杂交状态;一旦有了母子关系,母亲因养育子女而保存了他的生命,从而取得了对他的支配权,于是母子之间就不再处于战争状态,当然也不应该有乱伦之事。巴霍芬所谓的从杂交制进入到母权制,说的也是这个进程。霍布斯那里的支配权,就是巴霍芬笔下的母爱(即使在巴霍芬的历史框架中,要进入这充满母爱的时代,也要经过残酷的流血,甚至是在狂热的亚马逊主义之后,才有了母权制国家)。而后来的人类学家在区别完全没有婚姻规则和亲属制度的自然状态与最初的社会群体时,最重要的标志也是母子关系的出现。这些不同的说法,所指的都是同一种历史现象:母子关系使人类从完全无序的自然状态进入到有婚姻规则的社会状态。巴霍芬的独特之处在于,他认为这个时代就有了国家,但那是个几乎没有内讧,没有冲突,很少战争,因而也缺乏精神生活的国家。在其他学者看来,这恐怕很难算是真正的国家。

虽然和我们讨论过的其他学者比起来,巴霍芬这过于诗意的语言似乎掩盖了真实的历史,但恰恰是巴霍芬揭示了这种历史演进的哲学实质。

在描述母权的特点时,巴霍芬都是将它与父权制对比着谈的。母爱是博爱,父爱在本质上却是约束性的;母权没有界限,父权总意味着限制;母权会塑造四海之内皆兄弟的情感,父权却总是限于一定的群体;总之,母权意味着人类文化的自然基础,父权意味着精神性的成熟和充分实现。因此，从母权到父权的转变，是人类文明的一种彻底转换，其意义远远超出了从杂婚到母权的转换。后者只是自然主义内部的进化，而前者是从自然到文化，从物质到精神的根本转型。杂交制是野生植物的生长方式，母权制是农业的生长方式，但父权制已经完全脱离了以自然和植物为比喻的阶段，代表了明亮天空中的和谐法律。

父子关系之所以与母子关系如此不同，就是因为一个简单不过的事实：母子关系来自于生育这个生物性行为，父子关系却不是这样清晰可见的生物关系。

> 母亲与孩子的关系基于物质关系，是感官可见的，永远是一个自然事实。但父亲作为生养者，却展现出一个完全不同的面相。他与孩子没有可见的关系，即使在婚姻关系中，他都永远无法抛弃某种想象的色彩。他只是通过母亲的中介才与孩子发生关系，是个遥远的因素。作为这样的因素，父亲展现出一种非物质性，相对他而言，呵护和哺乳的母亲就如同质料，如同生育的处所与房室，是孩子的看护者。[①]

巴霍芬把从霍布斯到后来人类学家所热衷的知母不知父问题讲得最为清楚。作为物质关系的母子关系是质料，作为推测出的关系的父子关系是形式。没有母子关系，就不可

---

① Johann Jakob Bachofen, *Myth, religion, and mother right*, p.109.

能有任何人类文明；但只有在父子关系产生之后，文明才得到完成。因而巴霍芬会把父权对母权的胜利当作精神从自然中的解放，是人类的存在状态从物质法则到精神法则的升华。母爱虽然被当作没有边界的博爱，但只是物理层面的，和动物没有区别；精神性的父爱却是人类所独有的。父爱使人类挣脱了物质主义的枷锁，将眼睛望向天空。因而，和作为大地之神、农业之神、冥界之神的母神不同，以日神阿波罗为代表的父神，是天上明亮的星辰，代表了精神力量和对自然的超越。

随着阿波罗时代的到来，旧时代被毁灭了。巴霍芬说，一种完全不同的精神气质出现了。母亲的神性让位给了父亲，夜让位给了昼，左让位给了右，皮拉斯基（Pelasgian）人的母权制让位给了希腊人的父权制，对自然的容纳让位给了对自然的超越。在母权时代，人类的希望在于母亲的慷慨赐予；在父权时代，人们更希望凭自己的努力获得他想达到的目标。人们在激烈的斗争中认识到父权的价值和德性的高贵，把自己提升到纯粹的物质存在之上，展现出人的神性。不朽不再来自于博爱的母权，而在于男子汉的创造力。这是精神力量得到了极大发扬的时代，也就是我们熟知的希腊文明。

他又指出，因为父权制度而有了精神性的父子关系，因而才会产生收养制度。在杂交时代是不可能有，也无须有收养的，母权时代的母子关系也完全受制于自然关系，但到了阿波罗时代，纯粹精神性的父子关系才成为可能，因而才会有收养现象，才会有完全脱离了生物关系的父子。也是在这样的观念下，才会有世代不绝的族谱，有家族不朽的观念。"在世界各地，人类走出大地，仰望天空；走出质料，朝向非物质；离开母亲，崇拜父亲。"①

深受黑格尔哲学影响的巴霍芬，以他的诗意语言描述了人类精神得到完全实现的复杂历程，实现了父亲统治的罗马帝国是这一过程的顶端。身为养子的奥古斯都为精神之父恺撒复仇，导致了克里奥佩特拉之死，他是第二个俄瑞斯特斯，带来了新的阿波罗时代的曙光。罗马法拒绝东方母权文化的一切干扰，拒绝伊西斯和西比尔的女神信仰，也拒绝肆意泛滥的酒神精神，父权制在罗马帝国得到了最大程度的肯定和发展。但是，巴霍芬指出，正如母权制对杂交制的胜利经历了很多反复一样，父权的胜利也并不是一帆风顺的。就在奥古斯都在政治上取得了完全的胜利、建立起父权的罗马帝国之时，宗教上的狄奥尼索斯主义却回来了。本来应该是阿波罗主义的时代，狄奥尼索斯主义却大行其道；在酒神与日神的对抗中，阿波罗本来完全有信心取得胜利，酒神却以烈酒使日神流出了眼泪。巴霍芬认为，这只能说明人类的脆弱性，对自然享乐、物质欲望的迷恋，使精神性的追求遭受挫折和反复。

4 母权社会，父权政治

巴霍芬的社会发展史介于霍布斯和人类学家之间。霍布

---

① Johann Jakob Bachofen, *Myth, religion, and mother right*, p.112.

斯明确将自然状态当作一个必要的理论假设,而不认为那是真实的历史;人类学家则认真地收集材料,力图以尽可能科学的方式,呈现出从杂交到母系再到父系的进化过程。巴霍芬虽然也采用了古代民族中的许多材料,但这些只言片语的神话材料很难支撑起一个严谨的结论;从科学性来看,他的描述方式和推理方式也无法和后来的人类学家相比。但他又不愿像霍布斯那样把这说成是理论的假设,反而一再强调,神话的发展与历史的发展是同步的。这样做的好处是,他一方面把霍布斯那里完全处于假设状态的深层问题充分展现了出来,另一方面又不像人类学家们那样过于关注历史的细节。他这三阶段的发展史,更像是自己的哲学理念的展开。

母权与父权的对立,应该是巴霍芬所理解的第一对关系。母权代表了物质性的自然,父权代表了精神性的文化,所以父权的最终胜利,既是精神对物质的超越,也是人性自然的真正完成。他在古代神话中所发现的种种材料,未必能支持所谓母权或父权的说法,但确实能很好地指示出自然与文化、物质与精神之间的关系。

但在确定了母权与父权的关系之后,巴霍芬发现母权并不那么自然,于是他必须进一步化约,找到比母权更原始的自然和质料,因而发明了杂交制时代。这样,母权时代的婚姻规则又成为杂交制的形式。母权是质料,父权是形式;同样,杂交是质料,母权是形式。这样层层化约的方式,和亚里士多德对形式与质料的理解完全契合。比如桌子是形式,木头是质料;但木头的软硬、形状也是形式,还有比它更基础的质料。正是同样的思维模式，驱使着巴霍芬从父权追溯到了母权，然后又从母权追溯到了杂交制。

霍布斯虽未明言，他也遵循了非常类似的思维模式。《利维坦》一书的副标题就是"教会与政治共同体的质料、形式和权力"（Matter, Form and Power of a Commonwealth Ecclesiasticall and Civill）。在他这里，自然状态就是人性的质料，社会契约以及政府形式就是它的形式，即战争状态和杂交状态就是人性质料，走出这一状态之后的家庭契约，就是人性的形式。在社会契约中，人性才得到成全。以此看来，巴霍芬与霍布斯遵循的是完全相同的哲学路径。他们笔下的质料，都是杂乱无章、没有任何规则的野蛮状态和杂交状态。所不同的只是，在霍布斯那里，是靠权力和支配关系，为这种野蛮状态的质料赋予了形式；而在巴霍芬那里，则是温情脉脉的母爱，成为黑暗时代的亮光，赋予了最初的形式。但我们已经看到，在本质上，这二者没有区别，霍布斯笔下的权力，就是巴霍芬笔下的母爱，二人强调的只是同一件事的不同方面而已。

霍布斯虽然也以知母不知父的理由把母系当作最早的家庭形态，但在他那简短的讨论中，我们不大能看出从母权到父权转变的实质。他只是把二者当作不同的契约形式而已，父权对母权的胜利，也似乎只是一种偶然现象。他并不认为亚马逊主义处于更低的形态，而是认为那只是不同于大多数国家的另外一种形态。

但巴霍芬和后来的人类学家都充分展开了这一关系。

在巴霍芬看来，母权制只是自然的初级实现，母子关系本身也只是一种质料。他承认有母权制国家，但这种国家里没有内战，人们之间没有什么界限，大家都处在温情脉脉的母爱笼罩之下。以巴霍芬的风格，他只能在神话和宗教中描述母权制国家的精神气质，而不可能给出它的政治结构，更无法想象它会有怎样一个政府。但在这样一种国家中，既没有梅因的父权制国家中的绝对权威（母亲只有爱，没有权威），也没有摩尔根和恩格斯笔下的阶级和压迫。在严格区分概念的人类学家看来，这只能算是社会，不能算是国家。他们的人类学研究，正是发展了这一主题。在麦克伦南、摩尔根和恩格斯笔下，我们也不再能看到巴霍芬所谓的博爱。麦克伦南认为，这个阶段里所有的只是一妻多夫制和以外婚制为主的部落；摩尔根和恩格斯则认为，这个阶段起初是血婚制，后来则随着姻族与氏族的发展，进入到了伙婚制和偶婚制的阶段。

巴霍芬并没有把婚姻制度想象得这么复杂，他的杂交阶段结束之后，应该已经是专偶制的时代，只是在这种专偶制的家庭里，母亲的自然之爱占统治地位，父亲的精神力量尚未发展出来，他只是作为一种男性的生物存在，匍匐于母亲的大爱之下。但麦克伦南、亚维波里、斯宾塞、摩尔根和恩格斯都无法想象，在专偶制家庭当中，怎么可能还是女性占主导地位，甚至无法发现父子关系？他们不可能像浪漫的巴霍芬那样，以博爱来决定一个时代的权力结构。在他们这里，只有群婚形态才能使父亲无法辨认。所以，这几位人类学家的母系社会，必然是某种形态的群婚状态。但群婚必然是非常复杂的一种婚姻形式，群婚的对象需要确定，群婚范围的大小也需要明确，于是，不同形式的群婚规则决定了母系社会的存在形态。他们笔下的群婚规则，发挥了巴霍芬笔下母爱的作用。群婚规则，决定了氏族社会的组织结构。血缘与人身关系，成为国家产生之前的社会构成原则。

从母权到父权，霍布斯未能详谈的这个转折，却是巴霍芬与人类学家们大书特书的决定性历史时刻，也是使他们呈现出更加微妙的差别的时刻。巴霍芬虽然极其迷恋母权时代的博爱，却毫无保留地把父权制的胜利当作历史的巨大进步，当作人类文明的提升与最终完成。这个时代的个人奋斗、对人性的限制、权威的力量，以及天空中神圣的宁静，都是人类精神创造性的最终实现，是人性自然的自我超越。不过，读者还是能够读出来，巴霍芬在描述这一进步过程时，也不无惋惜与无奈之处。在摩尔根笔下，如果历史按照他理想中的发展模式，不仅进入民主的政治制度，而且从伙婚制经偶婚制，到男女完全平等的专偶制，那也是一种进步；但是，希腊人却不可思议地进入到了父权制这种例外和变态的专偶制。摩尔根虽然否定了人类进入君主制这种看似堕落的发展，但他无法否认进入父权制的事实。那么，在他看来，虽然从群婚进入专偶制本来应该是一种进步，但在历史事实中，希腊人从偶婚制进入父权制，却是一种堕落，这只能归于一种无奈和偶然。恩格斯并不同意摩尔根的这种判断。在他充满辩证意味的唯物史观中，从母权的共产主义进入父权的奴隶制社会是必然的,而不是摩尔根所谓的例外,这一转变必然带来阶级社会中的种种罪恶,但它也是历史的进步。

摩尔根和恩格斯都接受了巴霍芬的历史进步论,也都把巴霍芬没有明言的惋惜和无奈充分展现了出来。相对而言,摩尔根将希腊、罗马的父权制当作历史例外的态度,是非常独特的;倒是恩格斯的辩证态度,更好地继承了巴霍芬历史观的实质精神。不过,正如马克思改造了黑格尔的世界历史,恩格斯也改造了巴霍芬的婚姻史,他不认为父权制是人类自然的实现,而认为这只是一个漫长历史过程的开端,以后的人类还将回到最初的共产主义状态。相对而言,倒是麦克伦南那粗糙的理论最接近巴霍芬。麦克伦南和巴霍芬一个重要的共同点是,他们并未根本否定梅因的父权制理论,只是在父权制的前面增加了更复杂的历史演进过程,父权制就成为前面这些历史过程的最终完成。

不论母权论者给出怎样不同的历史描述和理论解释,他们都和巴霍芬享有同样的哲学前提:杂交制代表了最初的自然状态,母权制是这种自然状态的一种完成,而后来的进一步发展,不论是父权制还是专偶制,都是文明的进一步实现。文明的进步,是人性的充分实现;国家和阶级对立的出现,是对自然的背离。但人性的充分实现和对自然的背离,却是同时发生的,好像自然在得到真正实现的时候,就丧失了自己。这构成了母权论最深刻的张力。他们既想在原始状态中找到美好的社会状态,又想在文明的政治社会中看到人性的提升。社会与政治的两条思路,在此处是格格不入的,却扭结在了一起。

四 男女与哲学

1 性别形而上学

不少学者注意到，巴霍芬关于女性代表了物质自然、男性代表了精神文化的说法，其根源在古希腊哲学。[①] 这倒不是因为巴霍芬主要研究的是希腊神话，也不是因为希腊神话中关于亚马逊主义等的描述，而是因为，以这样的方式看待男女之别，以及自然与精神之异，其根源就在柏拉图、亚里士多德、普鲁塔克等人的哲学当中，虽然他们没有一个会认可母权社会的说法。在为德文版《巴霍芬全集》中的《母权制》写的后记里，缪里（Karl Meuli）指出，巴霍芬的这一说法，就是普鲁塔克式的柏拉图主义。[②]

普鲁塔克的《伊西斯与欧西里斯》是对巴霍芬影响很深的文本。在分析埃及神话中的伊西斯和欧西里斯的时候，普鲁塔克把女神伊西斯理解为自然的雌性原则，把她的丈夫欧西里斯理解为雄性原则（353—356）。[③] 而这一观念，又来自柏拉图在《蒂迈欧》中的一个说法：在世界创生的过程中，有一个存在原则，有一个接收原则，"可以恰当地把接

---

① Peter Davies, *Myth, Matriarchy, and Modernity*, p.13.
② Karl Meuli, "Nachwort", Johann Jacob Bachofen, *Mutterrecht, GesammelteWerke*, volume 3, Basel: Schwabe, 1948, p.1090.
③ Plutarch, *Œuvres morales*, 23, Paris: Les belles lettres, 2003.

收者比作母亲,来源比作父亲,二者所造成的比作后代。"
(50d4)①

在此,柏拉图和普鲁塔克都在世界创生的过程中看到了一个类似母亲的接收原则和一个类似父亲的存在原则,世界万物的创造,就是存在原则进入到接收原则,由她养育而成。普鲁塔克进一步解释说,在生殖过程中,女性所提供的并不是一种力或起源,而只是后代的质料和营养;只有男性那里,才有纯粹的原则,女性只能被动地向往这一原则,被这一原则充满。这正是伊西斯和欧西里斯的关系。

将这一关系最清楚、最系统地讲出来的,是亚里士多德。他在《物理学》中也把质料比作母亲,并明确说,质料渴望形式,就如同女性渴望男性。(192a23—24)在《形而上学》中,他又进一步说:"木料并不自己运动,而是木匠运动它,月经和土也不能自己运动,而是精液和种子运动它们。"(1071b33)②质料和制造者的关系,就如同木料和木工的关系。木料是被动的,不会自己运动,只有木匠在它上面工作,将形式赋予它时,木料才能被制成木器。这对关系,也正是上面所说的雌性原则与雄性原则的

---

① 参考了谢文郁译《蒂迈欧》,上海:上海人民出版社,2005年版; Francis MacDonald Cornford, *Plato's Cosmology: The Timaeus of Plato*, Hackett pub, 1997.
② 亚里士多德《形而上学》,参考苗力田主编《亚里士多德全集》,中国人民大学出版社,2003年版;吴寿彭译本,北京:商务印书馆,2009年版。

关系，即雌性原则是接收性的、被动的，雄性原则是主动的存在，只有当主动原则作用于雌性原则，才能制造出被造物，即二者的后代。与柏拉图和普鲁塔克不同的是，亚里士多德并不只以比喻或概括性的语言谈雄性和雌性原则而已。在他随后的例子中，雌性质料和雄性形式的关系，就具体体现在月经和精液的关系上。在《论动物的生殖》中，亚里士多德将雌雄两原则具体地落实到了对性别的生物学理解中。

动物到底为什么要分出性别，这是亚里士多德自己和他的研究者都非常关心的问题。他认为，灵魂是一种气（*pneuma*），即生命与运动的原则，被称为第五元素，存在于雄性的精液中（730b20，736a1）；而雌雄的区别就在于能否产生精液。雄性因为有更多的热量，所以能够把剩余营养（在有血动物中就是血）烹调而成精液；雌性较少热量，所以无法做到这一点，剩余营养在中途就流失了，那就是经血。（766b20—25）因而，男性是更完美的人，女性是不完全的男性，月经就是未纯化的精液。（737a29—30）[①]正是基于这样的观念，亚里士多德以形式和质料的关系来解释人的生育。精液包含了人的形式，能够将父亲的生命传递下去。女性的血因为未能转化为精液，就只能提供质

---

① 参考 Devin M. Heny, "How Sexist Is Aristotle's Developmental Biology?" *Phronesis*, Vol. 52, No. 3（2007）, pp. 251-269, 以及 Karen M. Nielsen, "The Private Parts of Animals: Aristotle on the Teleology of Sexual Difference," *Phronesis*, Vol. 53, No. 4/5（2008）, pp. 373-405。

料。①"雄性提供的是形式和运动的本原,而雌性提供的是肉体和质料。"(729a11)精液作用于月经,才能制造出完整的灵魂。

亚里士多德进一步讨论这一过程说:

> 如果我们就两性分别归属的两大种来考察,那么,一方为主动者和运动者,另一方为被动者和被运动者,而被生成之物由它们两者生成就像床由木匠和木料、球由蜡和形式产生那样,具有同等意义。显然,雄性不必提供什么物质,他所提供的,并不是后代出自其中的物质,而是给他以运动和形式,就像医生提供医术那样。(729b12—19)②

此处说得已经相当清楚了。这里有三层的推理。木匠从木料中制造出床,这是他前面曾经用过的解释制造者与质料关系的例子。在木匠的技艺中,木料是完全被动的质料,只有当木匠主动地作用于质料,将他想象中的床的形式用木

---

① 对亚里士多德性别学说的研究有很多,可参考 Montgomery Furth, *Substance, Form and Psyche: an Aristotelian Metaphysics*, Cambridge: Cambridge University Press, 1988; David Summers, "Form and Gender," *New Literary History*, Vol. 24, No. 2 (Spring, 1993), pp.254-255; Marguerite Deslauriers, "Sex and Essence in Aristotle's Metaphysics and Biology," in C. A. Freeland eds, *Feminist Interpretations of Aristotle*, University Park, PA: The Pennsylvania State University Press, 1998, pp. 138-167.
② 《动物的生殖》,参考苗力田主编《亚里士多德全集》;吴寿彭译《动物四篇》,北京:商务印书馆,2010年版。

料成全出来，这个制造过程才完成，床这种既有形式又有质料的存在物才得以成型。这是第一个层次。进一步，由木匠和木料的关系推到更广泛的万物生成，亚里士多德会认为，万物都有相对被动的质料，也都有主动的形式，只有当形式作用于质料，使自己在质料中得到成全，才会造出一个存在物。在亚里士多德这里，"自然是用技艺来解释的，而不是反过来。"① 第三个层次，就是人的生成。人的创造和所有自然物的生成一样，是形式作用于质料的一个结果。但这个过程要更加复杂。亚里士多德详细描述了人的生成与制造物体之间的相似性：

> 木匠同木料接近，陶工同陶土接近，一般说来，所有技艺和传递质料的运动都必然同有关的质料接近。……他的手使工具运动，工具又使质料运动。同样，在那些排放精液的雄性中，自然把精液用作工具，用作具有现实的运动的东西，正像工具被用于某种技艺的产品中一样，因为在产品中存在着某种意义上的技艺的运动。这就是排放精液的雄性贡献于生成的方式。（730b6—23）

在木匠造床的例子中，床的形式存在于木匠的头脑中，他用工具把这个形式实现在木料上面。而在人的制造过程

---

① David Summers, "Form and Gender," p. 255.

中,精液的运动可以把形式传递到女性的质料之上,这样,人就可以被造出来了。西塞罗在用拉丁文翻译希腊文概念时,把质料(*hyle*)译为 *materia*,和 *hyle* 一样,这个词的本源也是建筑材料,而这个词与 *mater*(母亲)的词形相关,似乎更将质料与雌性联结起来。[①]

类似的说法,亚里士多德在《动物志》等相关著作中多次谈到,此处就不必赘举了。[②]我们可以这样概括亚里士多德哲学中的性别论:万物的生成,都是形式作用于质料的结果,因而形式就是一种积极的雄性力量,质料是一种被动的雌性力量;而动物的生成,只要在分雌雄的动物当中,也都是主动的雄性作用于雌性的结果,雄性提供形式,雌性提供质料;人和所有其他动物一样,男人的精液中提供形式,女人则只能提供质料,后代是精液中的形式作用于月经中的质料的结果。[③]

亚里士多德的男尊女卑观念是毋庸置疑的,但是,他并没有将男性完全等同于形式,女性完全等同于质料,而只是说,在生育过程中,父亲提供形式,母亲提供质料,而所生出来的男孩女孩,都是有形式、有质料的人。因而他在《形而上学》中也谈到,性别区分并非实质的区分,而只是质

[①] David Summers, "Form and Gender,", p. 257.
[②] 参见 Maryanne Cline Horowitz, "Aristotle and Woman," *Journal of the History of Biology*, Vol. 9, No. 2(Autumn, 1976)。
[③] 亚里士多德对性别的讨论,可参考 Robert Mayhew, *The Female in Aristotle's Biology: Reason or Rationalization*, Chicago: The University of Chicago Press, 2004。

料上的区分,因而同样的精子,因为某种偶然的变化,就可能导致不同的性别(《形而上学》卷十,1058b21—24)。①

吴国盛先生在《自然的发现》一文中指出,尽管亚里士多德在自然物和制作物之间做出了区分,而且强调自然指的是形式,而不应该是质料,但他以理解制作物的方式来理解自然物,因而导致了自然概念在西方观念史上的一再跌落,最终变成了"自然物"、"自然界"这样的外在物,先是失去了"自然而然"的含义,进而失去了其作为"本质"、"本性"的含义。② 在中世纪的时候,在最大的工匠上帝面前,自然物与制造物的差别越来越微不足道,自然与质料也就越来越被等量齐观,被当作阴性物了。③ 也正是这个逐渐演变的传统,使巴霍芬将自然、物质、质料、女性当作同一层次的概念,以"纯粹物质性的自然法"来理解杂婚制,以"较有规则的自然法"来理解母权制,以精神性统治来理解父权制。由于自然概念的跌落,特别是质料与形式的分离,质料与形式之间也形成了深刻的张力,才会出现形式虽然成全了质料,却也毁掉了自然的情况。亚里士多德所代表的希腊哲学,特别是他对形式与质料的理解,乃是母权神话的"始祖之所自出";虽然亚里士多德自身绝对不愿意他在形式

---

① 关于亚里士多德性别形而上学中的这些微妙之处,特别参考 Devin Henry 对《动物的生殖》第四卷第三章的修正性诠释,Devin M. Heny, "How Sexist Is Aristotle's Developmental Biology?" *Phronesis*, Vol. 52, No. 3(2007), pp. 251-269。
② 吴国盛,《自然的发现》,《北京大学学报》,2008 年第 2 期。
③ David Summers, "Form and Gender," p.259.

和质料之间建构的辩证关系逐渐被抛弃。

2　性别政治学

亚里士多德的性别形而上学,是巴霍芬母权制思想的哲学源头,但亚里士多德没有从他的哲学推出母权制的存在。相反,他毫不犹豫地认可了当时的父权制家庭。

亚里士多德在《政治学》中阐释的性别政治学完全建基于他的性别形而上学。人类为了留下后代,以完成种族的延续,而有男女的结合,就有了家庭。在家庭中,女人和奴隶都是天生的被统治者(虽然二者之间也有差别),家父长是天生的统治者。于是亚里士多德引用赫西俄德的诗句说,家庭里"最先的是房屋、妻子以及耕牛"[①],对于养不起奴隶的穷人,耕牛就是奴隶,因为作为家庭生活的工具,耕牛和奴隶没有区别。(1252b12)家庭是人们为了日常生活的需要自然形成的共同体,只要有了栖身之地、妻子、奴隶,就有了家庭。

对家政的讨论是《政治学》中的重要部分,但不是作为城邦的缩影,而是作为城邦的组成部分谈的。一个家庭中的基本关系是主奴、夫妻和父子。其中,奴隶是一种有生命的所有物,一种会说话的工具。奴隶天生是属于他人的人,是他人的所有物(1254a15)。而妻子与儿女和奴隶有着本质的

---

① 《政治学》,参考苗力田主编《亚里士多德全集》,及吴寿彭译本,北京:商务印书馆,1997年版。

不同，他们也都是自由人，但要接受丈夫和父亲的统治。尽管妻子和儿女是自由人，但家庭中的统治和城邦中的统治仍然不同，因为城邦公民在自然上是平等的，而男人在自然上比女性更适合统治，长辈比年轻人更适合统治（1259a3—5）。所以，尽管妻子和儿女不是天生的奴隶，但家父长对他们的统治仍是自然的。由于"奴隶根本不具有审辨的能力，妇女具有，但无权威，儿童具有，但不成熟"（1260a14—16），所以家父长对他们三者都有统治的权力，但又各不相同。

虽然亚里士多德是完全按照父权制的模式理解家庭的，但城邦和家庭之间是否有相同的结构，却是一个相当复杂的问题。一方面，亚里士多德确实认为，从家庭繁衍扩大形成共同体，并且"村落最自然的形式似乎是由一个家庭繁衍而来，其中包括孩子和孩子的孩子，所以有人说他们是同乳所哺"（1252b17）。他甚至由此推出：最早的城邦也是君主制的城邦，无论早期希腊人的城邦还是当时的野蛮人的城邦都是如此（1252b18—24）。当梅因说他的父权制国家理论可以追溯到亚里士多德时，他指的正是这一观点。

不过，这种由家庭逐渐发展而来的君主制城邦却不是文明人的政治生活，而只是未开化之人的最初生活方式。亚里士多德在后面解释说："有一种统治是对自然的自由民，而另一种统治则是对自然的奴隶。家庭的统治是君主式的（因为所有家庭都由一个人为首治理），而共和制则是由自由民和地位同等的人组成政府。"（1255b19—21）在他看来，城邦的实质应该是自由人对自由人的统治，与家庭中家父长的统治方式有着很大的不同。正是在这个意义上,在亚里士多德看来,那些认为"政治家、君主、家父长和主人意思相同的说法并不正确"(1252a7—8)。柏拉图就是这些人的代表,在柏拉图的《政治家》一开篇,埃利亚的陌生人就说,要把政治家、国王、主人和家长当成一类人,因为他们都掌握了一种知识,所以一个大家族和一个小城邦也没有什么差别(259b1—10)。那么,作为国王、政治家、家长的知识,应该是一样的(259c1)。这就是这位陌生人所理解的政治学,它和家政学没有实质的区别(259d5)。[1]

在亚里士多德看来,家庭只是城邦的组成部分,而不是小型的城邦。从家庭发展到村落,再发展到君主制城邦,正是梅因的同心圆理论,但对于文明人的城邦,即共和制城邦的产生,他却不再遵循这种同心圆的理论。因此,亚里士多德认为,虽然家庭只有一种统治方式,即君主制的统治,但城邦可以有好几种(1255b10)。[2] 如何理解亚里士多德的这两种说法,我们在本书下篇会重新回到这个问题。而在此处,我们已经把亚里士多德的性别政治学基本梳理清楚了。

综上所述,由于亚里士多德认为男人在生育中提供形式,女人提供质料,男女结合才能生育后代,所以男女必须组成家庭。男人在自然上优于女人,所以在男女组成的家庭

---

[1] 可参考 Kevin M. Cherry, *Plato, Aristotle and the Purpose of Politics*, Cambridge, Cambridge University Press, 2012。
[2] 参考 Horowitz 对这个问题的讨论,"Aristotle and Woman," p.207。

中，男人统治女人，家庭必然是父权制的。而仅仅靠家庭，人类的自然尚不能完全实现，哪怕是扩大了的父权制家庭（村落，或君主制国家）也不够，所以人必须组成城邦，即不同的自由人在一起，这样才能完全实现人的自然。城邦实际上包含了人类集体生活的形式，父权制家庭是它的组成部分（但并不是质料）。霍布斯在《利维坦》的副标题中以质料和形式的概念来描述政治的生成，正是将这一关系更明确地讲了出来。

不仅霍布斯和巴霍芬，在我们讨论过的19世纪学者当中，不论父权论者还是母权论者，他们的理论中都可以找到亚里士多德的深刻痕迹。亚里士多德没有感到需要有一个母权制阶段，因为父权制家庭就已经可以实现人类生育的自然了。父权论者梅因和古朗士的思想当然在很大程度上来源于亚里士多德，但霍布斯和巴霍芬等人同样和亚里士多德有深刻的关联。他们都和亚里士多德一样，认为国家是基于人性质料制造出来的一种生活形式，家庭介于个体和国家之间；但他们也都有一些亚里士多德所没有的现代观念。我们也并不认为，亚里士多德和母权论者的差别仅仅是因为19世纪的学者们是在进化论的语境下谈社会发展史。不相信进化论的霍布斯也已经认为，最接近自然的家庭关系是知母不知父的。

虽然亚里士多德和霍布斯都认为，在个人和政治共同体之间，有家庭这个环节，但他们对家庭与政治共同体的理解并不一样。亚里士多德虽然认为家庭是城邦必要的组成部分,家庭和城邦都是人类实现其自然的必要方式,但他看到了家庭和城邦有本质的不同。而在霍布斯看来,家庭和国家都是一种契约,其缘由都是生命的保存。保存生命,是导致人们签订社会契约的动力。霍布斯和亚里士多德的一个巨大不同,应该就在于霍布斯副标题中的另外一个词:力量(power)。他把力量当作与质料和形式相当的另外一个概念,这在亚里士多德那里是不可能的。所以,霍布斯这里的政治共同体的形成并不只是形式通过质料成全出来。人们是因为保存生命的动力而签订契约,才形成了政治共同体;他们也正是出于同样的动力,而签订了家庭契约。政治性的契约和家庭契约之间只有程度的不同,而无实质的差别。霍布斯将契约观念引入对家庭的理解,这是他和亚里士多德最大的差别。

霍布斯也不像亚里士多德那样,认为女性天生就低于男性,而认为男女无论在身体力量还是理性能力上都相差无几,他们都同等地参与到战争状态中来。之所以母子关系比父子关系更接近自然状态,仅仅是因为母亲生下孩子这一经验事实。只有母亲也愿意养育这个婴儿,这一经验事实才变成生命保存的力量,也才会导致母子契约的签订;但母亲也完全可能因抛弃孩子而不签订这一契约。母亲生下孩子这一经验事实,只是使母亲偶然地更有机会与孩子签订这个契约而已,但并不构成签订家庭契约的生物学基础。霍布斯之所以这样认为,是因为契约的签订取决于人们主观的意志和力量。

巴霍芬也像霍布斯一样，认为母亲生孩子这一事实就是知母不知父的根源，但他又以非常亚里士多德式的方式诠释了这一现象：母亲生出孩子的肉体，所以母子关系是物质性的；而要确立父子关系，却需要更多的想象，所以父子关系就是精神性的。由于巴霍芬明确把婚姻制度的发展放在普遍的社会进化史中，从物质性自然到精神性文化的演进更不是物质与精神的结合，而是人们的意志和宗教的力量促使物质性文化向精神性文化的转换。

在霍布斯那里，自然状态和社会状态就已经判然二分；社会契约是人们共同制造出来的形式，而不是自然而然产生的。在巴霍芬这里，自然更进一步完成了它的跌落。自然的是最初的、混乱的、物质性的，更接近于质料。但巴霍芬更明确地将母权制和父权制当作相当不同的两个阶段。母权制是有一定规则的自然，是充满了博爱的政治共同体。在此，巴霍芬似乎想找一个既保留自然的基本特点，又有一定形式的阶段；或者说，这是有了形式的自然状态，是有序的自然状态。父权制时代则是彻底超越了自然的社会状态。这是高于自然的精神实现，黑格尔主义者巴霍芬不得不赞美它。这使巴霍芬和梅因等人一样，认可了父权制的优越；不过，在巴霍芬的赞美中，我们总是能感到对母权制失败的隐隐惋惜。

到了母系论人类学家的笔下，这种惋惜之情就越来越清晰了。他们都认为，在没有父权制和国家的时候，母系制度之下的人类也可以形成一种社会生活，人类并不一定需要国家才能实现其自然;相反,父权制和国家的出现反而会破坏母系时代的美好生活与纯真状态。但他们似乎又都认为(除了摩尔根之外),父权制的出现是历史的进步。

从巴霍芬到恩格斯,都继承了霍布斯的一个基本倾向:家庭契约与社会契约都是契约,并没有实质的不同。但是,他们又都把霍布斯那里隐含着的一个问题彻底展开了:正是因为看似相同,家庭契约和社会契约之间必然有巨大的张力。或者说,他们在深入研究知母不知父的问题之后,就发现了血缘社会与政治社会之间的张力。他们试图以种种方式来处理这对张力。巴霍芬认为母权制和父权制下都存在国家,但母权制下博爱的国家却完全不像国家;麦克伦南和摩尔根都认为,母系时代并没有家庭,而只有血缘的氏族或部落,家庭是在国家出现后才产生的;摩尔根认为从母系社会可以过渡到更美好的专偶制社会,而且政治社会的出现也不会改变这一进程,但希腊、罗马的父权制是例外;恩格斯能比较认真地对待原始共产制的必然衰亡和父权制阶级社会的必然出现,把这归为社会史的辩证发展。这个张力的实质在于:一方面,家庭或其他的血缘群体是一种更接近自然的社会群体,虽然自然是接近于质料的初级存在,但这种初级存在中包含着人性最美好的东西,所以刚刚脱离完全混乱的自然状态的人,可能生活在某种乐园之中;另一方面,政治共同体虽然不再被认为是人性自然的完美实现,但他们仍然接受亚里士多德政治学的一些基本理念,认为人天生是政治的动物。这样,更接近自然的原始母系社会是美好的社会存在，却难以摆脱自然状态中的混乱和初级；脱离了自然的父权政治制度是更高的精神生活，却意味着更大的恶和不公。19世纪母权论者的这个张力，乃是现代的社会理想与古典的政治哲学之张力的一个体现。

现代母权论虽然是对父权论的反弹，二者却共享很多基本理念。母权论者更倾向于将古代西方人本来习以为常的父权制家庭等同于国家，因而要找到一个与父权制完全不同、更接近自然、更神圣、更美好，但也不可避免地更原始的社会形态。他们大多不情愿地承认了父权制在某种意义上的优越或进步。当他们陶醉于自己创造的这个母权神话时，他们思想中的张力也就更大地暴露了出来。

3 消解自然与重估自然

母系论者虽然和亚里士多德有一些重要的不同，但他们对人性、家庭、国家的理解，都受到了古希腊哲学的深刻影响。他们都认为国家是人性在一定程度上的实现，只不过对国家的制造方式和亚里士多德的理解有所不同。虽然学术界的母权神话在20世纪初就基本上破灭了，但它的影响相当深远。这不只是因为这个神话在后来的政治运动中依然存在，而且在于它极大地塑造了近百年来西方思想对世界的理解，哪怕是那些抛弃了母权神话的人。

随着20世纪六七十年代以来兴起的女性主义第二次浪潮，母权神话颇有东山再起之势。但在经过了20世纪初的争论之后，这一神话很难再获得当年那样的辉煌，时至今日，它也未能赢得多少严肃的支持者。但我们真正关心的却不是母权神话的再次兴起，而是那些并不相信这个神话的女性主义者的思维方式。他们将亚里士多德以来的性别形而上学推向了又一个阶段。

70年代初，女性主义人类学家奥特纳（Sherry B. Ortner）发表了《女人之于男人就如同自然之于文化吗？》一文①，对男女差别的实质提出挑战，颇能代表女性主义的一般态度。

奥特纳注意到，几乎在任何民族和文化中都存在的男尊女卑，其根源就在于，任何社会都在自然和文化之间做出明确区分，而且文化都是对自然的超越。这样，各文化中之所以都给女性较低的地位，就是因为，女性与自然更相关，男性与文化更相关。由于文化总要超越自然，所以男人总要超越女人，让女人服从自己。之所以如此，还是来自身体的差异。一方面，是因为女人与生育的天然联系；另一方面，是因为女性的身体通常被认为弱于男性。波伏娃曾经提出，人和动物的区别在于，动物只能在生物意义上繁殖自身；人却能超越自然的繁殖，改造整个世界。女人可以通过自己的身体完成前者，即繁衍必朽的人；而男人通过运用各种工具完成后者，人为地制造出一个新的不朽世界。②家庭只是女

---

① Sherry B. Ortner, "Is Female to Male as Nature is to Culture?" *Feminist Studies*, Vol. 1, No. 2 (Autumn, 1972), pp.5-31.
② Simone de Beauvoir, *The Second Sex*, New York: Bantam, 1961, pp.58-59. 波伏娃的这些说法也和柏拉图在《会饮》中的观念有很大关联，可参考本书第二部分。

人的自然环境的延展，而男人的公共领域，则是文化制造出来的空间。

波伏娃和奥特纳关于男女差别的分析，正是亚里士多德和巴霍芬的性别形而上学的继续。当然，和他们的一个重大区别是，她们并没有认为这种区别是对的，而是认为这只是一种文化的建构。奥特纳说："文化—自然的标准本身就是文化的产物，文化被当作一种特别的过程，对它最低限度的定义，就是通过思想和技术，超越自然给定的存在方式。"[①] 女性并非天生就比男人更加自然，无论男人还是女人都有意识，也都是必朽的。

但奥特纳并未否定自然—文化的区分，她提出的解决方案是："男人和女人可以，而且必须，平等地进入创造和超越的计划中。只有那时，我们才能容易地看到，女人也和文化相关，也介入到了与自然对话的进程中。"[②] 她仍然承认自然和文化的区分，但否认了应该由女性代表自然。她认为，男人和女人都是文化性的，都超越了自然，因此，最后的方案应该是：男人和女人平等地从文化角度，将自然这个质料建构为超越性的文化。

其实，奥特纳的这一思想在霍布斯那里就已经露出了端倪。霍布斯虽然认为自然状态中的人们更容易知母而不知父，但他并不承认男人和女人之间存在身体或智力上的

---

① Ortner, "Is Female to Male as Nature is to Culture?" p.24.
② Ibid., p.28.

根本差别。虽然女子生育这一事实使母子关系更可见，但这并不是建立家庭契约的真正基础。家庭契约的真正基础，是养育人对孩子生命的保存。可见，霍布斯并不认为女性在本质上更接近自然，而是认为最自然的状态中是没有性别差异的，一旦有了性别的实质差异，就已经开始走出自然状态了。

奥特纳的最终方案，一方面提升了女人的地位，使男女变得更加平等，另一方面却也使自然的观念进一步跌落，变得越来越虚无。她和霍布斯都没有脱离亚里士多德以"制造"来理解世界构成的模式，只是认为不能再以男性的文化为女性的自然赋形，而要以男女的文化来型塑近乎虚无的自然。

同时兴起的生态女性主义则采取了另外的思路。这些学者虽然接受了其他女性主义的基本立场，但和奥特纳等人不同，她们更自觉地继承了女性更接近自然这一传统命题。她们认为，人类对自然的歧视与毁灭，与男性对女性的歧视是连在一起的。麦茜特（Carolyn Merchant）在《自然之死：妇女、生态和科学革命》（*Death of Nature: Women, Ecology, and Scientific Revolution*）中说："随着 17 世纪西方文化越来越机械化，机器征服了女性地球和圣女地球的精神。"[①] 麦茜特认为，在科学革命以前，女性的地球一直占据作为活体的宇宙的中心位置。但随着现代科学的发展和市场文化的蔓延，

[①] 麦茜特，《自然之死：妇女、生态和科学革命》，吴国盛等译，长春：吉林人民出版社，1999 年版，第 2 页。

自然越来越被对象化，遭到歧视和征服，而这和父权社会对女性的歧视是一致的。麦茜特呼吁人们重新理解自然和女性，意识到自然和女性拥有同样高的地位。

麦茜特无异于建构了一个新的母权神话：科学革命之前，人们崇拜地球母亲，女性的大地占据了世界文化的中心，这就如同文化上的一种母权制；但随着科学革命的发展，女性的大地被贬低和对象化，成为现代科学改造的对象，遭到了巨大的破坏，这是现代科学的父权文化。

这样，我们就看到了现代女性主义的两条思路。在奥特纳等人笔下，男女都被当作了文化的建构；在麦茜特这些生态女性主义者笔下，女性仍然代表自然，只是她强调，女性的自然有着更实质的意义，不应该遭到歧视和剥夺。女性主义当中的这种差别，和母权论者之间的差别很相似。在母权论者当中，有些像霍布斯那样，并不认为男女之间有实质的自然差别，所有家庭契约都是在没有差别的人性质料中制造出来的；也有些像巴霍芬这样，明确认为男女之间存在实质的差异，因而有从母权到父权的历史演进。19世纪的多数母权论者承认男女之间的这种差别。奥特纳更接近霍布斯，而麦茜特更接近巴霍芬。但这种差别只是表面上的，无论是母权论者，还是女性主义者，都在用亚里士多德的形质论来思考问题，只不过他们对什么算是质料和什么算是形式的理解颇有不同。

麦茜特意识到了自己思想中的张力。她在《自然之死》1990年再版时的前言中写道："然而，妇女与自然之联结这样的宣示和张扬包含着一个内在的矛盾。如果女性公然地等同于自然，它们二者均被现代西方文化所贬低，那么，这类努力不就也反对妇女争取自身解放的视角吗？"她对这个问题的回答是："但是，自然的概念和妇女的概念都是历史和社会的建构。性、性别或自然，并没有不变的本质特征。"① 这一立场，已经和奥特纳非常接近了。无论以女性地球为中心的古代还是男性科学文化占统治地位的现代，都是建构出来的，她所要寻求的，只不过是一种更好的建构方式而已。

这两条思路在更理论性的女性主义哲学中体现得都非常明显。比如，女性主义哲学对传统哲学的一个重要批评就是，西方哲学史上的心物二元、理性与情感的二分，其实是一种男性倾向的观念。有理性能力的心灵，是男性的；而富有情感的身体，则是女性的。② 这一批判并不只针对笛卡尔以来的心物二元论，而且直接指向了古希腊哲学的基本观念。我们前面谈到过，在柏拉图、亚里士多德、普鲁塔克那里，我们都可以清楚地看到以雌雄二性来理解宇宙两个基本原则的哲学取向，而女性主义者的这一批判，正是要从根本上动摇西方哲学的这种二分。因此，女性主义哲学家更尖锐地指向了西方哲学的性别形而上学之根。如果不从根本上挑

---

① 麦茜特，《自然之死·前言：1990》，中译本第2—3页。
② Susan James, "Feminism in Philosophy of Mind: The Question of Personal Indentity", in *The Cambridge Companion to Feminism in Philosophy*, edited by Miranda Fricker and Jennifer Hornsby, Cambridge: Cambridge University Press, 2000, p.29.

战这种二元论,就很难彻底颠覆男性为主的哲学立场。很多女性主义哲学家试图取消心物之间的等级差别,强调身体的重要性;她们也试图强调情感的重要性,使理性不再高高在上。这正是麦茜特的生态女性主义的哲学基础。

为了挑战传统形而上学,女性主义哲学终于全面质疑传统哲学中的核心论题,以至根本怀疑形而上学的合法性。他们从性别的角度,消解了哲学的很多基本观念:"我们能否直接接触事实,即没有被性别社会化或其他文化观念影响的事实?""形而上学设置了未曾检验,也不可检验的起点,是否会把我们的理论推理局限于父权的限制之内?"[1] 女性主义的挑战使人们反思哲学探问的起点是否有性别上的偏见,质疑许多被当作公理的前提,使传统形而上学几乎变得不可能。比如,自然与文化的区分是否还有意义?如果有的话,应该在哪里划定界限?有没有可能在完全脱离了政治偏见的情况下界定什么是自然的?[2] 她们尤其质疑,是否存在女人的自然或男人的自然这回事。比如,朱迪斯·巴特勒就明确认为,性别与自然毫无关系,我们看到的性别差异,都是在社会中建构出来的。随着性别差异的确立,人类就建立了一个特别的政治形态。[3] 正是因为女性主义者(和很多其

---

[1] Sally Haslanger, "Feminism in Metaphysics," in *Cambridge Companion to Feminism in Philosophy*, p.113.

[2] Ibid., p.116.

[3] Judith Butler, *Gender Trouble: Feminism and the Subversion of Identity*, London: Routledge, 1990.

他的后现代主义者一起）根本怀疑有完全取消偏见的可能，她们几乎取消了任何政治共同体的合法性。这是奥特纳的思路的哲学基础。

在政治哲学中，女性主义者表现出同样的倾向。比如，苏珊·奥金（Susan Okin）就提出，应该把契约原则彻底引进家庭，取消家庭的任何特殊性，使家庭关系完全等同于其他任何的公共关系，只有取消家庭领域与公共领域的差别，才能在根本上取消男女之间的差别。[①]这一思路同样是将人还原为没有任何实质差别的自然状态，并以这种毫无差别的质料来制造一个社会共同体。奥金将霍布斯的社会契约论推到了又一个极端，在制造着又一个乌托邦式的性别神话。

在以男性为主的母权论者当中，虽然存在一些细微的差别，但他们大多还是倾向于认为，女性更接近自然；他们虽然惋惜母权社会的被颠覆，但都认为父权社会代表了一种进步。以女性为主的当代女性主义者则不然，她们大多倾向于建构论，即使在承认女性更接近自然的麦茜特那里，一切也都被当作文化的建构。因而，她们也都不遗余力地批判父权社会和现代社会的发展。

我们可以把女性主义思潮看作西方思想传统在当代的一个极端发展。她们对西方思想传统和现代性的批判无疑是非常深刻的，开启了很多新的思考领域，带来了完全不同的视角，因而女性主义的兴起成为20世纪哲学史上的一件大

---

① Susan Okin, *Justice, Gender and the Family*, New York: Basic Books, 1989.

事。但与此同时,她们不仅使"自然"进一步跌落,而且一层层剥去"自然"概念上的任何色彩,要找到一个不受任何文化偏见影响的、赤裸裸的纯自然,结果最后使自然什么都不剩,变成了一个彻底的虚无。这个虚无无法成为制造任何东西的质料,而只能使她们一步步拆毁既有的建构。

五 父母与文质

西方"知母不知父"的问题已经论述清楚,我们来比较中国古代思想中的同类问题。在先秦两汉的文献中,提到"知母不知父"的地方很多,兹列九例:

一,《仪礼·丧服传·不杖期章》:"禽兽知母而不知父。野人曰:父母何算焉?都邑之士则知尊祢矣,大夫及学士则知尊祖矣,诸侯及其大祖,天子及其始祖之所自出。尊者尊统上,卑者尊统下。"[①]

二,《商君书·开塞》:"天地设而民生之。当此之时也,民知其母而不知其父,其道亲亲而爱私。亲亲则别,爱私则险。民众而以别、险为务,则民乱。当此时也,民务胜而力征,务胜则争,力征则讼,讼而无正,则莫得其性也。故贤者立中正,设无私,而民说仁。当此时也,亲亲废,上贤立矣。凡仁者以爱为务,而贤者以相出为道,民众而无制,久

[①] 贾公彦,《仪礼注疏》卷十一,上海:上海古籍出版社,2008年版,中册第917页。

而相出为道，则有乱。故圣人承之，作为土地、货财、男女之分；分定而无制，不可，故立禁；禁立而莫之司，不可，故立官；官设而莫之一，不可，故立君。既立君，则上贤废，而贵贵立矣。"①

三，《吕氏春秋·恃君览》："凡人之性，爪牙不足以自守卫，肌肤不足以扞寒暑，筋骨不足以从利辟害，勇敢不足以却猛禁悍，然且犹裁万物，制禽兽，服狡虫，寒暑燥湿弗能害，不唯先有其备，而以群聚邪！群之可聚也，相与利之也，利之出于群也，君道立焉。故君道立则利出于群，而人备可完矣。昔太古尝无君矣，其民聚生群处，知母不知父，无亲戚兄弟夫妻男女之别，无上下长幼之道，无进退揖让之礼，无衣服履带宫室畜积之便，无器械舟车城郭险阻之备，此无君之患。"②

四，《庄子·盗跖》："吾闻之，古者禽兽多而人少，于是民皆巢居以避之，昼拾橡栗，暮栖木上，故命之曰有巢氏之民。古者民不知衣服，夏多积薪，冬则炀之，故命之曰知生之民。神农之世，卧则居居，起则于于，民知其母，不知其父，与麋鹿共处，耕而食，织而衣，无有相害之心。此至德之隆也。然而黄帝不能致德，与蚩尤战于涿鹿之野，流血百里。尧舜作，立群臣，汤放其主，武王杀纣。自是之后，

---

① 严可均校《商君书·开塞第七》，上海书店1986年影印《诸子集成》第五册，第15—16页。
② 高诱注《吕氏春秋·恃君览》，上海：上海书店1986年影印《诸子集成》第六册，第255页。

以强陵弱，以众暴寡，汤武以来，皆乱人之徒也。"①

五，《路史》引《亢仓子》："凡蘧氏之在天下也，不治而不乱，狗耳目内通，而外乎心知。天下之人惟知其母不知其父，鹑居鷇饮而不求不誉，昼则旅行，夜乃类处，及其死也，槁骨风化而已。令之曰知生之民，天下盖不足治也。"②

汉代的相关文献有：

六，《焦氏易林》："文巧俗弊，将反大质。僵死如麻，流血濡橹。皆知其母，不识其父，干戈乃止。"③

七，《白虎通·号》："古之时未有三纲六纪，民人但知其母不知其父，能覆前而不能覆后，卧之詓詓，行之吁吁，饥即求食，饱即弃余，茹毛饮血而衣皮苇。于是伏羲仰观象于天，俯察法于地，因夫妇，正五行，始定人道。画八卦以治下，下伏而化之，故谓之伏羲也。"④

八，《论衡·齐世》："夫宓牺之前，人民至质朴，卧者居居，坐者于于，群居聚处，知其母不识其父。至宓牺时，人民颇文，知欲诈愚，勇欲恐怯，强欲凌弱，众欲暴寡，故宓牺作八卦以治之。"⑤

---

① 王先谦注《庄子集解》，上海：上海书店1986年影印《诸子集成》第二册，第195页。
② 罗泌，《路史》，台北：台湾商务印书馆影印文渊阁《四库全书》第三八三册，史部一四一册，卷五，第1页a—b。
③ 焦延寿，《焦氏易林》卷二，嘉庆十三年（1808）士礼居丛书本，第4页a。
④ 陈立，《白虎通疏证》卷二，北京：中华书局，1994年版，第50页。
⑤ 王充，《论衡》，上海：上海书店1986年影印《诸子集成》第七册，第186页。

九,《河图挺佐辅》:"百世之后,地高天下,不风不雨,不寒不暑,民复食土,皆知其母不知其父。如此千岁之后,而天可倚杵,匈匈隆曾莫知其终始。"①

后世又有很多文献引用和讨论过这一现象,不胜枚举;我们主要集中于先秦两汉的文献。

这九条文献出自不同的时期,来自不同的学派,针对不同的问题,表现出不同的态度。民国学人把它们当成史料来证明存在母系社会,是缺乏依据的。我们不能把它们当作母系社会的史料,只能当作先秦两汉思想家对上古生存状态的理解,其中更直接传达的,是这些思想家的思想。那么,这些思想家讲"知母不知父"的时候,是在讲西方意义上的母系社会吗?

1 亲亲之道与无君之害

《丧服传》中的思想最复杂,也最重要,我们留到最后来讨论。现在看《商君书》和《吕氏春秋》中的两条。

《商君书》主要为变法而作,故多讨论具体问题,唯《更法》和《开塞》两篇较多理论性。《更法》是商君与甘龙、杜挚在秦孝公面前的争论,很多问题并未充分展开。《开塞》则是商君变法理论更系统的表述,其目的也是为变法寻求理论依据。

---

① 李昉,《太平御览》卷二,上海:商务印书馆,四部丛刊三编景宋本,1934年版,第5页b。

在《开塞》篇首，作者为古代历史的发展划分了三个时期：上世、中世、下世。此篇的重点在阐述三个时期并不相同，因而治理之道也不一样；而不是叙述人类文明的发展史。

"天地设而民生之。"上世是人类历史的第一个时期，确实很像西方学者所讲的原始社会或自然状态。其特点有三：第一，民知其母而不知其父；第二，其道亲亲而爱私；第三，民务胜而力征。所谓的"民知其母而不知其父"该如何理解？这个时期有怎样的婚姻、家庭、亲属制度，文中未详言。后文说下世确立"男女之分"，则此时应该没有明确的婚姻制度，男女之间似乎就处于杂交状态。那么，此时的知母不知父，应该和霍布斯的推测逻辑比较像，即在群居杂交的自然状态中，孩子更容易辨识母亲。但"知其母而不知其父"未必就意味着母系社会，商君没有像霍布斯那样，推出母子契约的结论；他也并未像霍布斯那样，认为最开始什么亲属关系都没有，因为这时也有它的"道"，即"亲亲而爱私"。因为知其母，所以母子之间就亲密，与别人就疏远。在这样一个最接近禽兽，没有任何人为秩序的时代，人剩下的就只有母子关系了。不同的母子间有分别，相互疏远而有敌意，就会生出乱子来。因为这种疏远和敌意，人们又会相互争讼，却又没有君师官长来裁断，所以"莫得其性"。

这是一个杂交而充满争竞的时代，会让人联想到霍布斯式的自然状态。但二者也有重要区别。在霍布斯笔下，自然状态中的人没有任何属性。若已经知母且有了母子契约，就已经走出了自然状态。但在《商君书》中，之所以会有混乱的争竞状态，恰恰是因为亲亲而爱私。作者不曾也不可能设想一个没有任何关系的自然状态，因此，人类最开始就已经是知母的，不会有母子乱伦。西方母权论者所设想的杂交状态，应该是连母子之别都没有，任何男人和任何女人之间相互杂交，不会有商君所谓的"亲亲之道"。

亲亲之道，是上世的基本特点。因为亲亲而不中正，人人只为自己和母亲考虑，必然带来无穷的混乱与争竞，使人们不能过和平正常的生活。于是贤人出来，改变了上世的状况，进入了中世。这个时期奉行道德教化，但没有强制权力。贤人确立了中正之道，可以裁断争讼，使各家人都可能遵从统一的标准。因为有了公共的标准，所以亲亲之道废。男女之分是在下一个时期才确立的，所以这个时期似乎还是知母而不知父的。那么所谓"亲亲废"指的是什么？当然不是指母子关系取消了，也不是指父子关系产生了，而只是说，亲亲不再是唯一或最高的原则了，即脱离了"亲亲而爱私"的阶段。但与下世相比，这个阶段也没有明确的社会和婚姻制度，贤人只是以仁爱裁断争讼。

中世也会产生问题。这个时期只有亲仁与尚贤，没有严厉约束，久而久之，也会产生混乱。圣人出来，改变了中世的状况，进入了下世，贵贵之道取代了尚贤之道。圣人对土地和财货都有了明确的限制，也对男女关系有了具体的规定，人们脱离了群居杂交的时代，应该是不仅知母，而且知父了。但仅有约束力还不够，所以一定要立禁，即规定对违犯者的处罚；有了禁令，就需要专门的人来执行，于是有了官员；官员必须统一管理，于是有了君主。商君依次叙述了财产制度、家庭、国家的起源，但他的发展原理迥异于摩尔根/恩格斯。

上世是亲情主宰的，其弊在爱私；中世是道德主宰的，其弊在无制；下世是法政主宰的，有明确的强制力量。此一文明演进过程，与前述西方学者的任何模式都不同。在商君笔下，人类不会处在完全没有任何属性的"自然状态"，其最原始的状态就是知母而不知父的上世。贤者惩于亲亲爱私之弊，化私爱为中正之德，进入中世的尚贤之道，取代亲亲之道；圣人又导中正而为法，进入下世的贵贵之道，取代尚贤之道。所以商君总结说：

> 然则上世亲亲而爱私，中世上贤而说仁，下世贵贵而尊官。上贤者以道相出也，而立君者使贤无用也；亲亲者以私为道也，而中正者使私无行也。此三者非事相反也，民道弊而所重易也，世事变而行道异也。故曰"王道有绳"。夫王道一端而臣道亦一端，所道则异，而所绳则一也。

之所以从上世经中世再到下世，是因为世事变化，治理之道就应该有变化；但每个时代应该有适应那个时代的治道，这一点却是各个时代都一样的，即所谓"所道则异，而所绳则一也"。商君因而认为有变法的必要和可能。他的变法，就是要废除秦国原来的治道，确立新的治道。

对于商君来说，知母而不知父只是意味着亲亲而爱私的混乱，男女之分意味着严格的秩序。严格说来，亲亲而爱私并不是一种家庭制度，只是人类在蒙昧混乱的状态中必然有的一种状态。建立男女之分，就是确立家庭制度。因此商君根本就没有提到母系家庭的可能。

《吕氏春秋》与《商君书》的段落比较接近。这是中国的母系论者非常喜欢引用的一段话，但它的论述反而不如《商君书》中清楚。这一段出现在《恃君览》第一篇篇首，意在说明君对于人类生活的重要，与《开塞》的写作目的不同。人没有爪牙之利、筋骨之强，却可以裁制万物，原因在于人能群聚；要使群起到好的作用，就必须确立君道。为了说明君道的重要，作者描述了有群但无君的状态。在他看来，能群是人的一种本性，但群而无君，会生出很多问题来，大大削弱了群的意义。

群而无君，人民杂错聚居在一起，其生活有几个特点：第一，知母不知父；第二，人际关系没有任何具体规定；第三，没有尊卑长幼；第四，没有各种礼节；第五，没有衣冠、居所、财物等的便利；第六，没有各种工具来使用。

人们虽然群居，但既无防护安全的城池房屋，又没有驱寒取暖的衣服，也就不容易战胜各种禽兽和自然灾害。更重要的是，人们没有各种礼仪以区别于禽兽。群居生活本来是为了战胜自然和禽兽，反而增加了很多混乱和不便，使人陷入极其痛苦的状态中。

在作者看来,无君时代的首要特点是没有婚姻家庭制度,因而无夫妻男女之别,应该是个群居杂交的时代。男女之间虽然存在肉体上的关系,但既不确定,也不长久。在这种混乱的状态之下,母子关系虽还是确定的,但这是唯一的确定关系,即使同母所生的兄弟也不以兄弟看待对方,其他的亲戚当然也就不会有什么瓜葛。可见,作者并没有认为这是一种母系社会。在母系社会中,不仅同母所生的兄弟之间有明确的关系,而且每个孩子和母亲的兄弟姐妹,乃至母亲的母亲之间,都有明确的亲属关系。《恃君览》的作者却并不认为存在这些关系。他说"知母不知父",只是在强调没有任何确定的亲属关系,而不是在强调母系胜过父系。

因为没有婚姻、家庭、亲属制度,这个时代就没有上下长幼之道和揖让之礼。其他任何经济和政治的关系都不会产生,人们也不会使用衣冠、财货、舟车、器械等工具。总之,这是一个仅有母子关系的自然状态。

作者在后文又列举了四方蛮夷无君之国的情况,评论说:"此四方之无君者也。其民麋鹿禽兽,少者使长,长者畏壮,有力者贤,暴傲者尊,日夜相残,无时休息,以尽其类。圣人深见此患也,故为天下长虑,莫如置天子也;为一国长虑,莫如置君也。"在这种状态之下,没有任何超越肉体之上的文化存在,唯一的标准就是力量。最有力量的就是最尊贵的,所以年高体衰的老人就只能听从年富力强的少年。人们之间处在永远的争斗之中。

不过，作者也并不认为那个时期一无是处。虽然在无君的状态下，群的很多好处发挥不出来，但人类只要群居，就基本上能够抵御野兽的侵害了，只不过无君使群居状态还不够完美而已。

《吕氏春秋》和《商君书》中的两段论述比较接近，只是因为写作目的不同而侧重点不同。《商君书》强调的是亲亲之道，但认为亲亲之道必然会带来混乱和争讼；《吕氏春秋》强调的是无君之患，但即使处于无君的状态，人们毕竟生活在群当中，而且母子关系是无论如何不可能丧失的。对于这一阶段在文明发展史上的位置，两个文本的判断基本一致。

既然这两段文字都描述了"知母不知父"的人类生存状态，难道还不存在"母系社会"吗？西方母系论者会从"知母不知父"推出母系传承、母权主导等特征，但两位作者并没有这么推论，因为他们和西方母系论者在完全不同的语境中思考。虽然"知母不知父"是母系社会的重要特征，但西方母系论者除此之外都有几点其他的假定：第一，在母系社会之前要有完全无规则的杂交状态，即不仅不知父而且不知母，然后进化到知母不知父。但上文中的两个段落已经把知母不知父当作最混乱的状态了，不可能更无秩序。第二，在母系社会中，人们不仅知母不知父，而且把母系当作基本的传承方式和秩序组织方式，因而与同母兄弟、母亲的母亲、母亲的兄弟之间都有相当紧密的联系，这在上述两个段落中也都没有谈到。第三，在西方母系论中，从母系到父系的转变是人类历史的重要变化，但上述两个段落都没有强调这种转变。不承认这三点，涂尔干和弗洛伊德都不算母系论者，更不要说这两段的作者了。

总之，《商君书》和《吕氏春秋》中描述"知母不知父"的状态，都是意在强调那是一个最无秩序的时代，既没有"母系"的秩序，也不存在比它更混乱的时代，更不会由母系秩序进化到父系秩序，而只会从混乱到有序，从没有婚姻制度到有了婚姻制度。中国文献中有关"知母不知父"的讨论都有这些特点，因而并没有母系社会的观念。

但我们若进一步追问，中国思想家如此理解人类的自然状态，其背后有什么思考呢？在一个非形质论的框架下，我们来看更深入的讨论。

2 至德之隆

在《庄子·盗跖》中，柳下惠的兄弟盗跖"从卒九千人，横行天下，侵暴诸侯。穴室抠户，驱人牛马，取人妇女。贪得忘亲，不顾父母兄弟，不祭先祖。所过之邑，大国守城，小国入保，万民苦之"。柳下惠无能为力，孔子带着颜回和子贡去劝化他。盗跖正在吃人肝，威胁孔子说，若孔子说得不合他心意，也会挖他的肝吃。孔子劝盗跖一改前非，自己愿意帮助他立为诸侯，请他"与天下更始，罢兵休卒，收养昆弟，共祭先祖"。盗跖勃然大怒，不仅痛斥孔子的说法，而且攻击尧舜汤武之道。正是在他的这番话里，盗跖将知母不知父的上古时代当作最美好的生活状态。

盗跖描述了人类文明史的七个时期：一，有巢氏时期，禽兽多而人少，人们在树上筑巢，以橡栗为食；二，知生时期，那时候人们应该不再在树上筑巢，但是还没有学会穿衣服，冬天靠烧柴草御寒；三，神农之世，人们已经学会了农业，可以吃自己种的粮食，也学会了织布穿衣，与禽兽麋鹿相杂共处，知母不知父；四，黄帝时失德，与蚩尤大战；五，尧舜时君臣立；六，汤武伐其主；七，汤武之后，皆乱人之徒。

在前三个时期，人们从巢居采集，到积薪御寒，再到神农时的耕而食、织而衣，似乎勾勒出了人类文明进化的三个阶段，即战胜了野兽和寒暑，但尚未进入机巧权诈之世，这就是至德之隆的阶段。那时人们与野兽和睦相处，不必担心伤害，丰衣足食，精神上浑浑噩噩，没有贪欲，彼此之间也不会加害。这是《盗跖》篇似乎要揭示出来的进化图景。但我认为，这里的意思并不是到了神农氏时代才达至至德之隆的。《马蹄》和《胠箧》篇中也有类似的段落。

《马蹄》："彼民有常性。织而衣，耕而食，是谓同德。一而不党，命曰天放。故至德之世，其行填填，其视颠颠。当是时也，山无蹊隧，泽无舟梁，万物群生，连属其乡。禽兽成群，草木遂长，是故禽兽可系羁而游，鸟鹊之巢可攀援而窥。夫至德之世，同与禽兽居，族与万物并，恶乎知君子小人哉？同乎无知，其德不离；同乎无欲，是谓素朴。素朴而民性得矣。……夫赫胥氏之时，民居不知所为，行不知所之,含哺而熙,鼓腹而游,民能以此矣。"①

《胠箧》:"子独不知至德之世乎?昔者,容成氏、大庭氏、伯皇氏、中央氏、栗陆氏、骊畜氏、轩辕氏、赫胥氏、尊卢氏、祝融氏、伏羲氏、神农氏,当是时也,民结绳而用之,甘其食,美其服,乐其俗,安其居,邻国相望,鸡狗之音相闻,民至老死而不相往来。若此之时,则至治已。"②

《庄子》中的三个段落都谈到了至德之世,其与《商君书》和《吕氏春秋》中相关段落的重大差别是:上古究竟是其乐融融的时代,还是充满了危险和纷争的时代?在后两者中,上古之时不仅充满了恶劣的环境和野兽的威胁,人与人之间也处在无休无止的纷争当中;但是《庄子》中很少谈到这种可能,只有《盗跖》中的那一段,似乎稍微透露出上古时代生活艰难的痕迹,也只有在《盗跖》中,人类文明才有这样一个类似进化的演进过程。而在《马蹄》和《胠箧》中,我们却看不到这样的进化。③

《马蹄》中的"其行填填,其视颠颠"、"居不知所为,行不知所之,含哺而熙,鼓腹而游",《胠箧》中的"甘其食,美其服,乐其俗,安其居",应该就接近《盗跖》中"卧则居居,起则于于"的状态。这两篇的作者只是描述了上古之时的生活状态,却没有说是否从来如此。在《马蹄》

---

① 王先谦注,《庄子集解》,第57—58页。
② 同上书,第61页。
③ 当然,《庄子》外篇的各篇本就未必出于同一人之手,因而会存在彼此不同甚至矛盾的地方。但几篇中表现出类似的思想倾向,应该是确定的。

中,作者说赫胥氏之民是这样的状态;在《胠箧》中,作者又列举了包括赫胥氏和神农氏在内的十二个古帝王(无有巢氏),但没有区分这些帝王之间的差别,好像他们从来都是这样生活的。

即使在《盗跖》中,作者也不强调这三个阶段的差别;之所以分为三个阶段,更多是为了与后面的四个阶段对照。就算有野兽的威胁,有气候的侵袭,上古之时都比后来的时代好。换言之,盗跖并没有否认那个时代有混乱和危险,但那种混乱和危险比后来的机心要好很多。《庄子》和商君的差别,并不在于《庄子》看到了那个时代的快乐,商君看到了那个时代的混乱,而是说,虽然有商君所说的种种问题,《庄子》仍然认为那是一个最美好的时代。

但这段话毕竟是由盗跖说出来的。盗跖攻城略地,盗窃财物,抢劫妇女,无恶不作,甚至食人心肝。虽然这未必就是《庄子》认为的至德状态,但《庄子》的至德状态毕竟可以由这样的人来代表和宣布。这样的状态不是没有任何危险,只是自然而然。若能自然而然地与野兽相处,自然而然地彼此相待,自然而然地表达自己的爱和恨,自然而然地满足欲望,那就是至德的状态。用《马蹄》中的话来概括,这个时代"同乎无知,其德不离;同乎无欲,是谓素朴。素朴而民性得矣"。其基本特点就是素朴,也正是《吕氏春秋》中所谓的"无亲戚兄弟夫妻男女之别,无上下长幼之道,无进退揖让之礼,无衣服履带宫室畜积之便,无器械舟车城郭险阻之备"的状态。素朴不意味着安全,也不意味着没有争斗和杀戮，但这样的上古时代仍然十分幸福。只有在这样的素朴状态，才能做到"民有常性"。

比较几个段落的描述，"民有常性"时代的特点是：第一，吃最简单的食物，穿最简单的衣服，没有过多的欲望——也一定会有冻饿之弊；第二，人民与麋鹿鸟兽为伍——这绝不意味着麋鹿就像童话中那么友善，它们一样会伤人，但这是与鸟兽相处的应有之义；第三，没有明确的道德教条，没有君子小人之分——也会有因无礼而带来的混乱；第四，浑浑噩噩，没有机巧和诈术——当然有愚蠢带来的困难。在自然而然的素朴时代，既要享受最真诚的快乐，也要承受最原始的痛苦。

我们正要在这样的语境中理解"知母不知父"。和上述几个方面不同，这一条只在《盗跖》中出现，它与另外几条之间是什么关系？与《商君书》和《吕氏春秋》一样，在《庄子》当中，"知母不知父"绝不是指母系社会，而是没有任何婚姻、家庭、亲属制度的自然状态——但也必须有母子亲情。

《商君书》和《吕氏春秋》中混乱而无序的时代，却被《庄子》描述为人类最好的阶段。《庄子》并不否认其杂交状态，但如果男女之间没有固定的制度来刻意约束，而是随性所致，想和谁在一起就和谁在一起，那也是相当自然的关系。这样生出来的孩子，和母亲之间会有最自然的孺慕之情，却不必听从严父的训导，不必遵守什么规矩。同样，除了最自然而然的母子之情以外，孩子和其他亲戚，比如兄弟、舅舅，也都不会有什么关系。他这里的杂交时代，并不是狂欢纵欲的时代——这也是他所反对的，而是自然而然、浑浑噩噩的时代。①

杂交状态明明是毫无约束的狂欢，怎么会是浑浑噩噩？西方母权论者恐怕根本无法理解这种论调。其实不只《庄子》，在《商君书》和《吕氏春秋》中，即使在否定知母不知父时代的时候，也不是因为性混乱和性狂欢，而是因为亲亲而爱私或无序无礼。在盗跖看来，约束、规矩、限制、秩序、礼法都被当成破坏素朴之质的机巧，所以要脱离这些东西，回到最素朴的状态。

《庄子》的态度，倒是和麦茜特有些像。麦茜特关于"自然之死"的说法，表面上看，也和《庄子》中"混沌死"的寓言非常接近；麦茜特对现代科学的批判，与《庄子》中对机心、机巧的批判，也有相似处。在西方的语境下，麦茜特面临着尖锐的思想张力。她把女性等同于自然，无异于自降女性的地位，因为无论自然和质料多么美好，它毕竟是被动的、低于形式的，所以最后还是变成了建构论者。现代女性主义哲学虽然已经对传统形而上学提出了严厉批评，但还

---

① 宋胡宏《皇王大纪》卷一《三皇纪》谈到这一段的状况时说："爰自古先，人知其母不知其父，卧则呿呿，起则于于，其行填填，其视颠颠。无知如草木，有欲如禽兽。质美者抱其璞，情厚者含其真，未知三纲五常之伦、器用之利。"其中说"无知如草木，有欲如禽兽"，已经是从儒家伦常的角度来看待"知母不知父"时代的状况了。但《庄子》不可能是这样的态度，而是认为"同乎无知，其德不离；同乎无欲，是谓素朴"。胡宏，《皇王大纪》，清文渊阁四库全书本（史部第313册），卷一，第14页 b。

人伦的"解体"

是没能彻底摆脱形质论。形质论的深刻影响使女权论者虽然认为接近自然的母权社会比父权社会更祥和，但绝不会把母权时代以前的杂交状态当作最美好的时代。

《庄子》与商君等的对立，似乎也是自然与文化的对立，与西方母权和父权之间的对立隐然呼应。商君以文化和政治来压制自然，庄子却以自然来反抗文化。盗跖的形象，就代表了自然对文化的颠覆，好像是巴霍芬笔下亚马逊主义的男性版本。但《庄子》里不会有麦茜特那样的张力，因为其哲学基础不是形质论，不必担心自然脱离文化之后会怎样，所以才会更加彻底地赞美知母不知父的杂交时代。

其根本差别在于，《庄子》中所描述的素朴状态，根本特点是自然而然。早期希腊哲学本来也把 φύσις 理解为自然而然，但形质论使质料与形式开始分离。亚里士多德虽然强调自然是形式，但自然毕竟包含质料的含义，后来又进一步跌落，随着自然界等概念的出现，自然/文化、物质/精神、质料/形式，这几对概念基本上变成了彼此相当的对立，自然即物质，即质料。麦茜特等女性主义者接受的就是这样的观念。但庄子没有质料的概念，也并不把自然理解为物质或更低一级的存在，不认为只有在文化出现之后，自然才能得到成全。他所强调的只是"自然而然"。所以，知母不知父并不是没有文化、缺乏精神、仅有物质享受、毫无节制地发泄欲望的状态，而是素朴天然、无知无欲、率性而为、没有限制。那时候没有婚姻制度，没有家庭伦理，但同时也没有过多的欲望，更不会毫无节制地纵欲。当然也会有一些争端，有时候还很残酷，但这些争端都是自然而生、自然而灭的。人们不会处心积虑地去害人，也不需要谁来做复杂严厉的审判，更不会怀有嫉妒或报复之心。这正是商君所谓因爱私而有争讼的状态。《庄子》并不否定这种争讼，甚至也认可这种争讼可能会连绵不断，但这绝不是人人对人人的战争状态。盗跖的攻城略地，不是大规模的战争，并非要取得多少土地，掌握多少权力，只是率性而为，就如同水泊梁山的英雄聚义、花果山上的快乐群妖。孔子以做诸侯来引诱盗跖，是完全没有理解他的表现。

因此，那个时代无论怎么质朴，都有它的原则和道理——粗朴之质仍有纹理，只是并不特别突出和文饰这纹理而已。西方母权论者所讲的杂交时代，是根据对自然的理解而推出来必须存在的一个纯粹自然、完全混乱、没有任何制度和精神生活的时代。那个时代只有物质性的欲望，没有任何限制，当然就是无穷纵欲的混乱状态。但盗跖并不承认，前三个历史时期是无道的混乱时代；恰恰相反，他认为那个时代才有真正的大道，才有性命之真。反而是在后来的历史中，这大道才遭到了矫饰和破坏。

随后，盗跖批评了后来的四个文明时代。首先，黄帝丧失了那种至德之隆，所以才和蚩尤发生了大战；一旦有了大规模战争，美好的状态就被打破了，纯真时代就丧失了；随后，尧舜确立了君臣之别；到了汤武的时代，就出现了以臣弑君的事；自汤武之后，以强凌弱，以众暴寡，世界才陷入了纷争不已的混乱当中。

人伦的"解体"

这四个阶段，正是商君曾描述过的演进过程，立禁立官立君也伴随着虚伪巧诈。看上去，古代的混乱状态被终结了，但这只意味着更大规模的混乱和更加残酷的冲突。没有君臣就不会犯上作乱；没有礼乐，就不会礼坏乐崩；没有国家，也不会流血百里。商君津津乐道的进步，都意味着更大的危险；《吕氏春秋》里认为必不可少的君道，带来的是远远超出野兽侵害的危险。与这些处心积虑的伤害相比，上古那些所谓的混乱都是微不足道的，因为那些都是无意的，出于自然。盗跖的逻辑是，过度的文饰破坏了素朴之质，伤害了本真的生活。

因此盗跖讽刺孔子说："今子修文武之道，掌天下之辩，以教后世。缝衣浅带，矫言伪行，以迷惑天下之主，而欲求富贵焉。盗莫大于子，天下何故不谓子为盗丘，而乃谓我为盗跖？"他逐一批驳孔子所推崇的圣贤：黄帝不能全德；尧、舜、禹、汤、文、武六人为世所高，但"皆以利惑其真，而强反其情性"；伯夷、叔齐号称贤士，却饿死在首阳山；鲍焦、申徒狄、介子推、尾声四人"皆离名轻死不念本养寿命者也"；比干、伍子胥号称忠臣，却"卒为天下笑"。孔子所能举出的，不过这些例子，又怎能说服盗跖？盗跖反而教育孔子说："不能说其志意，养其寿命者，皆非通道者也。丘之所言，皆吾之所弃也。亟去走归，无复言之，子之道狂狂汲汲，诈巧虚伪事也，非可以全真也，奚足论哉！"

《亢仓子》中的段落我们未闻其详，只有几句残篇，但这几句话和《庄子·盗跖》中的观点是类似的。那是凡蓬氏的时代，人们知母而不知父，与鸟兽为伍，吃住都很简单，生死都任其自然，没有过多的欲望，那就是"知生之民"的时代，《路史》也把凡蘧氏放在有巢氏之前，可以和盗跖所说的上古三个时期相互印证。

在这几个文本看来，知母不知父的时代最大程度保留了人性的质朴，因而是至德之隆。虽然后世并不都接受"至德之隆"的判断，但这一说法的影响却非常巨大，可以帮助我们理解中国思想讨论"知母不知父"的关窍所在。

3 伏羲制礼

汉代的几个文本一方面受《庄子》影响，另一方面也与伏羲画卦有关。

焦延寿的文本出自《焦氏易林》的"讼之第六"，虽未明言伏羲画卦，含义却也相连：文巧俗弊，是争讼之由；要想无讼，则要返回大质之境。多讼之时，纷争不休，以致僵死如麻，流血濡橹。只有返回到"皆知其母，不识其父"的时候，才能止息干戈。这段话与《庄子》的思想一脉相承，焦氏对"文巧俗弊"的判断，与《盗跖》相同；他所谓的"大质"，也正是《庄子》所说的"素朴"。和《庄子》一样，他相信是人的机心智巧导致了种种争讼；消灭争讼的最好方式，就是回到自然而然的境界。

《白虎通·号》分别解释三皇、五帝、三王、五霸之号。三皇指伏羲、神农、燧人，作者解释"皇"字："皇者，何谓也？亦号也。皇，君也，美也，大也，天人之总，美大之称也。时质，故总称之也。"三皇所处的都是大质之时。后文又说："号之为皇者，煌煌人莫违也。烦一夫扰一士以劳天下，不为皇也。不扰匹夫匹妇故为皇，故黄金弃于山，珠玉捐于渊，岩居穴处，衣皮毛，饮泉液，吮露英，虚无寥廓，与天地通灵也。"①"捐金于山，藏珠于渊"亦出自《庄子》，可见《白虎通》这一段受到《庄子》的影响不少；此处所说的上古素朴之时，和《庄子》的描述很接近。我们没有看到野兽和自然灾害的侵袭，那是知足常乐、随遇而安、与天地通灵的美好境界；而且三皇的特点是，不随便扰乱百姓的生活。正是因为这一点，他们才被称为三"皇"。这一理解，也和《庄子》中的"至德之隆"很相似。

作者分别描述三皇的功业和得到名号的原因。第一个是伏羲，于是就有了我们所引的这一段。在这一段对伏羲时代生活状况的描写中，我们也可以看到庄子的影响："民人但知其母不知其父，能覆前而不能覆后，卧之詓詓，行之吁吁，饥即求食，饱即弃余，茹毛饮血而衣皮苇。""卧之詓詓，行之吁吁"明显化自《盗跖》中的"卧则居居，起则于于"。细玩这一段里对上古生活状态的描述，似乎没有认为不好的地方。与前文所说的"岩居穴处，衣皮毛，饮泉液，吮露英"相连，这正是《庄子》描述的朴素境界，

---

① 在《白虎通德论》中，这两段是连在一起的，今据陈立《白虎通疏证》本。

没有商君、吕氏所认为的混乱和争斗。那么，如何来理解随后伏羲的功业呢？陈立引了很多条关于伏羲的文献进行分析：

1.《乾凿度》云："于是伏羲乃仰观象于天，俯观法于地，中观万物之宜，始作八卦以通神明之德，以类万物之情。" 2. 又云："五气以立，五常以之行。象法乾坤，顺阴阳，以正君臣、父子、夫妇之义。" 3. 陆贾《新语·道基篇》云："先圣仰观天文，俯察地理，图画乾坤，以定人道。民始开悟，知有父子之亲、君臣之义、夫妇之道、长幼之序。于是百官立，王道乃生。" 4.《易·系辞传》云："昔者包牺之王天下也，仰则观象于天，俯则观法于地。" 5.《路史》注引《含文嘉》云："伏羲德洽上下，天应以鸟兽文章，地应以河图、洛书，乃则象而作易。" 6.《六艺论》云："伏羲作十言之教，以厚君臣之别。" 7.《古史考》云："伏羲制嫁娶，以俪皮为礼。" 8.《壶子》云："伏羲法八极，作八卦。" 9.《风俗通》引《含文嘉》云："伏羲始别八卦，以变化天下，天下法则，咸伏贡献。故曰伏羲也。"①

这几条都说伏羲氏作八卦。其中第2和第3都说，伏羲通过作八卦而正君臣、父子、夫妇之义，那么人伦之礼从伏羲就开始了；第6说伏羲厚君臣之别；第7说伏羲制嫁娶之礼。陈立则以为："诸书皆谓遂皇始有夫妇之道，盖始著

---

① 以上均见于陈立，《白虎通疏证》，中华书局，1994年版，第51页。

其礼，尚未有父子君臣之道。"① 这最符合《白虎通》的本意。作八卦和定夫妇之礼并非两件事。在那个尚质的素朴时代，生活的其他方面都非常和乐，唯有"知其母不知其父"这一点是成问题的。作为三皇之首的伏羲氏，并不想过多地干扰百姓的生活，于是就"因夫妇，正五行，始定人道，画八卦以治天下"。伏羲氏画八卦就是为了制定夫妇之礼。夫妇之礼是人伦之首，但这时候的人伦毕竟还没有完备，所以不能说伏羲明确了君臣父子之义。

前面的几条虽然都提到了"知母不知父"，但大多是很笼统地把它当作上古时代若干特点中的一个。对于这个时代的终结，也都是泛泛而谈秩序的建立或纯真时代的结束，很少直接涉及何时或怎样不仅知母而且知父了。《白虎通》则明确讲，伏羲通过画八卦，制定夫妇之礼，走出了知母不知父的时代。

明白了伏羲氏的功业，就可以理解《白虎通》里所讲的上古时代了，这正是《庄子》所讲的纯真时代。唯一的坏处，是没有夫妇之礼，男女之间的关系非常混乱和随便。最素朴和最混乱并立共存，正如胡宏所谓"无知如草木，有欲如禽兽"。伏羲氏于是以天地乾坤阴阳八卦的道理，制定了夫妇之礼，皇侃所谓"礼事起于燧皇"②，指的就是这一点；《礼记·内则》中说的"礼始于谨夫妇"，也是讲这件

---

① 《白虎通疏证》，第50页。
② 孔颖达，《礼记正义》引，上海：上海古籍出版社，2008年版，第2页。

事。郭沫若先生所引的《易传》中的一段,"有天地然后有万物,有万物然后有男女,有男女然后有夫妇"云云,也应该从这个角度理解,而与母系社会无关。自从伏羲通过八卦制定了夫妇之礼,"始定人道",此后经礼三百,曲礼三千,也就慢慢衍生出来。

王充在《论衡》中也提到了伏羲氏画八卦的故事,但他的用意非常独特,与我们前面所引的几位都非常不同。我们先来看他引的这个故事本身,然后再分析王充自己的思想。

这个故事和《白虎通》所讲略有不同。文中说:"夫宓牺之前,人民至质朴,卧者居居,坐者于于,群居聚处,知其母不识其父。""卧者居居,坐者于于"显然也化自《庄子》,认为伏羲之前是一个非常质朴的时代。而且,"知其母不识其父"被当作证明质朴的诸多原因之一,而不是混乱因素。当后文谈到伏羲画卦的时候,就不是针对知母不识父而言,而是针对后来的"知欲诈愚"而言的。在知母不知父的时代,一切都是质朴无害的,不需要伏羲来制定夫妇之礼。但到了伏羲之时,"人民颇文",已经不再是当初那么素朴的状态了。至于这个时候是否还是知母不识父的,我们看不大出来。如果当初都是质朴的,而现在变得"颇文"了,那么,当初卧者居居、坐者于于的状况就应该消失了,与之并列的"知母不识父"难道还会存在吗?这似乎已经进入了知母亦知父的时代。所以,伏羲作八卦以治理天下,针对的并非知母不知父这样的无礼状态,而是"颇文"之后的新情况，即"勇欲恐怯，强欲凌弱，众欲暴寡"。后来文王又根据时势的变化而演六十四卦，孔子再因时势的变化而作《春秋》，皆因文质不同。

这一理解与《庄子》和《白虎通》都略有差异。从质朴的上古时代演变到后世，有些像是《庄子》中的讲法，即纯真时代慢慢消失，人们变得越来越有机心，因而虚伪巧诈之事越来越多。但其解决方式又像《白虎通》里所说的，即伏羲作八卦治理天下。不过，这里和《白虎通》最大的区别是，伏羲作八卦不是走出纯真状态的原因，反而是一种结果，即他是为了在已经相当堕落的年代挽回道德、重塑秩序而以八卦治天下。王充不是因为误解了《白虎通》的意思，才讲出了这样一个道听途说的故事。这正是将《庄子》与《白虎通》的两个逻辑结合的一个结果，在对"知母不知父"的诸多理解中，这也是一种可能的态度。

以上是王充叙述的某种态度，而并非他自己的立场。《论衡·齐世》的主题，就是批评任何以古非今、盲目崇古的观点。而这段说法，也是被作为一个常见的例子来予以批判的。由此可见，对"知母不知父"的谈论，在当时的思想界中相当普遍，而王充则是激烈反对此说的特立独行之士的代表。他评论说：

> 此言妄也。上世之人，所怀五常也；下世之人，亦所怀五常也。俱怀五常之道，共禀一气而生，上世何以质朴，下世何以文薄？彼见上世之民饮血茹

> 毛，无五谷之食，后世穿地为井，耕土种谷，饮井食粟，有水火之调；又见上古岩居穴处，衣禽兽之皮，后世易以宫室，有布帛之饰，则谓上世质朴，下世文薄矣。夫器业变易，性行不异，然而有质朴文薄之语者，世有盛衰，衰极久有弊也。譬犹衣食之于人也，初成鲜完，始熟香洁。少久穿败，连日臭茹矣。文质之法，古今所共，一质一文，一衰一盛，古而有之，非独今也。

王充并没有说究竟是否存在过知母不知父的阶段，但他认为，说古人质朴，今人文薄，是完全错误的，因为人们同怀五常，共禀一气，无论古今并没有根本的不同。上世之人虽然茹毛饮血、岩居穴处，后世之人虽然有了各种器具、宫室布帛，但这不会导致人的根本差别。任何时代的人都有文有质，有盛有衰。

王充无异于全部否定了前面提到过的所有说法。无论《商君书》、《吕氏春秋》、《庄子》，还是《白虎通》，虽然态度各异，但它们都有共同的一点，即认为知母不知父是大质之时的状况，与后世有根本的不同。只不过，商君认为这种大质需要立禁、立官、立君来控制；《庄子》认为这种质朴是最宝贵的品质，需要保护；《白虎通》则认为那个时代的质朴确实极其宝贵，但其混乱也是必须承认的，因而需要以礼法来纠正和规范。而王充的批评，则是将这几者杂糅到了一起，他以人们所怀的五常和气禀相同来证明文质有常，完全否定了生活环境所带来的影响。

王充非常明确地以"文"、"质"两个概念来解释古今的两种气质，虽然意在批评，但印证了我们的理解方式：几个学派争论的根本问题就是文和质的关系。王充并没有明确讲文质之间应该是什么关系，而是强调古今之人的文质关系是一样的。若果真如此，那些学派也就没有讨论的必要了。相对而言，王充虽然意识到了文质问题的重要性，却未能深入挖掘。

汉代最后一条材料出自纬书《河图挺佐辅》。这一条文简意晦，笔者尝试理解，其中应该也叙述了上古之世的文明变迁。文中提到的第一个阶段，是"伏羲禅于伯牛，钻木作火"；第二个阶段，是"黄帝修德立义天下大治"，得到了河图；第三个阶段，是"禹治水功大"，亦得天帝赐宝文大字；第四个阶段，是在禹之后的百世，气候变得非常怪异，人民食土，"皆知其母不知其父"；第五个阶段，是千岁之后，天可倚杵（即天地之间仅一杵之距）。这段文字的含义当是说，前三个阶段皆有圣人治理，故得天帝眷顾；而在禹之后，圣人不出，人们又回到了伏羲之前知母不知父的阶段，这个阶段伴随着怪异的气候。作者对此的主要态度应该是否定性的。

4　爱母敬父

经过前面几段的分析，中国古代思想中讨论"知母不知父"的框架已然清楚，那就是文质关系。正是在文质论的哲学架构下，形成了礼乐文明体系。现在，我们来分析礼学文献《丧服传》中非常重要的一段论述。

这是对《不杖期章》中"为人后者为其父母，报"一条的解释当中的一部分，意在说明宗法体系何以成立，宗庙之数缘何设定，大宗小宗之间的关系，以及小宗之子如何出后大宗等问题。这是《丧服传》中至关重要的一段文字，而且历代解说无大分歧。①

上文列举的几段文字，不仅不是在谈母系社会，也不是在认真谈父母的关系，"知母不知父"虽然很可能意指某种杂交状态，但它只是描述未有文明之前的诸多特点中的一个。唯有《丧服传》中的这句"知母而不知父"，与关于父、祖的另外几种态度放在一起，却是非常认真地在谈父母问题，因而就和西方的父母关系形成更实质的对话。

这一段的叙述顺序，是由禽兽、野人层层上推，及于都邑之士，再到大夫、学士、诸侯、天子。与《商君书》和《庄子》不同，它不是按照人类文明的进化阶段，而是按照文明教化所及的范围来排序的。禽兽和野人都处在最自然而然的素朴状态，都邑之士稍近政教，向上渐次至诸侯、天子，

---

① 笔者仅见方苞对此语提出较大的质疑："《仪礼·丧服传》乃儒者释经之文，其精者必承授于先贤，而粗者或参以臆说，不皆中于理也。如'为人后者为其父母，报'传：'禽兽知母而不知父，野人曰：父母何算焉？都邑之士则知尊祢矣，大夫及学士则知尊祖矣。'俱鄙倍而不确。"方氏未能详解此语何以鄙倍不确。见方苞《礼记析疑》（文渊阁四库全书本第128册，经部第一二二册）卷七，第22页b—23页a。其于《仪礼析疑》"为人后者为其父母，报"条下，未解此语。

德越来越厚、文越来越深。这个次序是按照由质至文排列的。

贾疏:"禽兽所生,唯知随母,不知随父,是知母不知父。"①胡培翚云:"禽兽与人异,知生于母,而不知有父。"②吴英之云:"禽兽知母而不知父,惟知所生母,父且不知,而况于宗?"③按照这些解释,此处描述了和西方母权论者所述非常相似的一个现象,即孩子知道自己的生身之母,却并不知道关系不那么直接的父亲。但与无论西方学者,还是前引数条都不同的是,它说的是禽兽,所以严格说来并无"人类"的杂交或母系时代。人类若真是有知母不知父的情况,也会被归入到禽兽之列。④虽然我们很容易推出来"知母不知父"就应该是夫妇无常匹的杂婚时代⑤,但人类是否曾有过杂交或母系时代,并不是《丧服传》作者关心的问题,这一段的重点本就不在于婚姻制度或夫妻关系,而

---

① 贾公彦,《仪礼注疏》卷十一,第918页。
② 胡培翚,《仪礼正义》卷二十二,道光三十年(1850)清木犀香馆刻本,第22页b。
③ 吴英之,《仪礼章句》卷十一,道光九年(1829)皇清经解本,第10页a。
④ 这类的例子很多,比如《晋书》卷四十九《阮籍传》:"籍曰:禽兽知母而不知父。杀父,禽兽之类也;杀母,禽兽之不若。"《魏书》卷十六《道武七王列传》:"史臣曰:枭獍为物,天实生之。知母忘父,盖亦禽兽。元绍其人,此之不若乎?"
⑤ 邓伯羔细辨禽兽之匹,曰:"禽兽知母而不知父,子夏《丧服》中语也。此似不然。禽有常匹,故子知母亦知父,久而父母俱不知矣。兽无常匹,故子知母不知父,久而母亦不知,此禽与兽之别也。人知礼义,故孩提爱亲,终身慕父母。此人与禽兽之别也。有弗然者,于禽兽奚择焉。"见《艺觳》,卷中第8页a(文渊阁四库全书本第856册,子部一六二册)。他就是从兽无常匹推出其知母不知父。

是在谈母子或父子关系。使人类与禽兽相区别的,就在于知父,但"知父"并不仅仅是"知道父亲是谁"的意思。仅仅知道父亲是谁,还只能算作野人。

"野人曰:父母何算焉?"贾疏:"不知分别父母尊卑也。"程瑶田说,"算"为"尊"字之误,段玉裁认为没有根据,并重申贾疏之意:"此谓野人言父与母何别也。"① 野人虽然知父知母,但还不知道怎样对待父母,即不知道父母之间的差别在哪里。他们和禽兽一样,都处在非常素朴的大质之境,对父母的态度出于自然而然的孺慕之情。按照母权论的理解,知父意味着文化上的巨大转变;但在《丧服传》的框架中,禽兽的知母不知父和野人的知母知父并没有根本区别,因为关键不在于知不知,而在于尊不尊。

至都邑之士知尊祢,这才有了对待父亲的礼,其实质不仅是"知",而且要"尊"。② 大夫及学士则不仅尊祢,而且尊祖。曹叔彦先生以为,此处之"祖"并非高曾之祖,而是太祖。③ 大夫及学士并不能祭及太祖,但皆已知尊太祖,因而有了宗族的意识,此即所谓"尊祖故敬宗"。诸侯更等而上之,不仅尊祖,且祭及太祖。天子之德最厚,故祭及始

---

① 段玉裁,《经韵楼集》卷二,上海:上海古籍出版社,2008 年版,第 34 页。
② 此处之"尊祢",非谓祢庙,而指生父,闻远先生辨之已详。见张锡恭,《丧服郑氏学》,卷六,刘氏求恕斋刊本,民国戊午年版,第 83 页 b。
③ 曹元弼,《礼经校释》,卷十五,光绪十八年(1892)吴县曹氏刻本(后印),第 33 页 a。

祖之所自出。"始祖之所自出"究竟何指,争论很多。郑注以为,此即感生帝;王肃以为,始祖即太祖之祖。二说颇不同,此处不必深究。

《丧服传》中这段简短的文字,讲的是宗法和宗庙体制的内在原理。其最关键的区分,是在禽兽野人之质与都邑之士之间。[①]曹叔彦先生云:"'禽兽'以下,言先王制尊尊之礼,因人情之自然而为之。而知有浅深,斯礼有详略轻重。盖敬宗由于立宗,立宗所以尊祖,而尊祖必先亲亲。不知尊祖者,不足与言立宗、敬宗;不知亲亲者,不足与言尊祖。"[②]

禽兽、野人虽然被排在最低等,但并没有被彻底否定。知母不知父,是因为只知亲亲之爱,不知尊尊之敬。《大传》称"人道亲亲",这是人情自然,即使在禽兽中也存在。历代礼家所津津乐道的羊羔跪乳、鸦有反哺等,就是禽兽中的亲亲之情。尊尊之礼必须"因自然之情而为之"。叔彦先生释"都邑之士则知尊祢矣"云:"知尊祢,则是知所尊者也。但父与母对,则母为亲,而父为尊;父与祖对,则父为亲,而祖为尊。此知尊祢者,能尊其亲,尚未能尊其尊,未足以成统也。"[③]知母即爱母,这是最自然的亲亲之情;野

[①] 曹叔彦先生以为,此处的区分,在于前三者与后三者之间,前三者就父言,后三者就祖言。见《礼经校释》,卷十五。此就父与祖之分;而我们的说法就质与分之分,并不矛盾。
[②] 曹元弼,《礼经校释》,卷十五,第28页a。
[③] 曹元弼,《礼经校释》,卷十五,第32页b。

人知父，却不知该如何敬父，因为父子之情兼有爱敬两端。《孝经》中说："资于事父以事母，而爱同；资于事父以事君，而敬同；故母取其爱，而君取其敬，兼之者父也。"《孝经》中把父放在母和君之间，与叔彦先生把父放在母和祖之间，用意相同。父虽看上去稍远于母，但父与母同为生身之亲，其罔极之恩生出自然之爱；父与母相比，又更有威严的一面，应当有尊尊之敬。所以父一身兼爱与敬两种情感，而母仅有亲亲之爱，祖与君仅有尊尊之敬。不仅知道爱母爱父，而且知道尊父敬父，便脱离了完全素朴的状态，已沾政教之文。但这还只是最初的阶段。只有能够尊祖以后，才能敬宗收族，而成宗统；同理，只有在知道敬君之后，才能全备人伦之礼，有益于天下。

不过，这并不意味着母亲绝对地仅有亲而无尊，《丧服传》里也把母亲称为"私尊"。[①] 相对父、祖而言，母亲为亲，但一个为政化所及的人同样要尊敬母亲。说母子关系代表了亲亲，父子关系代表了尊尊，不可拘泥。此处所强调的，是以"敬"制礼。一个人若只知爱母和敬父，而不知敬母和爱父，同样失礼。

《孝经》上说："礼者，敬而已矣。"因亲亲之情生发出尊尊之敬，是礼的核心要义。《论语·为政》中孔子答子游问孝云："今之孝者，是谓能养，至于犬马，皆能有养，不敬，何以别乎？"与《丧服传》中的这一段相互呼应。犬马

---

① 《丧服传·齐衰杖期章》"父在为母"条："至尊在，不敢申其私尊也。"

能养,因禽兽都有知母爱母之情;人之异于禽兽者几希,主要就在于还能有敬。明儒郝敬释此章甚精:

> 孝生于爱,礼主于敬。爱而能敬,亲而能尊者,礼之至也,天尊而地亲,故祀地以大牢,祀天以特犊,天尊,故敬也。为父斩衰三年,为母齐期,父尊,故敬也。可知先王制礼,人所异于禽兽,惟能爱又能敬,知亲又知尊也。禽兽知母不知父,故亲而不尊,爱而不敬。先王制礼,立人道,以敬为本,义为质,所以节其爱,而济其仁也。①

没有亲亲尊尊之情实,也就没有礼之文;但仅有其质,就是无序的、野蛮的,甚至会造成伤害,以至无法存在。所以禽兽和野人虽然素朴,却常常陷于混乱与无序当中。当然,若是仅有礼文,而压抑甚至取消了亲亲之质,尊尊之敬就会变得暴戾乖张,完全失去了制礼的本意。先王制礼,以敬成爱,以尊尊济亲亲,使得文质彬彬,而后君子。

就"知母不知父"而言,《丧服传》是讨论文质关系最成熟的文本。我们前面所分析的几个文本,都将"知母不知父"当作最原始的质朴状态。但《商君书》、《吕氏春秋》的讨论过于粗疏,尚未深入文质问题;《庄子》虽然极端,其

---

① 郝敬,《论语详解》,上海:上海古籍出版社《续修四库全书》第153册影印明九部经解本,1995年版,卷二,第12页b—13页a。

对质朴状态的肯定却是一个非常有价值的出发点。重质可以轻文，重文却不可轻质，因为文是脱离不了质的。所以《焦氏易林》、《白虎通》、《论衡》中的三个说法都以肯定《庄子》的说法为前提，伏羲所制的礼文都不是对质朴状态的否定，而是对它的文饰与维护。《丧服传》则直接讨论父母与人伦关系，更精微、更深入地讲文与质的平衡，成为这一系列论述中最成熟的段落。

在对待父母的关系上，礼学的文质论与西方的形质论颇为相似。柏拉图说，宇宙间最基本的两大原则，可以理解为母性原则与父性原则；亚里士多德说，母亲为孩子提供质料，父亲则提供形式；巴霍芬说，女性代表物质，男性代表精神；《丧服传》说，母亲那里有亲亲之爱，父亲那里有尊尊之敬；《易传》说："乾道成男，坤道成女。"无论中西哲人，都认为相对比较主动的男性与相对比较被动的女性，代表了宇宙间两个最重要的原则，所以柏拉图、亚里士多德、普鲁塔克都以父母来解释世界创生的两大原则；同样，伏羲氏仰观俯察，画八卦之文，定夫妇之礼，以化成天下，其本也在于阴阳两大根本原则的交互关系。在中西两大思想传统中，宇宙间的阴阳二性，人性中的男女之分，以及从家庭到政治，到人类群体的美好生活，都成为相互勾连的思想整体。中西哲学这两大源头，都触及了人类生活的这几个根本问题，都对它们做了极为深入的研究，都有非常相似的说法。在西方传统中，质料／形式、物质／精神、自然／文化、女性／男性这几对概念是用来理解上述根本问题的思维工具；在中国文化中，质／文、阴／阳、母子／父子、亲亲／尊尊，同样是用来理解上述根本问题的思维工具。

但是，中西思想传统在解决这共同的大问题时，又有很微妙的区别，因而走上了非常不同的发展道路。在形质论传统中，尽管有很多辩证因素，但质料总是低于形式，形质论的实质，在于以技艺制作的模式来理解一切自然的和人为的事物。

文质论却并非如此。《白虎通》云："事莫不先有质性，后乃有文章也。""文"取相于质实自然上的纹理，所以不能脱离质实自然而存在。以纹理来理解文明，与以形式来理解，有着根本的不同。在文质彬彬的平衡中，质不是永远被动的，文也不是永远主动的。母子之爱不是用来制作父子之敬的质料，而是礼敬之文所在的自然质实。礼敬之文不是用来塑造亲亲之爱的形式，而是亲亲之爱的内在纹理，只不过加以更多的文饰与强调。文并不绝对地高于质，质也不是绝对地优于文。

爱是自然之情，敬是有秩序的爱，礼即为爱敬之文。相比而言，礼文倒更像是工具，但这个工具不是为了人为地制造出一个什么产品来，而是为了使自然之实更好地表达出来。所以礼文一定要缘于自然之情，服从自然之质；在礼与爱敬之质相冲突之时，甚至可以从权舍礼。人类不会从自然之质中抽象出它的形式，使这个形式变得比自然之质更重要，乃至最终抛弃和贬抑自然；但人类可以通过研究自然之质，并根据自然之质，尽可能恰切地描画出礼文来，使人能更好地按照自然生活。礼对人类生活的提升使人区别于禽兽，但并不是使人区别和超越于自然,而只是以有序的自然之质,区别于无序而混乱的自然之质。

知母不知父的生活方式中包含了自然之情,这是没有问题的,但其中必然有的混乱也会破坏自然之情,这也是显而易见的。先王制礼,政化所及,使人们不仅知母知父,而且要学会以更加有礼的方式来爱,即敬;不仅敬自己的亲生父母,而且要敬父之父,乃至太祖和整个宗族,这样就不只是敬自己亲眼所见的一两个人,而是敬从未谋面的祖先,以及这些祖先共同建立和维系的宗族。这个过程和巴霍芬所讲的父权制度下宗族形成的过程很像。

在巴霍芬看来,从知母到知父,本来就已经有文化上的推理在起作用了,如果从父及祖,乃至续出整个家谱来,就完全是基于文化想象的精神生活了。中国的宗庙制度,自祢等而上之至于祖、曾、高,乃至初立之太祖,当然也是这样的一种文化想象。不过,这并不是一种基于文化想象的制作,而是从亲生父母之爱与敬追溯到对祖父、曾祖、高祖、太祖,乃至整个宗族的敬与爱。我父对他的父的爱不是想象出来的,而是真实存在过的;我祖对曾祖的爱,也不是想象出来的,而是真实存在过的;以此追至太祖,也都是来自真实不虚的亲亲之爱。我与太祖虽无见面之缘,但我之生,却间接来自于前辈的亲亲之爱。故宗庙之立、谱牒之设,并非一种文化的虚构,而是对真实不妄的伦常尊亲的追溯。自仁率亲,等而上之至于祖;自义率祖,等而下之至于祢。若仅从己身的亲亲之爱,我只能爱敬我见过面的父母,或是祖父母,最多到曾祖、高祖；但尊尊之敬若能慎终追远，必然追溯到立宗之太祖。"盖爵尊者识深，而孝思所格者远。位卑者识浅，而敬意所致者近。"①

康有为和郭沫若二先生对母系社会的理解都大大借助于对《礼运》的解读。但《礼运》中的大同之世并不是知母不知父的自然状态，也不是完全杂交的时代，而是"男有分，女有归"，不需要太多礼文，极尽质朴，又井然有序，正对应于伏羲定伦后的状况，所以郑注以为是五帝之时。其后，浇伪渐起，"天下为家，各亲其亲，各子其子"，就需要更加繁复的礼文与制度，"以正君臣，以笃父子，以睦兄弟，以和夫妇，以设制度，以立田里，以贤、勇、知，以功为己。故谋用是作，而兵由此起。"

这两段话几乎就是孔子对《庄子》中的盗跖的回答。盗跖所谓汤武之后的浇伪，孔子不仅看到了，而且理解得更深；而盗跖所说的上古之时的素朴，孔子同样珍视，只是素朴未必就是浑浑噩噩，完全可以井然有序。更重要的是，盗跖只能停留在抱怨的阶段，以血腥的方式对抗文明社会，而丝毫不能回到他盛赞的素朴之境；孔子却尽可能在已经浇伪的现实中，找回亲亲尊尊的生活方式。礼文是用来帮助人们回归自然情感的。

《礼运》中评论说："故圣王修义之柄、礼之序，以治人情。故人情者，圣王之田也，修礼以耕之，陈义以种之，

---

① 曹元弼，《礼经校释》，卷十五，第40页 b。

讲学以耨之,本仁以聚之,播乐以安之。"将人情比作圣王之田,是一个非常形象的比喻。礼是用来耕种人情这块田地的。没有礼义,田里也可能长出庄稼来,但是会杂草丛生,良莠不齐;有了礼义之后,就可以去除杂草,好好地侍弄庄稼,使粮食更好地生长繁衍。人情之质和礼之文的关系正是这样:人情之质就如同庄稼,它不是为了礼而存在的,制礼作乐,在根本上都是为了庄稼长得更好。完全质朴的时代,就如同天然的良田,没有杂草,土地肥美,不需要特别管理。文质彬彬的小康之世,就是经过了很好的管理之后,能够种好的良田。

巧的是,巴霍芬也用植物和农业的比喻来理解文明的演进。巴霍芬认为,完全杂交的时代如同野地,母权社会则如同农业时代,进入父权社会之后,人类就超越了农业,而进入精神文化的阶段。在礼乐文化中,不存在既不知母也不知父的混乱时代,知母不知父就是杂草丛生的原始状态,大同之世已经是很肥美而有秩序的时代了,其后无论怎样变化,人类始终不会脱离农耕状态,因为农业的收获就是耕作的目的,而不是制造其他东西的质料。

看上去,礼乐文化中缺少超越性的精神追求。康有为就是认为此一境界不够高远,所以要将"天下为家"改为"天下为公",因而造出了一个极为怪异的公羊学乌托邦。①

---

① 刘涛,《晚清民初"个人—家—国—天下"体系之变》,上海:复旦大学出版社,2013年版,第40页。

但孔子并非境界不高明，也不是不讲精神生活，只是不会让精神生活超越或脱离人情自然，不会使高明境界飘到虚无的天空，因为其精神生活的内核就在自然而然的人情现实当中，根植于大地；最高的精神境界，恰恰在最亲切的日常生活之内。毕竟，人类文明无论怎样发展，都不可能彻底离开土地。

在与西方形质论的对比中，我们已经略窥文质论的特点。不过，对文质论的充分讨论还需要留待将来；现在，我们要回到西方，进一步讨论形质论下的人伦思考。

中篇　礼始于谨夫妇

——"乱伦禁忌"与文明的起源

母权论虽然慢慢被否定了，但西方社会科学界并没有像什么都没发生过一样。母权神话留下了很多重要问题，留待人类学家、心理学家、生物学家等去继续讨论。母权神话的核心问题是，自然与文化的关系究竟何在。对这个问题的讨论远没有结束，其中还有两个非常具体的问题：第一是婚姻与人性的关系，在关于杂交群婚的研究中已经被多次讨论；第二是家庭生活与政治社会的关系，在母系到父系的过渡中也已经被深入地争论过了。在母权神话被打破之后，这两个问题分别转换成了乱伦禁忌和弑父这两个论题。我们先来看对乱伦禁忌的讨论。

乱伦的故事在希腊神话中就偶有出现，历代文学作品和法律规定都不时触及乱伦问题。但是，在进化论的人类学产生之前，虽然不时有人探讨某些乱伦现象为什么会发生，但很少有人认真地问过乱伦禁忌是如何起源的，因为这还不构成一个问题。本来，不准乱伦是天经地义的，乱伦之事是骇人听闻的，人们有时会研究为什么会发生那些骇人听闻的乱伦之事，但很少有人认为需要解释为什么乱伦是必须禁忌的。虽然基督教的创世故事（由于基督教相信人类都是亚当、夏娃的后代，人类最初的几代始祖必然是乱伦的）已经开启了乱伦禁忌讨论的可能，但其真正成为一个学术问题，却是在母系社会的讨论之后出现的。乱伦禁忌的研究者与母系论者一样，都认为人本来是可以乱伦的一种动物，所以为什么要有乱伦禁忌，就成了需要回答的问题。

前文谈到，母系论者都假定，在母系社会产生之前有一个杂交时代。杂交时代里一定有乱伦之事发生；而在知母不知父的群婚和母系时代，父女之间、同父兄妹之间的乱伦，当然也不可避免。婚姻制度的进化，就意味着乱伦禁忌的产生和越来越严格。比如在摩尔根的进化史中，血婚制意味着父女、母子乱伦的禁止和兄妹乱伦的允许；伙婚制则连兄妹乱伦也禁止了；到偶婚制和专偶制，则意味着更加严格的乱伦禁忌。其他母系论者也都在不同程度上讲述了乱伦禁忌起源和发展的历史。

母系论的实质是探讨人性自然与社会生活之间的关系；当母权社会的存在被否定之后，乱伦禁忌的讨论就以另外的方式延续了对这个问题的思考。比起母权神话来，乱伦禁忌是一个更加复杂的故事，19世纪末和20世纪的很多学术大师，如泰勒、韦斯特马克、涂尔干、弗洛伊德、马林诺夫斯基、弗斯、列维-施特劳斯等，都卷入到这个故事当中。而且这个故事一直持续到现在，还远远没有讲完。

从19世纪末开始，围绕乱伦禁忌就出现了针锋相对的两派。一派以韦斯特马克、霭理士等为主要代表，认为乱伦禁忌出自人的生物性本能，他们不仅彻底否定了母权社会的存在，而且认为，乱伦禁忌并不是人类文化建构的结果。

但涂尔干、弗洛伊德、列维-施特劳斯，以及20世纪前期的大多数人类学家认为，人类不是天生就不准乱伦的，乱伦更像是人性自然，乱伦禁忌不仅是文化建构的结果，而且标志着人类文明的真正开端。这一派的学者虽然未必还承认母权社会的存在，但他们中很多人和母系论者一样，承认人类不是一开始就不准乱伦的，乱伦是在历史发展到一定阶段，才被当作一个禁忌的。因而，他们都认为人类曾经有过两性关系极为混乱的时代，而乱伦禁忌的产生就是人伦秩序的建立。

在很长一段时间里，文化建构派取得了优势，生物本能派的声音相当微弱。但是到了20世纪后半期，随着大量人类学研究和生物学研究的出现，人们为韦斯特马克的学说找到了越来越多的证据。到世纪之交，几乎很少人还坚持文化建构的观点了。[①] 这一戏剧性的变化非常耐人寻味，因为文化建构论、相对主义、女性主义等思潮在人类学界，乃至整个社会科学界，已经取得了绝对优势。否定人性的普遍本能，相信一切都是文化建构，在目前的西方人类学界几乎成了意识形态。乱伦禁忌的研究却完全逆流而上，不仅没有跟着文化建构论走，反而使一些被人类学家早已抛弃的观念（如进化论、普遍人性等）得到了恢复，几乎成为唯一一个

---

① 武雅士（Arthur Wolf）和杜汉（William Durham）编辑的文集《近亲通婚、乱伦和乱伦禁忌》（*Inbreeding, Incest, and Incest Taboo*, Stanford: Stanford University Press, 2005），就代表了世纪之交乱伦禁忌研究的基本取向。

被人类学家相信还是普遍的社会现象。① 以致有学者认为，达尔文主义的进化论视角，是亚里士多德主义的自然正当在现代的传承者。但真的是这样吗？我们后面的讨论就先从进化论一派开始。

一　进化论与家庭伦理

1　自然选择与性选择

在我们所讨论的现代思想家中，影响最持久、最深远的莫过于达尔文了。母系论者所坚持的进化论虽然未必都直接受到了达尔文的影响，但其中很多人从达尔文的进化论寻求支持，却也是一个事实。在母系论出现后不久，达尔文就发表了《人类的由来》，阐述他关于人类进化史的系统观点，批评了乱交说和母系论，此书的重要性不亚于《物种起源》。达尔文的思想对于后来围绕乱伦禁忌的讨论，有着极为深刻的影响。

在《物种起源》中，达尔文提出了进化论的普遍原则，即自然选择。在《人类的由来》中，他用这一原则来解释人类的进化史，特别关注社会道德的起源。霍布斯、洛克、边沁等近代思想家，多把社会和道德行为归结为苦乐感觉的复杂组合。达尔文非常反对享乐主义和实用主义的这一思路，

---

① Hill Gates, "Refining the incest taboo," in *Inbreeding, Incest, and Incest Taboo*, p.150.

认为人的一举一动并不都是由趋乐避苦的本能驱使的。很多习惯性的行为可能与苦乐之感毫无关系，甚至可能更多伴随着痛苦。[①]这样，包括人在内的社会性动物之所以喜欢群居，就不仅是因为群居使他们感到快乐。在达尔文看来，本能、自然选择、长期的习惯这三方面因素的相互作用，才导致了动物趋向于社会性道德，而自然选择又是其中最重要的因素。他说：

> 群居的快乐，这种感觉大概是亲子之间这一方面的情爱的一个引申，或一个补充，因为，凡是在幼年时代里，亲子不相离的关系维持得更长久些的那些动物，在社会性的一些本能上也是更发达一些，而这种引申或扩充，部分虽可以归功于习惯，主要的原因还是自然选择。在因群居而受惠的各种动物之中，那些最能以群居为乐的个体便能躲开种种的危害，而那些对同类的祸福利害最漠不关心而过着离群索居的生活的个体则不免于大量死亡。[②]

在这个复杂的过程中，某类动物中有些个体以群居为乐，另外一些不以群居为乐。由于自然选择的作用，不以群居为乐的个体就更容易遭受到自然灾害或天敌的攻击，

[①] 达尔文，《人类的由来》，第159页。
[②] 同上书，第159—160页。

而以群居为乐的个体就会更容易存活下来。在这里,达尔文有一个重要判断,即群居之乐是亲子之爱(parental or filial affections)的一种延伸或补充。最初的群居之乐,就是父母与子女之间的,后来会扩展到不同的家庭之间。至于这种亲子之爱究竟怎样起源,他没有更明确的说法,只给出了一个猜测:"但我们不妨做出推论,认为它们的由来在很大程度上也是通过了自然选择的。"① 他还做了一个类比,那些看上去与此完全相反的本能,即近亲之间的厌恶与憎恨,比如蜜蜂中工蜂杀死自己同胞的雄蜂,蜂后杀死自己的女儿,也是自然选择的结果,因为这也有利于整个群体的生存。② 再比如正在喂养幼崽的候鸟,迁徙的本能往往会战胜母爱的本能,抛下无法生存的小鸟,向南迁徙,也是自然选择的结果。③

达尔文虽然非常肯定亲子之爱在形成社会性道德中的作用,而且认为这是一种本能,但他并不把本能当作最终的解释。他给本能的定义是:"我们自己需要经验才能完成的一种活动,而被一种没有经验的动物,特别是被幼小动物所完成时,并且许多个体并不知道为了什么目的却按照同一方式去完成时,一般就被称为本能。"④ 每个动物的本能不

---

① 达尔文,《人类的由来》,第 160 页。
② 同上书,第 160 页。
③ 同上书,第 163 页。
④ 达尔文,《物种起源》,周建人、叶笃庄、方宗熙译,北京:商务印书馆,1995 年版,第 246 页。

是通过经验学来的,而是生下来就有的,不需要反思就会去做。但这只是就个体动物而言;对每个物种而言,本能为什么会形成并具有普遍性,却是整个种群在生存竞争中逐渐学来的。如果抚养儿女、结成群体有利于这个种群的生存,这就会变成整个种群的本能;如果杀死子女有利于种群的生存,这也会变成整个种群的本能。自然选择,是形成和淘汰某些本能的根本动力因;适者生存,是本能发生变异的目的因:"我们把这种有利的个体差异和变异的保存,以及那些有害变异的毁灭,叫作'自然选择',或'最适者生存'。"[1] 因此,包括人在内的动物之所以会有亲子之爱和乐群的本能,根本上是因为这有利于他们的生存。而人类的其他各种道德行为,也都来源于自然选择:"我们可以有把握地把各种社会性本能的出现归功于自然选择,而这些本能又为道德感的发展提供了基础。"[2]

除了自然选择之外,达尔文又认为,"性选择"在动物的进化和人类的分化过程中起到过非常重要的作用,因而《人类的由来》中三分之二的篇幅被用来讨论性选择。[3] 性选择并不是自然选择的一种。自然选择是为了在生存竞争中取胜,性选择是为了在求偶竞争中取胜而具有某些特征,并且这些特征会遗传给同一性别的后代。[4] 他认为性选择有两

---

[1] 达尔文,《物种起源》,第86页。
[2] 达尔文,《人类的由来》,第938页。
[3] 同上书,第4页。
[4] 同上书,第329页。

个目的，即吸引异性和战胜同性。[1]更能在性竞争中战胜同性对手、赢得异性喜爱的个体，在繁殖中就会取得优势，因而可以把自己的特征遗传下去。在动物和人类的进化史中，性选择都起到了至关重要的作用。

"可以肯定的是，几乎在一切动物中间，雄性与雄性之间，为了占有雌性，存在着一种不断的斗争。"[2]在求爱过程中，雄性往往更加主动，因此，"在所有的例子里，为了使雄性追寻得更为有效，他们有必要被赋予一些强烈的情欲；而同是雄性的个体，心情越是迫切的那些就会比不那么迫切的留下更大数量的后辈。"[3]雄性强烈的情欲和嫉妒心成为性选择的动力，所以雄性也会发展出比雌性更普遍的种种第二性征，使很多雄性变得和本种的雌性非常不同，"雄性变得有了种种武器，用来和其他雄性进行战斗，有了种种特殊的器官，用来发现和抱持雌性，使她不得挣脱，和用来激发她，蛊惑她，使她委身相就。"[4]正如动物当中经常性地发生雄性为争夺雌性的战斗，达尔文认为，在野蛮人和古代人当中，争夺妇女是发生战斗的一个经常原因，如特洛伊战争。[5]这些争夺使男性不仅在身材和力量上更加强壮，而且在观察、推理、发明、想象等心理性能上也超过了女性。[6]达

---

[1] 达尔文，《人类的由来》，第 932 页。
[2] 同上书，第 332 页。
[3] 同上书，第 347 页。
[4] 同上书，第 371 页。
[5] 同上书，第 851 页。
[6] 同上书，第 855 页。

人伦的"解体"

尔文并不像亚里士多德那样，在形而上学上证明男性高于女性，而是从性选择的角度，肯定了现实中的男女差异。

人类在分成不同的种群之后，彼此阻隔，不相往来，与各自的环境条件相周旋，因而发展出各自不同的审美取向。"从这时候起，不自觉的选择，通过比较强有力而处领导地位的男子对不同女子的取舍，就开始发生作用了。这一来，部落与部落之间原有的轻微的差别，就会逐渐而不可避免地得到不同程度的增加。"① 这就是人类各种族之间无论文化还是身体都差异很大的原因。

自然选择来自生存本能，性选择来自性本能。其他本能都可以一步步化约为这两个本能，但这两个本能已经无法再化约，它们是解释链条的开端。自然选择以生存为目的，让每个个体展开生存竞争，促使每个物种形成各种各样的本能，发展出社会性的道德，甚至包括自我牺牲和利他主义；性选择以尽可能好地满足性欲为目的，让雄性个体之间展开竞争，形成更能吸引雌性的第二性征。

因为自然选择和性选择这两个角度，杂交群婚是达尔文无法接受的，没有任何限制的杂交既不符合一般的进化过程，也为雄性的嫉妒本能所不容："由于全部的动物界都表现有强烈的嫉妒的感觉，又由于人和低于他的动物，特别是和人最为接近的那些物种，有着无数可以比拟的地方，我不能相信，在过去，在人达到他在动物阶梯上今天的地位以前

---

① 达尔文，《人类的由来》，第903页。

不久,真正流行过百分之百的杂交。"① 正是这个原因使达尔文否定了群婚杂交和母系论。这段讨论我们在前一部分已经谈过了。

但达尔文在批驳群婚时并没有明确讲,原始状态的家庭有没有可能是乱伦的,即男人把他的母亲、女儿或姐妹当作自己的妻子。他主要诉诸进化历史和雄性的性嫉妒来否定杂交,而性嫉妒并不能排斥乱伦;社会性道德与乱伦之间的冲突,在他这里也没有得到充分的澄清。或许,乱伦在达尔文这里尚不构成一个需要讨论的问题,因而,在后来韦斯特马克讨论乱伦问题的时候,达尔文并没有给他提供现成的答案。但是,达尔文关于自然选择和性选择的两条原则,已经为韦斯特马克准备好了讨论乱伦问题的理论武器。

达尔文也注意到,自然选择和性选择之间是可能发生冲突的,比如一些物种的鲜艳颜色或气味虽然对吸引异性很有利,却也非常容易招致天敌的伤害,这对物种可能带来极大的危险。在《人类的由来》全书临近结尾的地方,他谈到,虽然某些动物已经有了一些社会性的道德,但只有人可以称为道德性的生物,因为人除了经过自然选择之外,还能领会同类的赞许与否,可以思考和反省,在情欲的冲动战胜了社会性本能时,会在反思之后自责和悔改,这就是良心。②在这种情况下,不仅性本能会和社会性本能相冲突,而且个

---

① 达尔文,《人类的由来》,第894页。
② 同上书,第926页。

体生存的本能也会和群体生存的本能相冲突。但达尔文没有进一步追究这个问题。他认为，自然选择为社会性道德提供了人性的基础，人的道德与动物的道德的差别是程度上的，而不是实质上的。

达尔文主义的信徒赫胥黎一直在宣扬达尔文的进化论，他的著作《人类在自然界中的位置》几乎是对《人类的由来》的诠释。但在1893年的著名演讲《进化论与伦理学》中，赫胥黎却提出了和达尔文相当不同的看法。他把人类社会的建设比作园艺，认为园地的形成虽然靠的是自然状态中的生存竞争和自然选择，但人类的园艺却必须和这种原则相对抗。在行政长官所建立的人间天堂，这个真正的伊甸园里，

> 宇宙过程，这种自然状态中野蛮的生存斗争，应予以废除；在那里，自然状态应被人为状态所取代。……要建立这种理想社会，不是靠人们逐渐去适应周围的环境，而是创造适应人类生存的人为环境；不是允许生存斗争自由进行，而是排除这种斗争；不是通过生存斗争去实现选择，而是按照行政长官的理想标准进行选择。[①]

赫胥黎看到，自然选择只是自然状态中的法则，人类

[①] 赫胥黎，《进化论与伦理学》，宋启林等译，北京：北京大学出版社，2010年版，第9页。

社会要真正存在，就不能依照这样的法则，而必须建立人类自己的法则，这个法则与自然状态中的法则是相反的。当然，赫胥黎和达尔文一样，承认动物也有社会性，比如拿人和蜜蜂比，人类家庭的产生、延续、限制内部斗争所需要的条件，与蜜蜂是一样的。但是，蜜蜂社会和人类社会却有着根本的差异。在自然状态中自然选择的作用使动物和人逐渐进化，形成了趋乐避苦的天性，这种天性本质上是反社会的，是原罪论的现实基础。[1] 要对抗这种反社会的天性，人类就需要自我约束，将社会性情感培养成为有组织的、人格化的同情心，即良心，这被赫胥黎称为"伦理过程"，伦理过程必须与宇宙过程相对抗，否则人类社会就无法存在。[2]

在发表这篇演说时，赫胥黎虽仍然坚持达尔文的进化论，但对于人类道德与进化论的关系，已经产生了根本的怀疑。他不会再像达尔文那样，认为人类的社会性道德仅仅是自然选择的进一步发展，甚至不认为自然选择为人类道德提供了基础，相反，他认为自然选择为人类提供的是反社会的本性，是原罪。赫胥黎和达尔文之间的张力，使进化论呈现出更复杂的面相——因为进化论不仅影响到人类对生物界的理解，而且成为人类理解自身的人性的一个重要方法。这一张力，可以说是后来关于乱伦问题的讨论中最主要的分歧所在。

---

[1] 赫胥黎，《进化论与伦理学》，第11—12页。
[2] 同上书，第13页。

在赫胥黎的演讲发表之后不久，严复先生就在1898年把它译成了中文，题为《天演论》。严复没有用达尔文自己的著作，而是用赫胥黎这部主张以伦理对抗自然选择的书，来宣扬物竞天择、适者生存的进化论学说，似乎并不恰当，而现在的研究者大多注意到了这一矛盾，并提出了各种解说。① 严译的用意究竟何在，并非本书的主旨；但严译在中国思想界起到的作用，即对进化论的传播，是一个有目共睹的事实。② 而严译有意无意地将达尔文与赫胥黎之间的张力引进到中国来，或许也是一个不可忽视的现象。这一现象对我们的意义究竟何在，恐怕还需要我们看一看这一张力在后来的一百年中，在西方学术界是如何展开的。

2 韦斯特马克效应

在《人类婚姻史》这部百科全书式的著作中，韦斯特马克运用了达尔文的自然选择和性选择理论，试图从生物本能的角度解释婚姻制度的起源和形态。他和达尔文一样，从生物进化史的角度来理解婚姻的发展：无脊椎动物和低等脊

---

① 如汪晖认为，严复并不只是简单宣扬进化概念，而是包含了道德预设，见汪晖，《严复的三个世界》，《学人》第十二辑，江苏文艺出版社，1997年版；史华兹认为，严复对赫胥黎是有批评的，见史华兹，《寻求富强：严复与西方》，叶凤美译，南京：江苏人民出版社，1996年版；高中理认为，严复和赫胥黎一样，是不赞同达尔文的，见高中理，《〈天演论〉与原著比较研究》，北京大学哲学系博士论文，1999年。近些年来，还有很多学者加入到了对这个问题的讨论，不赘举。

② 参考王天根，《〈天演论〉传播与清末民初的社会动员》，合肥：合肥工业大学出版社，2006年版。

椎动物的两性关系非常不固定,母亲根本不怎么需要照顾她的后代;在多数鸟类中,亲鸟爱护幼鸟的本能非常强烈,往往是雌雄鸟一同照顾,因而其两性关系往往是终生的;多数哺乳动物不如鸟类的夫妻关系那么持久,母亲虽可悉心照料幼崽,但两性关系只限于交配期;只有在少数物种中,雌雄一直生活在一起,灵长类就是这样的。自然选择为什么在灵长类中培养出这样的本能?因为幼崽数量少,而且幼年期长,所以两性关系不能仅限于交配和繁殖,雄性还必须承担起供养和保护妻儿的责任。人类男女之间的持久结合,也出于相同的原因。① 这种本能驱使男女生活在一起,即便在性交和生育终止之后仍然如此,并使男女之间产生相互依恋的情感。"如果这种夫妻之爱在生存竞争中能给种属的延续带来极大的好处,它自然而然地就会发展出一种特性。"②

父母对子女的爱,也是这种自然选择的结果。不过,韦斯特马克特别强调,虽然可以用这种方式来解释夫妻之爱,但仅仅以自然选择来解释父母对子女的爱还是很不够的。要解释从习惯到制度的发展,还需要有一种外在的刺激:

> 这种刺激来自一种外在关系,即幼弱无助的孩子从一开始就与母亲待在一起,与母亲有着亲密的关系。

---

① 韦斯特马克,《人类婚姻史》,第34—55页。
② 同上书,第70页。

而那种唤起父性本能的刺激，显然与唤起母性本能的刺激一样，也是来自相同的环境和条件，即孩子的幼弱无助及其与父亲的接近。无论在什么地方，只要是父母住在一起，从一开始就接近其子女，就会有这种本能存在。①

在韦斯特马克看来，这些本能不仅产生了习惯，而且产生了习俗和制度。作为制度的婚姻，与纯粹的两性关系有根本的差别。两性关系即使为习俗所认可，也还不是婚姻，婚姻要包括一起生活。"男性和女性之持续地生活在一起，最初就是为了下一代的利益。因此我们可以说，是婚姻起源于家庭，而不是家庭起源于婚姻。"② 婚姻虽然是对性交权利和义务的认可，但它之所以会持久下去，却不是因为性吸引，而是因为共同的繁殖和养育。这是韦斯特马克婚姻学说中非常重要的一个原则。

韦斯特马克比赫胥黎更忠实于达尔文的学说。他认为，虽然人类的习俗制度与自然习惯有差别，但二者并不相反，而是一致的，"社会习惯有一种变为真正习俗（即行为规范）的有力倾向。"③ 男女的夫妻之情、父母与子女的亲情，在根本上都来自于自然选择，而不是对自然选择的对抗和拒绝。由于长期生活在一起而导致的父母之爱，似乎是对达尔

---

① 韦斯特马克，《人类婚姻史》，第71页。
② 同上书，第72页。
③ 同上书，第70页。

文的亲子之情的一个诠释和补充。达尔文认为社会情感应该是亲子之爱的延伸和补充,但对于亲子之爱的本能如何产生,他虽然推测也是自然选择的结果,却没有给出明确的解释。韦斯特马克补上了达尔文学说中缺失的一环。亲人之间的共同生活,构成了韦斯特马理解社会道德起源的重要命题;"韦斯特马克效应"正是这一思路的产物。

在解释外婚制和乱伦禁忌的起源时,韦斯特马克对于人类学家就外婚制提出的种种社会和文化的解释,一一做了批判。他认为,所有这些社会文化的解释都和那些主张杂交与母权制的学说一样,假定人类有倾向于乱伦的性本能,乱伦禁忌是对这种本能的压制。但人们并没有这样的欲望,也不会因为乱伦禁忌而感到个人情感受到了抑制,因为乱伦本来就是违背人性本能的。他的解释是:

> 自幼就在一起亲密生活的男女,明显地不存在那种恋情。而且,在这种情况下,正如在其他很多情况下一样,性淡漠是与一想到性行为就会产生的实实在在的厌恶感相伴随的。而这,正是我所认为的产生外婚制规则的根本原因。自幼就在一起亲密生活的人,通常都是近亲,而近亲对彼此性关系的厌恶感,表现在习俗和法律上,就是禁止近亲之间发生两性关系。[①]

---

① 韦斯特马克,《人类婚姻史》,第638页。

自幼一起亲密生活的男女没有性吸引力，这就是著名的"韦斯特马克效应"。柏拉图、休谟、边沁等都说过类似的话，在一定程度上成为韦斯特马克的思想先驱；《人类婚姻史》的早期版本问世后，韦斯特马克与霭理士相互讨论，在后者的《性心理学》[①]和《人类婚姻史》后期版本中都形成了更加成熟的解释。而对动物界的观察，也证实了他的说法在进化论上的意义。一些动物学的研究表明，同窝的鸽子、蚂蚁、蜜蜂等之间不能进行交配；经常在一起的雌雄家畜也缺乏性吸引力。[②]

韦斯特马克又指出，他所谓的在一起亲密生活，与夫妻之间的亲密生活并不一样。他强调："从性欲要求尚未出现，至少尚不明显之时就长期亲密地生活在一起的人，彼此间缺乏发生性关系的倾向，而且一想到这种关系即有一种厌恶感。但是，男女结婚时的感觉，则与这种情况大不相同。在夫妻生活中，性爱冲动不仅可以保持下来，而且还会有所增强。"[③]虽然夫妻之间的亲密关系也是家庭生活中的重要内容，但夫妻关系与其他的家庭关系有根本的不同。父母和子女的关系，以及兄弟和姐妹的关系，越是亲密，越会导致性冷淡；但夫妻之间的亲密生活应该增强性欲。"不过，即便在夫妻关系中，长时期的共同生活也会产生一种使性欲减

[①] 霭理士，《性心理学》，潘光旦译，北京：生活·读书·新知三联书店，1987年版，第108—110页。
[②] 韦斯特马克，《人类婚姻史》，第640—642页。
[③] 同上书，第643页。

退的倾向,有时甚至还会导致厌烦。"[1] 这或许是因为,夫妻关系已经变成了家庭关系的一种,而不再只是"性生活的自然形式"[2]。性生活与家庭生活的张力,是韦斯特马克思想中处处都可以感觉到的一个倾向。

韦斯特马克关于父母与子女亲密关系的说法,是对达尔文关于人的社会道德的说法的诠释和发展。他在解释外婚制时给出的这一观点,无疑是对前面关于婚姻家庭的观点的进一步阐发。弗雷泽批评他说,亲密关系之间的性反感未必就意味着近亲之间的性反感。韦斯特马克回应说:"父母的责任与权利在很大程度上是基于父母之情,而父母之情就其最简单的形式说,则并非基于对血缘关系的认识,而是对来自环境因素的刺激所做的反应。这些因素中特别突出的,就是与稚弱幼儿的亲密关系,也就是说,从后代呱呱坠地之时即与父母形成的外部关系。"他所说的是,亲子之爱在根本上不是因为父母生了子女,而是因为父母养育了子女;而子女对父母的孝道,也来自这种养育所导致的喜爱和亲善。所以,"亲子关系,归根到底,也还是来自同在一起生活的亲密关系,并由这一亲密关系而进一步加强。"

韦斯特马克特别强调的一点是,近亲之间性厌恶的根本原因不是血缘关系,而是外在居住环境;性厌恶之所以往

---

[1] 韦斯特马克,《人类婚姻史》,第643页。
[2] Edward Westermarck, *Ethical Relativity*, London: Routledge, 1932, p.240.

往存在于近亲之间，仅仅是因为近亲总是碰巧住在一起，有特别亲密的关系。因此，如果子女和亲生父母长期分离，就不会形成这种关系。同样，兄弟姐妹之间的性冷淡也不是因为同胞所生，而是取决于环境因素。人类家族的维护纽带，"其社会凝聚力最终还是来自近亲共居的生活习惯。"[①] 这个逻辑，与霍布斯和巴霍芬谈论母子关系的逻辑是类似的，只不过，在霍布斯那里讲的是因抚养而导致的权力关系，巴霍芬与韦斯特马克讲的是因抚养而导致的亲密关系。他们都认为，亲子关系的实质不在于生育本身，而在于生育之后所形成的抚养关系；只是因为在多数情况下，生育者就是抚养者，这种关系才在亲子之间形成。

近亲乱伦禁忌的根本原因，是因为近亲往往住在一起，但后来，外婚规则也会推及那些不住在一起的亲属。"这就像亲属间的社会权利和义务一样，虽然从根本上说乃是取决于亲密的共居关系，但在这种地域关系被打破之后仍具有一种继续发挥作用的强烈倾向。"[②] 再后来，这种规则也会延伸到姻亲或其他拟制的亲属关系（比如基督教中的教父教女）中。

韦斯特马克进一步解释了这一效应的生物学原理。他相信，近亲结婚对物种的生存和繁衍往往有害，但动物和早期人类并不是因为认识到了这一点而避免近亲繁殖，而是自

[①] 韦斯特马克，《人类婚姻史》，第648页。
[②] 同上书，第656页。

然选择使他们形成了近亲性厌恶的本能。"自然选择机制通过消除那些具有毁灭性的倾向,保存那些有利于机体的变化,从而使性本能满足物种繁衍的要求。"① 他这样推测这种本能形成的过程:

> 如果正像我所主张的那样,由父母及其子女所构成的家庭乃是普遍存在于原始人类或类人猿祖先中的社会单位,那么,我在这里所说的性本能特性,除非它的确是从更早的哺乳动物种属那里继承下来的遗产,否则,那就一定是因近亲结婚会产生危害而逐渐发展起来的。而性本能一旦获得这种特性,它也就会很自然地体现在自幼亲密生活在一起、而血缘关系较远或没有什么血缘关系的男女之间,尽管这些人之间通婚可能不会有什么危害。而且,通过思想观念与感情之间的联系,性本能的这一特性还会很容易地导致这样的规定,即对某些根本不住在一起的人也禁止其发生性关系。②

这是一个相当复杂的过程。韦斯特马克设想会有两种可能:一种是,自然选择已经淘汰了哺乳动物中的近亲结婚,而由于多数哺乳动物都没有近亲结婚的事,所以这种可

---

① 韦斯特马克,《人类婚姻史》,第674页。
② 同上书,第675页。

能性很大，如果是这种情况，则后面说的自然选择过程在人类产生之前就发生了。另一种是，自然选择是在人类中发生的，选择的过程就是这样的：由于父母子女构成的家庭是早期人类主要的生活单位，某些不禁止近亲结婚的家庭又往往会影响后代，所以那些近亲之间有性厌恶的家庭得以留存下来，其后代都获得了这样一种性本能；这种性本能使他们不仅厌恶与血亲发生性关系，而且厌恶与任何自幼亲密地在一起的异性发生性关系，虽然和他们通婚其实没有坏的后果；这一点一旦成为规则，对于不住在一起的亲属也会禁止发生性关系。

这一过程非常符合达尔文以自然选择解释本能形成的一贯模式。其目的因是物种的生存和繁衍，动力因是自然选择，形成了对自幼就有亲密关系的人的性厌恶，在形成社会制度和道德之后，这种性厌恶导致了外婚制和乱伦禁忌。虽然这种性厌恶在每个个体身上表现为一种本能，但它在根本上并不是自然而然形成的，而是这些原因经过复杂的共同作用之后产生的结果，当然，这种作用并没有发生在每个个体身上，而是发生在人类的远祖身上，甚至可能发生在更古老的其他物种上，最终都化约为生存本能和性本能。我们所见到的人性，只不过是这两种本能在各种环境当中，经过长期而复杂的作用和变异后所形成的一种状态，这种状态完全可能随着环境的进一步改变而发生进一步的剧烈变化，并不是永恒和自然的。

此外，还有一点值得我们注意：虽然乱伦是一个与性有关的问题,而且近亲之间的性厌恶被说成一种性本能,但韦斯特马克在解释这种本能形成的时候,总是诉诸自然选择,很少谈性选择;他在反驳杂交制的时候,所诉诸的主要又是性嫉妒,很少涉及自然选择。① 本来,杂交与乱伦是紧密相关的两个问题,摩尔根等人所描述的杂交时代,也往往就是没有乱伦禁忌的时代。但韦斯特马克以性嫉妒来否定杂交时代,又以自然选择批判乱伦的状态,使得人类不杂交和不乱伦的原因变得非常不一样,好像这是两个完全不同的现象。于是,当他以性嫉妒否定了杂交状态时,我们并不能由此推出来,雄性的一个或多个妻子中,是否可能会有近亲;当他以自然选择否定了乱伦的时候,我们也不能由此推出来,在禁止了乱伦之后,男性是否还会陷入与异族女子的杂交状态当中。

这个矛盾的根源即在于,韦斯特马克虽然一直想弥合性选择与自然选择,但二者之间的张力是极为明显、无法化解的。自然选择虽然体现在个体的生存竞争上,但它最终会指向物种的群体生存,因而总具有道德性;性选择出于雄性个体的性欲望,不仅没有道德性,而且往往会破坏社会道德,危及群体的生存。以自然选择来解释乱伦禁忌,将家庭生活当作社会道德的开端,完全符合他所说的"婚姻始于家庭"的断言,却把近亲性厌恶这种性本能去性化

---

① 只是在谈到频繁性交会导致女子生育能力下降时,他使用了自然选择理论。

了（desexualize）。

3 家庭与社会道德

韦斯特马克以发现了"韦斯特马克效应"而著名，但他有一个野心更大的思想体系，在《人类婚姻史》之外，还写过不少大部头的理论著作。与我们的问题尤其相关的，还有两点特别需要注意，即他对家庭伦理与社会道德关系的讨论，和他提出的伦理相对主义。

无论是持社会文化建构主张的学者，还是达尔文和韦斯特马克这样的进化论者，都很清楚，乱交和乱伦意味着野蛮和混乱，乱伦禁忌是文明的开端。因而对韦斯特马克而言，自幼在一起这种亲密关系，不仅是乱伦禁忌的深层原因，而且和整个社会道德有非常密切的关系，这一观点在《人类婚姻史》中已经触及了。他在《道德观念的起源与发展》和《伦理相对性》两部书中，都更加充分地展开了这个命题。

在《道德观念的起源与发展》中，韦斯特马克讲了关于人类社会起源的一个故事。他首先指出，人与大多数动物共有的一种利他主义情感（altruistic sentiment）是父母对子女的爱，这是利他主义情感的根源。亲子之爱的原因，是幼弱无助的孩童总是和父母待在一起。凡是父母都照顾幼崽的物种，父母就会和孩子发展出亲子之爱来。早期人类的家庭是由父母和孩子组成的，由于自然选择的作用，父母就对亲密而无助的孩子有了爱护的本能。

父母之爱与两性之爱的关系到底怎样,是韦斯特马克一直非常关心的问题。他一方面强调父母之爱与性爱本质上不同,另一方面又说二者并不冲突。一男一女和孩子共同组成的家庭,显然不能只有父母之爱起作用。他说:

> 在起源上,与父母之爱紧密关联的是两性的吸引,使得一雌一雄在交配之后还待在一起,持续到幼崽生下来以后。对于生育能力只局限于一定季节的动物而言——早期人类应该和别的哺乳动物一样有发情期①——两性结合在一起那么长时间,显然不是性本能导致的,我也不能想出别的什么利己主义的动机来解释这个习惯。既然这种结合持续到幼崽出生之后,而且与父母之爱相伴随,我的结论是,雌雄继续生活在一起是为了幼崽的好处。将他们结合起来的纽带,和父母之爱一样,也是通过自然选择发展起来的本能。无疑,想要同带来某种快乐——在此就是性快乐——的那一个待在一起的倾向,是这一本能的基础。这种感觉也许最初吸引两性在性欲满足之后,还想结合在一起,使雄性保护雌性。在物种的生存竞争中,如果夫妻之间的吸引力对种群有很大好处,它就会自然发展成为一种特性。②

---

① 韦斯特马克认为人类本来和动物一样,只能在某个季节发情,他在《人类婚姻史》中有更详细的讨论。见《人类婚姻史》,第77页以下。
② Edward Westermarck, *The Origin and Development of the Moral Ideas*, London: Macmillan and Co., 1912, pp.190-191.

一方面，韦斯特马克认为夫妻之爱的生物学基础还是性本能，这种本能除了使两性相互吸引、满足性欲之外，还会让他们在一起待一段时间，雄性保护雌性。但另一方面，他又坚决认为，仅靠性本能无法解释婚姻的存在，因为他相信，人和其他动物一样有发情期，两性之间的吸引力再强，发情期过去也就没有什么力量了；真正使男女之间的关系持续到幼儿出生之后的，不是性欲或其他任何利己主义的动机，而是父母对幼儿共同的爱。自然选择使那些为了共同哺育幼儿而生活在一起的夫妇存活了下来，因为这样更有利于种群的繁衍。

这正是婚姻起源于家庭，而非家庭起源于婚姻的深层原因。在根本上，韦斯特马克把性本能看作一种利己主义的情感[①]，与父母之爱当中体现出来的利他主义格格不入，而没有利他主义，就不可能有社会道德。可是，夫妻的性爱又是生育繁衍的基础，这种利己主义的性爱，怎么会发展成利他主义的父母之爱和家庭社会呢？韦斯特马克面临着很大的理论困难，他只好又诉诸自然选择，是自然选择使夫妻之间为了共同的父母之爱，也发展出强烈的婚姻纽带。婚姻是性爱的社会形式，是由父母之爱塑造出来的，与父母之爱一起，构成了利他主义的家庭之爱。

韦斯特马克说："结合两性的激情，就其发展最完善的

[①] 韦斯特马克在《伦理相对性》中也表达了相似的观点。参见 Edward Westermarck, *Ethical Relativity*, pp.242-243。

形式而言，也许是所有人类情感中复合了最多内容的。"①妇女的地位、婚姻的模式、审美的情趣、财产制度等，都会影响到夫妻之爱，但总体而言，人类文明越发展，夫妻之爱持续的时间就越长。他认为这有两方面的原因，一方面，"是由于两性结合的激情变得更加精致，包含了对精神特性的欣赏，这些特性即使在青春和美丽都消逝后还能持续很久。"另一方面，"也是因为父母之爱延续得更长，不仅形成了父母和子女之间的纽带，而且也形成了夫妻之间的纽带。"② 在这两点中，后者更具决定性。

他指出，父母之爱最初只存在于幼儿不会行动之时，后来变得更加复杂，延续到了婴儿期和儿童期以后，但其主要原因是父母与子女生活在一起更长的时间；长期的共同生活在祖父母和孙子女之间也形成了依恋之情。由于父母对子女之爱有利于种群的延续，而子女对父母的爱与此无关，所以，相比而言，孝敬就比父母之爱弱得多；但随着食物的增多，生活群体越来越大，孝敬对种群的延续也有益了。他认为，"没有人生而孝顺"，但亚里士多德所说的，人们长到一定年龄才会孝顺（《尼各马可伦理学》，1161b26）又太绝对了。孝敬既然是对父母之爱的报偿，在儿女与父母亲密生活之时，就逐渐培养出来了。父母之爱是对幼弱无助者的爱，孝敬则是对强壮年长者的爱，不是纯粹的爱，而总是夹杂着

---

① Edward Westermarck, *The Origin and Development of the Moral Ideas*, p.192.
② Ibid., pp.192–193.

对父母的敬畏。①

家庭中的父母之爱、夫妻之爱、孝敬是最初的利他之爱。此外,还应该有兄弟之爱。在韦斯特马克看来,兄弟之爱与上面那三种爱非常不同,因为它不仅联结了父母的不同孩子,也联结了更远的亲属,甚至同一社会单位的不同成员,因为兄弟之爱已经是超越小家庭的社会道德。但他认为,人最初并非群居动物,只生活在家庭里,家庭之间并不关联,就像那些现存的类人猿一样。② 早期人类的生活不会超出核心家庭,甚至没有兄弟之爱,因为达尔文已经讲过,孩子长大成人之后就要离开父母,去建立自己的家庭,不同的孩子之间不可能建立共同的家庭。当食物已经足够丰富之后,人类才看到了群居的好处,才能联合起来共同抵御危险。而群体的扩大通常是通过自然增长,即孩子不再分出去另立家庭,最初的小家庭会逐渐扩大为家族。"他们将会不只从自我主义的角度这样做,而是通过一种本能,因为这种本能是有用的,所以会逐渐发展,当然基本在亲属界限之内发展。这就是群居的本能(gregarious instinct)。"③ 利他主义的群居本能显然也是自然选择的结果,它使人类情感超越于核心家庭之外,产生了兄弟之爱,婚姻也不断把不同的家庭联合起来,使人乐于和他人共处。于是,社会单位越来越大,人们既因为共同生活在一起而相互团结,也因为婚姻和

---

① Edward Westermarck, *The Origin and Development of the Moral Ideas*, p.194.
② Ibid., p.195.
③ Ibid., p.197.

血缘而形成情谊。家庭逐渐扩大为氏族和部落,关系也变得越来越复杂和抽象。共同生活在一起本来是形成社会纽带的最初原因,但随着群体的扩大,即使不生活在一起,共同的姓氏也可以把人们结合起来。①

这就是韦斯特马克所讲的社会起源的故事。共同生活在一起,是形成利他性社会道德的最初因素,塑造了父母之爱这最初的利他情感,它甚至把性爱转化为利他情感,然后产生了孝敬,以后再扩大到兄弟之爱、姻亲之爱,乃至氏族、部落之爱,于是人类就有了非常复杂和抽象的群体生活,以及相应的社会道德。韦斯特马克的社会发展史与梅因、古朗士的同心圆结构更接近,即认为是从小家庭发展到大群体的顺序,而与母系论者所讲的顺序非常不同。

在韦斯特马克看来,自幼生活在一起既是社会道德的源头,也是乱伦禁忌的根源。这里隐含的一个观念就是,性本能和社会道德在根本上是对立的,所以作为社会道德起源的自幼一起生活,无论是父母子女之间,还是兄弟姐妹之间,都拒绝性欲,导致性冷淡甚至性厌恶。当父母之爱使性爱以婚姻的形式存在时,性本能的反社会特征似乎被克服了。但韦斯特马克也指出,当夫妻之爱真正被驯化为家庭中的利他主义道德之后,也有可能导致夫妻之间的性冷淡。没有性爱就不可能有繁衍和社会道德,但性爱本身又与这种性道德格格不入。这对矛盾一直贯穿于韦斯特

---

① Edward Westermarck, *The Origin and Development of the Moral Ideas*, p.203.

马克的讨论当中，虽然他经常含糊地回避它。

4 进化论的伦理相对性

韦斯特马克对伦理相对性的强调也值得我们关注。一个从生物本能中寻求社会道德起源的学者，要在自然当中寻求正当的理由，岂不应该认为道德有更自然的客观标准吗？他怎么会与那些主张社会文化建构论的人类学家一样，认为伦理是相对主义的呢？不理解这一点，就无法理解进化论伦理观的实质。

在《伦理相对性》中，韦斯特马克一上来就批判了各种伦理客观性的说法。但他批判的并不是亚里士多德或托马斯·阿奎那这些古典的道德主义者，而是霍布斯以来的实用主义者和享乐主义者，甚至一些进化论者。边沁、穆勒、西智维克（Sidgwick）、鲍尔生（Paulsen）等人都遭到了他的否定。这些思想家从不同的角度证明，存在一个客观的价值标准，人类只要按照自己的欲望追求自己的快乐或幸福，总会达到有利于全人类的目的。韦斯特马克尖锐地指出，这些思潮背后是基督教的神学理念和目的论在作怪。只有相信天堂中的快乐是最大的快乐，地狱中的痛苦是最大的痛苦，对个人快乐的追求才会引导人们做有道德的事；只有万能的上帝才能把每一个人的自私行为变成有利于全人类的行为。[1] 因而这些证明道德客观性的努力都将归于失败。

---

[1] Edward Westermarck, *Ethnical Relativity*, p.51.

韦斯特马克尽可能弃绝这些深受基督教神学影响的伦理学倾向。他认为："所有道德判断、道德概念的陈述，最终都建立在情感的基础上，而众所周知，情感中不会有客观性。"① 既然没有道德真理可言，伦理学的目标就不是为人类行为制定或发现规则，而是要研究人类的道德意识。②

他认为，有两种情感是道德观念的来源，即道德赞许（moral approval）和道德不赞许或厌恶（moral disapproval or indignation），二者都属于报偿性情感（retributive emotions），又和其他非道德性的报偿性情感相连，如不赞许与愤怒、报复相连，赞许与感激相连。③ 道德不赞许是对于痛苦的报偿性反应，道德赞许是对于快乐的报偿性反应，而二者既称为道德的，就必须是针对他人的（而非自己的）快乐或痛苦做出的反应。要理解道德的起源，就要问："在价值中立（disinterestedly）的情况下，我为什么在别人被伤害时，会有痛苦让我不赞许，而在他受益时，会有快乐让我赞许？"④ 韦斯特马克的回答是，利他主义情感与同情心结合，会导致这样的赞许与不赞许。随后，他将自己在《道德观念的起源与发展》中描述的社会利他主义的起源过程重新讲了一遍，指出，利他主义的情感就是从父母之爱等家庭情感发展出来的，逐渐扩展到较疏远的他人。利他主义情感的

---

① Edward Westermarck, *Ethnical Relativity*, p.60.
② Ibid., p.61.
③ Ibid., pp.62–63.
④ Ibid., p.96.

一个基本倾向是,对给自己带来快乐的人表示友善。"人类看来有一种内在的倾向,即喜欢与同伴共处,除非他因为某种原因导致了恐惧或厌恶。而某种特定的刺激会增强这种倾向,比如父母、夫妻、孝敬之情;而限制群体大小的环境也会限制这种倾向。"①

一方面,韦斯特马克相信,利他主义道德是从家庭中的父母之情开始的;另一方面,他又强调,这种情感的成熟形态是价值中立的,即并不按照亲疏关系区分强弱。在此,父母之爱的意义并不在于它指向最亲密的人,而在于它是最初的利他之爱,因此,男女性爱是不可与之相比的。这样,当人在家庭中逐渐培养出利他主义的本能之后,他就会内在地喜欢与他人在一起,除非对方有什么特别让自己反感的东西,或是与自己分属对立的群体。在每个人所在的社会单位中,会形成一定的习俗和文化,来塑造和规范利他之情;而每个人自己的情感也可能挑战和改变社会既定的风俗。可见,当韦斯特马克强调自幼生活在一起和家庭之爱时,他并不是在讲一种差序格局式的亲疏之爱,而是在寻求利他主义情感的起源,而这种起源不可能在性爱之中,因为性爱被理解为一种自私的欲爱,而不是那种利他主义的社会性的亲近。因而,起源于家庭之爱的利他之爱,其特点反而是价值中立、不分亲疏的。也正是因为这些道德情感的价值中立,韦斯特马克才能进一步谈道德伦理的相对性。

---

① Edward Westermarck, *Ethnical Relativity*, p.104.

韦斯特马克认为，道德情感产生于利他主义情感，在全人类中都是一样的；但道德评价的内容却千差万别："道德评价的差异性很大程度上取决于另外一种思想因素，即某种本来客观和类似的行为及其后果的不同观念。这种观念差异也许来自不同的处境和外部生活状况，随后又影响了道德观。"[①] 比如，有些民族中遗弃老人的风俗，可能是由于游牧部落生活艰难、食物短缺；杀婴习俗可能也是由于生活困难，婴儿成为群体的负担；而在古代斯巴达，对幼弱婴儿的遗弃来自于城邦的尚武精神。本来看似来自道德本能的父母之爱与孝敬之情都可以被废弃，因为这些并不是道德观念实质的基础。道德观念的实质基础，是利他主义的社会情感，这种情感在任何民族中都一样，但当它体现为道德观念和评价，却会有非常大的差异，有时候甚至完全相反。他认为，那些认为人类有一些普遍的道德准则的观念，统统是错误的。

在《伦理相对性》的最后一章，韦斯特马克转入了对康德伦理学的讨论和批评。在他看来，康德没有把道德建立在欲望或直觉的基础之上，而是从纯粹理性的角度来推衍道德律令，这是与那些主张存在道德客观性的学者非常不同的地方。但是，他仍然认为康德的伦理学是一个巨大的失败，因为"他所谓的理性的命令中，情感背景是随处可见的"。[②]

---

① Edward Westermarck, *Ethnical Relativity*, p.184.
② Ibid., p.289.

韦斯特马克认为，他自己完全从情感的角度理解道德意识，才克服了康德的巨大问题。

但我们看到，韦斯特马克所谓的道德情感，虽然起源于自然的亲子之情，最后却变成了一种相当抽象的利他主义情感，在这种情感之上建立的道德观念不仅千差万别，而且完全可以颠覆亲子之情。这种情感和自然经验的距离，绝不比康德的纯粹理性更小；甚至可以说，韦斯特马克的道德学说，只不过是对康德道德哲学的一个拙劣模仿。建立在利他情感基础上的道德，与建立在纯粹理性基础上的道德同样冷酷，而且，韦斯特马克由此展开了一种几乎毫无原则的道德相对主义，使道德的人性基础变得更加虚无和抽象。即使霍布斯、洛克、边沁等被韦斯特马克批判的实用主义者，也和他共享许多重要的哲学前提。韦斯特马克和涂尔干虽然在各自的著作中相互批评，表面看上去对乱伦禁忌起源的解释针锋相对，但他们都受惠于康德主义，都在抽象社会的意义上理解道德，最终都走向了极端相对主义，使进化论在根本上不是目的论。

二 达尔文的自然正当？

1 韦斯特马克效应的回归

在涂尔干、弗洛伊德、列维-施特劳斯等人加入乱伦禁忌的讨论（详见后文）之后，社会建构派一度取得了绝对优势，韦斯特马克那顽固的达尔文主义差不多被人遗忘了。

学术界一边倒地认为,乱伦禁忌是社会文化建构的结果,而很少有人再相信,乱伦禁忌会有其生物学基础。

1956年,以克鲁伯为首的七位人类学家研究发现,动物中的近亲繁殖确实会危害种群繁衍。60年代,越来越多的动物学家和生物学家发现,动物界几乎不存在乱伦现象。一位动物学家在1968年指出,她在猴子中没有发现过一例母子乱伦的现象;古达尔(Goodall)在1971年也发现,母猩猩是不会和自己的儿子交配的。她在1986年又进一步指出,在大猩猩中,母子、父女、兄弟姐妹乱伦都不大可能发生。越来越多的研究证明,乱伦禁忌并不是人类社会独特的现象,建构论遭到了质疑。①

真正使韦斯特马克的理论复活的,是一位汉学人类学家武雅士。他在台湾对童养媳现象做了长期的深入研究。童养媳不到三岁,甚至有的不到一岁,就和小丈夫生活在一起,符合韦斯特马克所说的"自幼生活在一起"的标准。他发现,从小生活在一起的男孩女孩,很少成功结婚;而在成功结婚的夫妻当中,发生婚外情的概率非常高。在排除了其他的可能解释之后,武雅士得出结论:"这是因为,人们不愿意与从小一起长大的人结婚和发生性关系。他们早年的共同经历导致了性厌恶,使同一家庭长大的孩子不愿结婚。当他们被迫结婚时,这种性厌恶又让他们在婚外寻求性满

---

① David F. Aberle, Urie Bronfenbrenner, Eckhard H. Hess, Daniel R. Miller, David M. Schneider, and James N. Spuhler, "The Incest Taboo and the Mating Patterns of Animals," *American Anthropologist* 65 (April 1963), pp.253–265.

足。"① 在随后的研究中,武雅士有了越来越多的发现:青年男子尽可能摆脱自己的童养媳;这样结婚的夫妇离婚率非常高。韦斯特马克的结论是正确的,正是自幼生活在一起,导致这些孩子无法结合;而且人类的性行为与动物有很多相似之处,认为乱伦禁忌是人类文化和社会的建构,是没有根据的。②

与此同时,以色列社会学家塔尔蒙(Yonina Talmon)对基布兹(kibbutz)的研究得出了非常类似的结论。基布兹是以色列一种集体生活组织,每个基布兹从100人到1000人不等,非常密切地共同生活。塔尔蒙考察了125对夫妇,发现其中没有一对在同一个基布兹长大;她考察的婚外情案例没有一个发生在同一个基布兹长大的男女之间,少数发生在不同基布兹之间,多数发生在本地人和较晚进入基布兹的外地人之间;人们都自觉地选择自己的基布兹之外的异性恋爱和结婚。她得出结论说:"人们倾向于选择基布兹群体以外的人做配偶,是一种态度和行为的倾向,而不是制度化的行为模式。这一倾向与成熟的乱伦禁忌和外婚制度极为不同,因为后者以明确的规范和禁令来起作用。"③ 在同一基布兹长大的男女并非兄弟姐妹,制度上没有被禁止结婚,但他们

---

① Arthur Wolf, "Childhood Association, Sexual Attraction, and the Incest Taboo: A Chinese Case," *American Anthropologist 68* (August, 1966), pp.883–898.

② Arthur Wolf, *Sexual Attraction and Childhood Association : a Chinese Brief for Edward Westermarck*, Stanford: Stanford University Press, 1995.

③ Yonina Talmon, "Mate Selection in Collective Settlements," *American Sociological Review 29* (August, 1964), pp.491–508.

自己就不愿意相互结婚,甚至不愿意发生恋情。这充分证明了韦斯特马克的观点:自幼生活在一起会导致性冷淡。以后学者对基布兹的进一步研究不断证实了这一结论。[①]

无论动物学的研究还是人类学、心理学的研究,都倾向于证明这样几个命题:乱伦禁忌不是人类特有的,而是人和动物共有的一种性行为取向;自幼一起成长确实会减弱性吸引力,这不是靠外在的强制规定,而是来自内在的心理取向;乱伦禁忌并不是人为设立的,而是有生物学的基础。在社会文化建构论随着女性主义、后现代主义等风潮而更加强劲的 21 世纪之初,乱伦禁忌的研究在人类学界独树一帜,生物决定论和进化论的解释以不可阻挡的趋势,为人类学家保留了一种他们不得不承认是普遍性的社会现象。在人类学内部,这显得很奇特,但在西方整个思潮中并不是一个奇怪现象。正像《寻求人性:达尔文主义在美国社会思潮中的衰落与复兴》(*In Search of Human Nature: The Decline and Revival of Darwinism in American Thought*)的副标题显示的,"二战"以来饱受非议的达尔文进化论在总体上大有复兴之势。威尔逊(Edward Wilson)的《社会生物学:新的综合》(*Sociobiology: The New Synthesis*)企图完全从生物学的角度解释种种社会现象和道德伦理,颇有以生物学吞并社会科学的势头。此书多次再版,畅销全球。威尔逊开辟了一个研

[①] Seymour Parker, "The Precultural Basis of the Incest Taboo: Toward a Biological Theory," *American Anthropologist* 78 (June 1976), pp.285-305; Joseph Shepher, *Incest: A Biosocial View*, Academic Press, 1983.

究领域，从生物进化论的角度研究社会和道德现象成为当今的一门显学，有分量的优秀著作层出不穷。① 生物决定论与后现代主义、相对主义并驾齐驱，成为当代西方社会科学一个令人眼花缭乱的景观。这到底意味着什么呢？

1987年，一批施特劳斯主义者编辑出版了一本论文集《自由民主的危机：一个施特劳斯主义的视角》(*The Crisis in Liberal Democracy: A Straussian Perspective*)，其中有马斯特斯（Roger Masters）的一篇文章《进化生物学与自然正当》(Evolutionary Biology and Natural Right)。马斯特斯从施特劳斯在《自然正当与历史》(*Natural Right and History*) 序言中的一个段落谈起。施特劳斯说到现代人理解世界的方式：

> 古典形式的自然正当论是与一种目的论的宇宙观联系在一起的。……目的论的宇宙观（有关人类的目的论的观念构成了它的一部分）似乎已被现代自然科学所摧毁。……如果仅仅把人看作是由欲望和冲动所支配

---

① 比如 Frans de Waal, *Good Natured: The Origins of Right and Wrong in Humans and Other Animals*, Cambridge, Mass.: Harvard University, 1996; Patricia Williams, *Doing Without Adam and Eve: Sociobiology and Original Sin*, Minneapolis, MN: Fortress Press, 2001, 等等。对社会生物学的研究可参考 Roger Trigg, *The Shaping of Man: Philosophical Aspects of Sociobiology*, Oxford: Blackwell, 1982; Howard Kaye, *The Social Meaning of Biology: From Social Darwainism to Sociobiology*, New Haven: Yale University Press, 1986; Brian Baxter, *A Darwinian Worldview: Sociobiology, Environmental Ethics and the Work of Edward O. Wilson*, Ashgate, 2007。

的话,好像就不可能对人类的目的加以适当的考虑。[1]

马斯特斯认为,施特劳斯对现代自然科学的这一判断来自尼采,并不全面。现代物理学确实已经丧失了亚里士多德物理学的目的论,但达尔文主义的进化论不是这样的。有些生物学体现了自然主义的倾向,比如行为主义心理学的刺激—反应模式就是霍布斯主义在生物学中的反应。但按照达尔文主义的进化论,这种人性论不再成立,"或者,更具体地说,洛克的白版说已经不再适于解释我们观察到的人类行为。"他认为,按照进化论,人类学到的东西会变成内在的自然本能,亚里士多德所说的,动物就有学习的能力,也得到了证明。[2]

此后,马斯特斯和其他一些学者在这一方向上进一步发展[3],与威尔逊的《社会生物学》相呼应,也开辟了重新理解现代生物决定论的一个小流派。另一位政治哲学家安哈特(Larry Anhart)写了《达尔文主义的自然正当:人性的

---

[1] 施特劳斯,《自然权利与历史》,彭刚译,北京:生活·读书·新知三联书店,2006年版,第7—8页。Natural right 一词本来有"自然正当"与"自然权利"的双重含义,笔者将这个词的译法稍做改变,更符合马斯特斯的意思。

[2] Roger Masters, "Evolutionary Biology and Natural Right," in *The Crisis of Liberal Democracy: A Straussian Perspective*, edited by Kenneth Deutsch, Albany: State University of New York Press, 1987, pp.48–67.

[3] Roger Masters, Margaret Gruteredit, *The Sense of Justice: Biological Foundations of Law*, London: Sage publications, 1992; Stephen Dilley eds, *Darwinian Evolution and Classical Liberalism: Theories in Tension*, Lextington Books, 2013.

生物伦理学》(*Darwinian Natural Right: The Biological Ethics of Human Nature*)一书，进一步发展了马斯特斯的学说。马斯特斯和安哈特表面上都批评施特劳斯对现代自然科学没有了解，但他们真正想做的，是要证明，施特劳斯所呼唤的亚里士多德式的目的论生物学，在达尔文进化论和后来的社会生物学中体现得非常完整，似乎以现代进化论为基础，可以重建古典的人性观。安哈特认为，虽然现代物理学已经距离亚里士多德的物理学非常遥远，现代生物学却并未脱离亚里士多德的框架。虽然亚里士多德并没有讲过进化论，但达尔文的很多观点都是对亚里士多德几部生物学著作的诠释和展开，特别是关于社会性道德的部分。[1] 在这本书中，安哈特并没有展开对乱伦禁忌的讨论，但是，在武雅士和杜汉编辑的《近亲通婚、乱伦和乱伦禁忌》中，他写了《乱伦禁忌作为达尔文主义的自然正当》(The Incest Taboo as Darwinian Natural Right)一文，认为韦斯特马克效应和20世纪60年代以来对乱伦禁忌的研究，都是达尔文主义自然正当的鲜明例证，像乱伦禁忌这样的社会道德，在人性本能中就有存在基础，可以从生物学角度证明其正当性。[2]

马斯特斯、安哈特，以及其他一些持类似观点的学者，

---

[1] Larry Anhart, *Darwinian Natural Right: The Biological Ethics of Human Nature*, Albany: State University of New York Press, 1998.
[2] Larry Anhart, "The Incest Taboo as Darwinian Natural Right," in *Inbreeding, Incest, and Incest Taboo*, edited by Arthur Wolf and William Durham, Stanford: Stanford University Press, 2005, pp.190–218.

比施特劳斯乐观得多,但也未免有点一厢情愿。达尔文和韦斯特马克的理论,真有这样的意义吗?若是这样,为什么韦斯特马克自己就是相对主义者呢?

2 达尔文主义的人性观

我认为,进化论不仅没有恢复亚里士多德式的自然正当,反而加深了现代自然科学带来的人性虚无主义,马斯特斯和安哈特看到的是极为肤浅的表面现象。达尔文主义是一种更精致,同时也更彻底的霍布斯主义。

即使在近半个世纪乱伦禁忌的研究中,我们也可以看到,生物进化论追求的不是古典意义上的自然正当。无论台湾的研究还是以色列的研究,确实都可以验证韦斯特马克效应,但这两例所研究的都不是真正的近亲,而是模拟的亲属之间的性冷淡。韦斯特马克虽然证明自幼生活在一起会导致性冷淡,但他没有从根本上证明,近亲之间是不能结婚的。精神医学家埃里克森(Mark Erickson)指出,台湾和以色列的现象只是这个故事的一种讲法,即哪怕毫无血缘关系的人,自幼生活在一起也会使他们产生性冷淡;但它也可以反过来讲:哪怕血缘再近的人,如果从小就不生活在一起,也容易产生性吸引。①

埃里克森举了好几个生动的案例来证明这一点。1975

---

① Mark Erickson, "Evolutionary Thought and the Current Clinical Understanding of Incest," in *Inbreeding, Incest, and Incest Taboo*, p.171.

年，英国政府颁布法律，允许被收养的孩子到了18岁去寻找亲生父母，结果，在这些久别重逢的亲人之间，乱伦之事不断发生。甚至有研究表明，50%的重逢亲属感到了强烈的性吸引。一位名叫苏珊的女孩在22岁寻找亲生父亲，一见到父亲，就感到了非常强烈的吸引力。帕蒂到了18岁才见到亲哥哥艾伦，维持了很长时间的乱伦关系，生了四个孩子。一位钢琴家与他的女儿一直比较疏离，在女儿十岁时还遗弃了她和她的母亲，二十年后，父女重逢，父亲惊讶地发现女儿和自己长得很像，两个人迅速相爱了。埃里克森指出，文学作品中著名的乱伦故事，大多发生在亲人久别重逢的情况之下。俄狄浦斯自幼被遗弃，正是使他与母亲发生性吸引的原因。

久别重逢的亲人会非常迷恋对方，这一临床发现是韦斯特马克所未能预料的。他们总是说一眼就能认出来。他们注意到彼此体味相近，动作相似，相似的程度超过了身体的特征。这种异乎寻常的吸引力来自哪里，还远不清楚，但它也许来自很多物种具有的一种倾向，喜欢自己与他者的相似之处。生物学家把这称为"表型匹配"（phenotypic matching）。[1]

---

[1] Mark Erickson, "Evolutionary Thought and the Current Clinical Understanding of Incest," in *Inbreeding, Incest, and Incest Taboo*, pp.169–171. 其实，霭理士在《性心理学》中已经发现了类似的现象，并以此批评弗洛伊德的俄狄浦斯情结。见《性心理学》，第109页。

同样的现象在动物中也有。比如，草原田鼠在自然环境中很少与兄弟姐妹乱伦，但如果人为地把它们从出生时就隔离开来，养在笼子里，它们不会和那些长在同一个笼子里的同伴交配，但会和不长在一起的亲兄弟姐妹交配。[1]从韦斯特马克效应来看，这一发现完全在意料之中。既然性冷淡不是因为血缘上的相近，而仅是由于自幼生活在一起，那么，没有自幼生活在一起的亲人，当然就没有这种性冷淡了。虽然很多动物都不乱伦，但其根本原因不是因为它们不会乱伦，而是因为父母子女往往生活在一起。生活在一起这一外部因素，才是是否交配的决定性因素。

这正是达尔文和韦斯特马克学说的一个根本问题。进化论所谓的本能，并不是本质上的人性，而只是不通过经验也会有的一种习性，这种习性虽然是人一出生就有的，但不是人性本质上的特点，而是长期的自然选择在人类身上塑造出来的。韦斯特马克虽然不认为乱伦禁忌是社会文化塑造的，但他认为这是自然选择塑造的。自然选择有可能塑造出完全不同的道德风俗和生活形态，只要是自然选择的结果，就是正当的，哪怕是杀子弑父。结果，韦斯特马克对道德相对性的容忍，一点也不弱于那些建构论的人类学家。在根本上，达尔文和韦斯特马克也是建构论者，只是用自然选择和性选择的建构，取代了文化和社会的建

---

[1] Mark Erickson, "Evolutionary Thought and the Current Clinical Understanding of Incest," in *Inbreeding, Incest, and Incest Taboo*, p.162.

构而已。

既然这样,进化论怎么可能会像马斯特斯和安哈特想当然的那样,把乱伦禁忌、社会道德、家国关系等当作天经地义的自然正当呢?进化论主义者甚至不会像洛克那样,把十诫的后六条当作自然法[①],他们真正认可的自然法是自然选择和性选择,其基本原则是:"物竞天择,适者生存。"任何习性都不是实质的本能,都可以化约为自然选择和性选择,因为人和动物的本能只有生存本能和性本能。依靠生存本能,它们会展开残酷的生存竞争;依靠性本能,它们会展开同样残酷的性竞争。这是一种更加彻底的霍布斯主义。毕竟,进化论曾经为纳粹提供了理论武器。

表面看上去,按照进化论,人类一开始就从其动物祖先那里继承了很多道德本能,不像霍布斯说的那样,处在狼和狼的战争状态;但这只是因为达尔文把战争状态留给了人类的祖先,让真正的禽兽之间的角逐决定人类的未来状态。而且,这种角逐是永无止息的,社会道德并不是休战和制订契约的结果,而是将战败者彻底淘汰出局的结果。如果说,进化论的生物建构论与社会文化建构论有什么不同的话,那是因为,社会文化建构论者总相信人类社会中有一些迥异于禽兽的东西,使人能在自然世界之外建构和谐的社会秩序;但达尔文和韦斯特马克却认为,人类在自然选择的竞争中就

---

① John Locke, "The Second Tract on Government," in *Political Essays*, edited by Mark Goldie, Cambridge: Cambridge University Press, 1997, p.63.

可以优胜劣汰,这就足以建立文明社会了,不需要自然选择和性选择之外的人为力量。

这应该正是赫胥黎最终修改了达尔文的伦理学的原因。赫胥黎认为人类社会的原则与宇宙的原则在根本上是不同的,就是希望将进化论修正到霍布斯的状态,把社会道德的原则说成某种不同于生存竞争、弱肉强食的力量。

3 亚里士多德与进化论

诚然,达尔文的生物学分类方式,以及他对人与动物之间的联系的讨论,和亚里士多德的生物学有很多相通之处,但其间的差别也是相当根本的。

亚里士多德的《动物志》确实像一个古典版的《物种起源》,他把各种动物的生物学特征进行分门别类的讨论,认为人是其中最高级的一种;特别是在谈到动物的群居和社会性时,人和其他动物之间的相似性也是非常惹人注意的。亚里士多德描述他的体系说:

> 自然由无生物进展到动物是一个渐进的过程,因而由于其连续性,我们难以察觉这些事物间的界限及中间物究竟属于哪一边。在无生物类之后首先是植物类,在这类事物中一者与另一者的差别看来在于谁更多地分有生命,整个这一类较之于其他物体差不多显得像是有生命似的,但较之于动物却又像是无生命似的。从这类事物变为动物的过程是连续的。(《动物

志》,588b4—13)[1]

从无生命物到高等动物,是一个连续的链条,这是亚里士多德宇宙论的基本观点。[2] 他认为,不同的生物之间的差异,在于它们是否"更多地具有生命和运动"。比如,通过种子繁殖的植物,除了产生出完全相同的另一植物之外,再没有任何功能了;而一旦有了感觉,动物的生活在性交方面会由于快感而出现差异,在养育后代方面也有差异。比如,有些低等动物和植物类似,只按照季节繁殖后代;另一些则会哺育后代,哺育成熟后就分开;而那些更高级的动物,会和幼崽在一起更长时间,更有社会性(《动物志》,588b25—589a3)。在这些方面,亚里士多德都和达尔文呈现出相似的思维方式。

亚里士多德又认为,动物生活的基本需求就是繁殖和食物,这和性本能与自然本能也有对应之处。但他认为,人和其他生物的真正区别在于,"人类的自然本性最为完备",因而人类最富有生命激情;雄性也比雌性更有激情(《动物志》,608b6)。其根本原因在于,人的灵魂是最高的,最好地分有了生命和运动。在《论灵魂》中,亚里士多德说躯体是生物的质料,而灵魂是它的形式和本质。灵魂"是躯体运

---

[1] 参考苗力田主编《亚里士多德全集》译本,以及吴寿彭译本(北京:商务印书馆,2011年版)。
[2] 参考 Arthur Lovejoy, *The Great Chain of Being*, Cambridge, Mass.: Harvard University Press, 1964。

动的始点,是躯体的目的,是一切拥有灵魂的躯体的实体"(《论灵魂》,415b11)①。比起动物和植物的灵魂来,人的灵魂是最完备的:植物的灵魂只有营养能力,动物的灵魂还有感觉能力,但人的灵魂除了这些能力,还有理性能力。相对人而言,其他的灵魂都是不完备的,因为只有人有理性判断和计算的能力,而"决定一个人是做这个还是那个,这要求计算能力,人们必须依据某一单一标准进行度量,因为人们总是追求更大的善"(《论灵魂》,434a8—10)。亚里士多德生物学中的目的论很明显:人具有完备的灵魂,只有人能追求最大的善,成为政治的动物;只有在人这里,自然才得到了充分的实现。而那些动物当中和人相似的地方,仅是对人类生活的模仿。比如燕子在筑巢、哺雏的时候分工合作、公平分配;鸽子雌雄之间始终如一,分娩期间雄鸽对雌鸽呵护有加,父母对雏鸽也是无微不至。这些动物有一定的社会性,但不是政治动物。哪怕像蚂蚁和蜜蜂那样的社会动物,也不是政治动物,因为它们并没有理性灵魂。

在亚里士多德的生物学体系中,人是自然的最终目的;但在达尔文的生物学体系中,人只是自然选择的偶然结果(在这一点上,达尔文倒是更接近于亚里士多德所批评的恩培多克勒),因而人有可能继续进化为更高的动物。在亚里士多德的生物学中,自然是灵魂,是形式;但在达尔文的生物学中,自然被化约为性本能和生存本能。显然,达尔文

---

① 参考 Loeb 本及苗力田主编亚里士多德全集本。

的自然观,也是自然跌落之后的产物。

在达尔文的生物学中,也有亚里士多德"四因说"的明显痕迹。在自然选择的过程中,自然选择是进化的动力因,种群生存是进化的目的因,各种本能是动物的实质和形式因;在性选择的过程中,性选择是动力因,交配是目的因,第二性征是形式因。人在自然选择和性选择中形成的各种本能和特性,就是人的灵魂。灵魂与身体共同构成人性,这在亚里士多德生物学和达尔文生物学中是一致的,但其构成方式不同。在亚里士多德那里,人的灵魂是自然的最充分实现,是追求最大的善的灵魂;而在达尔文这里,人的灵魂是在自然选择和性选择的斗争中获得的本能。达尔文的进化论生物学确实是亚里士多德形质论生物学传统的一个现代形态,但在很多根本方面已经有了巨大差异。施特劳斯对现代自然科学的评价,可以非常恰当地用到进化论生物学上:"如果仅仅把人看作是由欲望和冲动所支配的话,好像就不可能对人类的目的加以适当的考虑。"

在韦斯特马克看来,乱伦禁忌和所有其他社会道德一样,都不是最本质的人性,而是长期自然选择的结果,其实质在于,自幼生活在一起的人会形成一种相互关心的利他主义情感,这与性本能格格不入,所以他们之间会有天然的性冷淡。社会伦理起源于家庭伦理,这是达尔文和韦斯特马克都承认的,但他们并没有由此构想出一个差序格局来;利他伦理一旦形成,就应该是不分亲疏的公正伦理。因此,只要是自然选择的结果,利他伦理可以有千奇百怪的表现方式。韦斯特马克并不是古典的自然法论者,而是道德相对主义者。

进化主义者与文化建构派之间的差别在于,达尔文和韦斯特马克试图以一贯的逻辑来沟通自然世界和人类世界,但文化建构派将赫胥黎的怀疑推进了,认为在自然和文化之间有一个巨大的断裂。而达尔文和韦斯特马克的思路,就是将霍布斯笔下人类的自然状态推回到动物界,再以这个思路来理解人类的社会与道德。所以,当韦斯特马克说人本能上就并不乱伦时,这并不是因为亲人关系的本质,而只是因为生活在一起这种外在因素。尽管韦斯特马克努力将自然与道德统一起来,但赫胥黎所感到的矛盾在他笔下暴露得越来越明显。这就体现在本质上自我主义的性本能和利他主义的社会道德之间的对立。后来社会生物学的讨论一再强调这一点,比如威尔逊在《社会生物学》的"性与社会"一章的第一句话就是:"在进化中,性是一种反社会的力量。"[1]埃里克森也说:"要对乱伦禁忌的心理概念化,一个重要的转变是认识到,家庭认同之所以可以进化,是因为那塑造了亲属关系的选择力量(利他主义、依赖、乱伦禁忌),与塑造了性关系或配偶关系的力量是非常不同的。"[2]这对张力是乱伦禁忌讨论中的一个根本问题,也是达尔文主义的形质论中形式与

---

[1] Edward Wilson, *Sociobiology: the New Synthesis*, Belknap: Harvard University Press, 2000, p.314.

[2] Mark Erickson, "Evolutionary Thought and the Current Clinical Understanding of Incest," in *Inbreeding, Incest, and Incest Taboo*, p.175.

质料之间张力的尖锐体现：由于达尔文主义将战争状态推回到动物世界，生物的质料被不断压缩，生存本能和性本能既是最稀薄的生物质料，也是塑造生物形式的力量。

三 神圣家庭与乱伦禁忌

比起进化论的讨论来，社会文化建构派的乱伦禁忌研究者更加强调社会文化与自然状态之间的断裂性。弗雷泽对韦斯特马克的一个批评颇能代表这一派学者的基本思路。对于韦斯特马克认为乱伦禁忌起源于人和动物的生物本能，弗雷泽质疑说：既然人类在本能上就不倾向于乱伦，那为什么还要专门有文化和法律规则来禁止乱伦呢？[1] 韦斯特马克认为，这一反驳相当荒谬，是对法律禁制起源的一种奇怪误解，因为这一观点假定，凡是法律所明文禁止的，都是人们在本性中倾向于做的事情，那么，法律规定不准弑亲，难道人们在本能上就都倾向于弑亲吗？法律不准兽奸，难道人们就都在本能上倾向于兽奸吗？[2]

被韦斯特马克归谬出来的这些说法，不幸都在弗洛伊德笔下得到了肯定。在弗洛伊德看来，人类在本能上就会弑父，就可能发展出各种性变态来，是社会规范阻止了这些本能。弗洛伊德将社会建构派的观点推到了极致，给出了西方

---

[1] James G. Frazer, *Totemism and Exogamy: A Treatise on Certain Early Forms of Superstition and Society*, Vol. IV, London: MacMillan and Co., 1910, p.97.
[2] 韦斯特马克，《人类婚姻史》，第647页。

思想史上最极端的人性论,也长期以来压制着韦斯特马克的学说,使它得不到广泛认同。弗洛伊德和达尔文一样,也希望以一贯的逻辑来解释自然与社会道德,好像社会道德就是自然本能发展出来的;但他也像达尔文一样,在本能中设置了非常复杂的内在张力。

韦斯特马克用来反驳弗雷泽的理由,除了指出理解法律禁制的这一思路的荒谬之外,并无强有力的理据。他说:"弗雷泽爵士不应该忽视本能的变异性,特别是性本能的变异性;也不应忽视这样一个事实,即在某些情况下,自然情感会变得迟钝或被抑制下去。"① 他这样说是为了解释,按照他的学说,人类是不该乱伦的,但为什么在现实中还是会有乱伦之事发生。而这一点恰恰暴露了他自己学说的逻辑弱点。韦斯特马克以性本能的变异来解释确实存在的乱伦现象,其实与他一贯的理论不甚协调。如果按照他自己的说法,人们不倾向于乱伦仅仅是由于从小生活在一起,那完全可以用更融贯的方式反驳弗雷泽:那些没有从小生活在一起的亲人,当然就有可能乱伦,所以还是需要伦理和法律的限制。但这样就已经进入弗雷泽的彀中,因为这无异于承认人类在本性上还是不排斥乱伦的,只是家庭制度使人产生了乱伦禁忌而已;当然,由于进化论认为家庭制度并不是在人类中才产生的,而是在动物中就有,所以对于人类而言,这似乎是固有的本能;只是对于极少数没有和亲人从小生活在一

---

① 韦斯特马克,《人类婚姻史》,第647页。

起的人，乱伦才会成为一个问题。如果说这是性本能的变异，那只是因为家庭生活没有成功地塑造其性本能。用弗洛伊德的话说就是，俄狄浦斯情结没有被控制好。

这样，就社会制度与性本能的关系而言，韦斯特马克与社会建构论者并无实质的不同。或许正是因此，泰勒虽然强调乱伦禁忌的社会功能，但在讨论韦斯特马克的著作时，却敏锐地指出，韦斯特马克告诉我们的，不是生物上的亲属关系会影响乱伦禁忌，而是社会意义上的共同生活对性生活的作用。[1]严格说来，现代西方很少有非建构论者，因为他们可以把作为质料的人性化约为虚无得没有一点实质的品性。韦斯特马克与社会建构论者的不同仅在于，社会制度对乱伦的限制，究竟是发生在人类社会，还是在动物社会中就已经发生了。当然，这也是一个有重要意义的区别，因为它牵涉社会和文化是否必须是理性动物的产物，抑或仅仅是在生物进化过程中通过自然选择逐渐形成的生活习性。

在社会建构论者当中，泰勒、弗雷泽、涂尔干、马林

---

[1] 泰勒在其早期著作《人类的早期历史和文明发展研究》中就强调，乱伦禁忌和族外婚对于使人类联合起来有很重要的意义，但人类对近亲繁殖的危害的认识也会有助于乱伦禁忌。见 Edward Tylor, *Researches into the Early History of Mankind and the Development of Civilization*, London: John Murray, 1865, pp.283-286. 泰勒在批驳母权论的时候谈到了乱伦禁忌问题，赞赏地引用了韦斯特马克的理论，却把它当成了一种社会建构理论。Edward Tylor, "The Matriarchal Family System," *The Nineteenth Century*, n.40, 1896, p.83.

诺夫斯基、弗斯、列维－施特劳斯等社会学家和人类学家关注的是社会生活对乱伦禁忌的塑造。按照他们的学说，人性自然与社会生活有根本的差异；弗洛伊德关注的是乱伦禁忌的人性基础和心理实质，他虽然也承认那些差异，但认为社会的塑造同样来自人性本能。我们将以涂尔干和弗洛伊德为代表，勾勒出这派思想的概貌。

1 亲情和性爱

弗雷泽大量讨论了外婚制与图腾制之间的关系；涂尔干继承和修正了弗雷泽的研究思路，写出了《乱伦禁忌及其起源》一文，认为乱伦禁忌与图腾制关系密切，与人类社会、宗教、文化的起源都相关。虽然涂尔干的乱伦禁忌起源说没有得到其他乱伦禁忌研究者的接受，甚至今天对这一问题的研究者往往忽视他的主张，但他的研究是一个典型的社会建构论的思路，而且与我们前面所讨论的母系社会问题有明确的关联。

涂尔干首先提出了为什么要研究乱伦禁忌："为什么在绝大多数社会中，乱伦不仅是被禁止的，而且还被当作是所有不道德的行为中最严重的一种呢？"[①] 这是潜藏于乱伦禁忌所有研究者背后的一个基本问题。他说，仅仅从现有的人类生活中研究乱伦禁忌是不恰当的，而是要"转向这一演进过程的起源，直至找到历史上曾经出现过的对乱伦进行压制

---

① 涂尔干，《乱伦禁忌及其起源》，第3页。

的最原始形式。这种最原始的形式就是外婚制法则"[①]。涂尔干有意使用了"形式"这个词,就像他后来在《宗教生活的基本形式》一书题目中使用的一样,这是直接来自康德哲学,并间接来自亚里士多德的概念。与这个形式相对的,即没有婚姻形式的性生活,外婚制之前的状态,就应该是允许乱伦的状态。乱伦禁忌是一种婚姻形式,氏族外婚制是这种婚姻的第一种形式,那么,不证自明的一个前提是,没有任何婚姻形式的人类允许乱伦,也允许任何形式的性交。

他似乎认为不需要论证,为什么人类不是就自然本质而言就禁止乱伦的;而是花了很大篇幅来证明,乱伦禁忌就是外婚制,因而外婚制的起源就是乱伦禁忌的起源。外婚制是在历史发展中出现的一种制度,那么,乱伦禁忌也是历史发展到某个阶段才出现的禁忌。当然,这又是一种普遍的禁忌,没有哪种人类文明会允许乱伦的存在,因而,产生乱伦禁忌的历史阶段和社会制度是非常特殊的,乱伦禁忌的产生,就是人类文明的产生;导致乱伦禁忌产生的社会制度,就是社会本身。在涂尔干看来,乱伦禁忌标志着人类从野蛮进入文明,它就是文明社会的开端。因此,虽然他把乱伦禁忌放在了历史进程当中,但产生乱伦禁忌的那个时刻就是文明历史的开端本身。

在涂尔干看来,外婚制是氏族制时代普遍的婚姻形式,是乱伦禁忌的最初形态,而氏族有两个最重要的特点。第

[①] 涂尔干,《乱伦禁忌及其起源》,第4页。

一,氏族实行图腾制宗教;第二,氏族就是最早的家族。这两点本身是相互关联的,而且都和乱伦禁忌息息相关。

一个氏族中的人彼此当亲戚看待,他们是凭借一种非常特别的记号来确认这种亲属关系的,那就是图腾。图腾是集体的标记,也是集体的名字。氏族这种最早的家族形态,其亲属关系的基础不是血缘关系,而是图腾。[①]后来在《宗教生活的基本形式》当中,涂尔干更明确地指出,图腾就是人类最初的宗教,它是社会神圣性的投射,将人们聚合在一个道德共同体之内,因而图腾宗教所整合起来的群体,就是最初的社会和道德共同体。[②]而外婚制的实质,就是属于同一图腾的男女之间不准发生性关系。这是最初的乱伦禁忌,所禁止的并不是血缘关系上的近亲之间的婚姻,而是社会共同体之内的婚姻。[③]在其较复杂的阶段,禁忌涉及的往往不只是一个氏族,而是一些氏族,即属于某一图腾的人不仅不能和同一图腾的人结婚,而且不能和属于另外几个图腾的人结婚,而是只能和某个图腾的人结婚,这就形成了姻族制度。涂尔干认为,姻族制度是氏族发展和分化所导致的。那些不能相互通婚的氏族,往往是同一氏族分化而成的。

涂尔干又强调:"氏族虽然和我们今天所说的家族完全不同,但仍然构成了一种家族社会。不仅氏族成员自认为

---

① 涂尔干,《乱伦禁忌及其起源》,第4—5页。
② 涂尔干,《宗教生活的基本形式》,渠东、汲喆译,上海:上海人民出版社,1999年版,第113页以下。
③ 涂尔干,《乱伦禁忌及其起源》,第5页。

他们都是同一祖先的后裔,而且他们彼此间的关系也和历来被视为亲属间所特有的那种关系一模一样。"① 因此,虽然外婚制所禁止的未必是血缘亲属之间的性交,但它就是乱伦禁忌,因为任何社会中的乱伦禁忌都不是完全依照血缘关系,而是根据一定文化意义上的家族概念确立的。比如,母系亲属和父系亲属的乱伦禁忌就常常不一样,父系亲属可能很多代之后都不能通婚,但母系亲属可能表兄妹之间就可以通婚;同姓不婚之制可能根本不考虑实际的血缘关系,而只考虑姓氏的异同,这和氏族社会中只考虑图腾的异同是一样的。

> 任何对乱伦的压制,其前提条件都是家庭关系要得到社会的承认,并被社会组织起来。只有当社会把一种社会性赋予了这种亲属关系以后,它才能够去阻止亲属间的性结合;否则,这对社会就没有什么意义了。而氏族正是在社会的意义上建立起来的最早的一种家庭。……正是氏族关系,确立了社会所认可的全部家庭义务,确立了全部那些具有社会重要性的东西。如果说氏族关系是最早的和最重要的亲属关系,那么,完全有可能也是氏族关系,最早产生了对乱伦的压制规则。②

---

① 涂尔干,《乱伦禁忌及其起源》,第 12 页。
② 同上书,第 13 页。

氏族是最早的家族，图腾制是最早的宗教，图腾被当作氏族成员共同的祖先，外婚制是乱伦禁忌的最初形态，乱伦禁忌就是最早、最初级的社会道德，而社会又是道德共同体。这几个方面放在一起，我们也就可以理解，在涂尔干看来，人类在进入文明状态之后，就生活在氏族共同体当中，靠对共同的祖先图腾的信仰，维护着这个道德共同体，而其道德的核心，就是不准氏族成员之间通婚。

这就是乱伦禁忌的实质：在氏族社会，同一氏族成员之间不能通婚；在现代社会，同一家庭成员之间不能通婚。它"表达了人们的一种模糊情感：如果允许乱伦，那么家庭也就不再是家庭，婚姻也就不再是婚姻了。但是，之所以产生这种舆论状态，是由于我们的家庭生活对乱伦似乎具有天然的反感，而不是由于家庭生活会刺激乱伦的产生"[1]。

在此，涂尔干已经注意到了韦斯特马克效应：家庭生活会导致人们对乱伦的反感。他的解释与韦斯特马克很不一样："在夫妻的功能和亲属的功能之间，正如它们今天被建构的那样，的确存在着一种真实的不相容性，因此，人们不可能既允许这两者相融为一而又不使它们受到破坏。"[2]

为什么夫妻关系和其他的家庭关系不一样呢？涂尔干进一步指出，在家庭生活中，各种关系都受到义务观念的支配，因而全都有严密的道德规定。当然，家庭中也必然存在

---

[1] 涂尔干，《乱伦禁忌及其起源》，第61页。
[2] 同上书，第61页。

人伦的"解体"

相互的好感、特别的爱恋，但是，家庭中的这些感情往往都被罩上了一种浓重的相互尊重的色彩，因而，家庭之爱不是私人情感的一种自发冲动，而是一种义务。即对于父母、兄弟、姐妹、子女，人们没有权利不爱，这是人人都应该遵守的普遍道德原则。哪怕在看上去相互平等的手足之间，爱敬并不是因为对方的优点，是家庭的联合要求他们爱和被爱、敬和互敬。一句话，家庭是具有神圣色彩的宗教性共同体，家庭关系是具有宗教性的道德关系。涂尔干说：

> 直到今天，家之所以和从前一样，总是具有某种宗教性质，也正是由于这个缘故。即使不再有家祠，不再有家神，人们对家庭也会始终不渝地充满了宗教之情；家庭是不容触动的一方圣土，其原因就在于家庭是学习尊敬的学校，而尊敬又是最重要的宗教情感。此外，它也是全部集体纪律的神经。[1]

家庭中的爱都伴有一定程度的敬，家庭中的情感都是义务性的，因而家庭之爱有宗教性，哪怕在祖祠和家神都消失之后仍是如此。涂尔干特别强调："其原因就在于家庭是学习尊敬的学校，而尊敬又是最重要的宗教情感。"家庭之所以神圣，主要是因为，家庭是所有其他神圣性社会团体的蓝本。人们在家庭中学会尊敬，练习各种道德义务和生活纪

---

[1] 涂尔干，《乱伦禁忌及其起源》，第62页。

律，然后再在更大的社会团体中践行尊敬、纪律和义务。家庭是最初的道德共同体，而氏族是最初的家，乱伦禁忌就是最早维护家庭共同体之神圣性的道德义务。为什么乱伦禁忌可以成为这样的道德义务呢？

这是因为，性关系和家庭里的道德关系是截然不同的："男人和女人的结合是为了在其中寻求快乐，由这些结合所形成的社会，至少在原则上，完全依据的是有择亲合。他们之所以联合在一起，是因为他们愿意如此，而兄弟姐妹则是应该彼此喜爱对方，因为他们都被联合在了一个家庭的内部。"[①] 兄弟姐妹之间的爱是一种义务和道德，但男女之间的性爱完全来自自由意志。二者虽然都是爱，但本质上格格不入。换言之，男女之间的性爱是没有神圣性的，是反宗教，甚至反社会的。他进一步说："对于性关系来说，唯有自发的爱，才能成其为爱。它排除了所有义务和规则的观念。这是一个自由的领域，在那里，想象可以毫无束缚地任意发挥，双方的兴趣以及他们的欢乐几乎就是支配的法则。然而，没有义务和规则之处，就必然没有道德。"[②] 性关系的核心原则是自由，不能有任何束缚，而且唯其如此才能成为真正自由的爱；义务和道德的约束必然会限制和破坏真正的爱。男女之爱在本质上就是追求放纵、威胁道德的。

乱伦禁忌之所以是必不可少的，就是因为，乱伦，即

---

① 涂尔干，《乱伦禁忌及其起源》，第62页。
② 同上。

家庭成员之间的性关系,就是将追求自由的性关系与以道德义务为核心的宗教性情感相混淆:

> 因为这二者强烈地相互排斥,同样,我们也心怀恐惧地排斥它们能够合并为一的想法,这种难以名状的融合会使它们丧失两者的所有优点,变得完全不可辨认。而只要是同一个人同时激起了这两种情感,那么就会造成这种效果。因此,把我们与我们的近亲联合起来的那种庄重的交往,排斥具有其他意义的任何纽带。如果去追求一个应该报之以尊敬之情的人,或是一个对你怀有尊敬之情的人,就不可能不使双方的这种情感变质或者消失。一言以蔽之,就我们既定的现有观念而言,一个男人不可能使其姐妹成为其妻子,而这位妻子又不失为其姐妹。这就是我们拒绝乱伦的原因所在。①

说到底,乱伦禁忌的实质在于,家庭之爱是宗教性的神圣情感,但男女性爱是反宗教的自由情感。在严厉的中世纪,性爱被当作原罪的结果来批判和压制;但在涂尔干看来,性爱中的自由也很可贵。于是,乱伦禁忌就变成了两种可贵但相互冲突的情感之间矛盾的产物。人们不可能既敬爱一个人,又和他(她)一起享受性爱的快乐,因此,为了保

---

① 涂尔干,《乱伦禁忌及其起源》,第62—63页。

证二者同时共存,就必须严格区分二者,使敬爱的对象与性爱的对象不发生重合。

涂尔干的这一观点,可以更好地解释韦斯特马克效应。从小生活在一起的人之所以不愿意发生性关系,是因为性关系与家庭关系是相互排斥的。达尔文和韦斯特马克都明确讲过,家庭中的亲密关系是社会关系和社会道德的起源,这也正是涂尔干的意思。在一定程度上,韦斯特马克也已经多次谈到了家庭关系与性关系之间的对立,只是没有像涂尔干这样一针见血地指出问题的实质。可见,仅仅韦斯特马克效应并不能证明乱伦禁忌是生物性的本能,更不能证明达尔文主义的自然正当。

2 乱伦禁忌的历史起源

虽然涂尔干一再说,上述理论推衍不足以支撑真正的命题,但恰恰是这些思辨观念,成为他研究社会起源的真正前提。理解了他的这些观念,我们可以再来看看他对乱伦禁忌起源的实证研究。

涂尔干坚持从道德共同体的神圣性来理解外婚制,反对以任何自然原因来解释乱伦禁忌。由于原始氏族外婚制的确立标准是图腾,不是血缘,而图腾又被当作一种神,图腾制度是一种膜拜,所以涂尔干认为,"必须在低级社会的宗教信仰中去寻找外婚制的原因。"[1] 外婚制就是图腾禁忌中

---

[1] 涂尔干,《乱伦禁忌及其起源》,第41页。

的一种，即禁止同一氏族的男女之间的性亲近，就像禁忌任何与图腾相关的神圣事物一样，所以，外婚制应该是某种宗教特性引起的，"两性中的一种被加上了这种宗教特性的印记，使另一性别的人感到畏惧，从而造成了两性的隔绝。"在男女两性当中，女性应该是被隔绝和禁忌的性别，因为原始氏族中往往有各种各样的仪式，将女性当成禁忌对象。①

涂尔干举了很多民族志的例子来证明，女性往往是被禁忌的对象，而氏族当中的性禁忌，就是这些禁忌的一个特定形态。为什么是女性被禁忌呢？"唯有被归因于妇女机体的某些普遍的神秘品性，才可能是造成这种相互隔离的决定因素。"妇女的什么特性会有这样的效果呢？涂尔干进一步推演出："整个这种禁忌体系都紧扣着原始人有关月经或经血的观念。"②对妇女的禁忌，往往是从青春期开始的；每到月经来潮之时，禁忌就尤其严厉；在妇女分娩的时候，禁忌也会非常强烈；而在很多地方，妇女绝经之后，也就没有这种禁忌了。涂尔干由此认为，对女人的禁忌其实是对血的禁忌。由于女人特别与血相关，所以血使女人也成了禁忌的对象。那么，血又为什么成为禁忌的对象呢？

遵循前面谈到的一贯原则，涂尔干强调，血之所以被禁忌，绝不是因为任何卫生方面的原因，因为血没有丝毫危险之处。这是因为人们认为血当中有某种超自然的力量，即

---

① 涂尔干，《乱伦禁忌及其起源》，第43页。
② 同上书，第49页。

生命的灵魂,如果和血接近,就会给人带来危险。凡是血滴落的地方,凡是经常流血的人,都可能成为被禁忌的对象。①由于妇女身上总会有长期不断流血的现象,所以人们针对血的各种情感也会延及妇女身上,于是女人就长期成为禁忌的对象:

> 因而,一种或多或少被意识到了的焦虑,以及一种宗教性的恐惧,就不可能不在人们与女性所具有的各种关系中表现出来,所以,这些关联都要被减少到最低程度。而具有性特色的关系,又会遭到最强烈的排斥。首先,这种关系是最亲密的,与两性相互间的那种排斥也最不协调;把男女分离开的藩篱不能允许这种紧密的结合。其次,这种关系所直接感兴趣的器官恰恰就是那种可怕的流血现象的策源地。故而很自然,要远离女人的情感也就对这个特定部位达到了最强烈的程度。②

对女人的禁忌是因为女人总是和血有关;人们避免与同族的女人有性接触,是这种禁忌的一种表现。但性接触不是一般的接触,而是最亲密的人际接触,也被当作最渎神的接触方式,因而与具有神圣性的妇女发生性关系,就是不允

---

① 涂尔干,《乱伦禁忌及其起源》,第 50—51 页。
② 同上书,第 52 页。

许的。但血为什么会有这种神圣品质,以致使妇女也变成神圣的,却还需要进一步解释。

涂尔干认为,这是因为血是联结图腾和氏族成员的媒介。在图腾制的氏族当中,图腾被当作人们共同的祖先,每个成员被当作它的后代,和它由相同的基质构成,而且由于交感巫术的作用,在每个成员当中,图腾都在完完整整地起着作用,因而氏族成员就形成了名副其实的一体。氏族制下的人们,就是以这种方式表达了共同体的统一性,人们几乎不知道个性的存在。而血就是建立这种统一性的媒介,因为血液是生命的载体;当鲜血流尽了,生命也就完结了。人们又认为他们的生命来自图腾祖先,于是,"图腾就化身于每个个体,存在于他们的血液当中。它本身就是血。"图腾是氏族之神,是氏族的保卫者,是氏族宗教的核心,每个人的命运和共同体的命运都取决于图腾,这样,每一单个的机体当中都存在图腾,而它就栖身于人们的血液当中。血就这样成了神圣之物,血和所有与血相关的东西,也就因此成为禁忌的对象。人们要避免血和各种凡俗之物的接触,避免血的流散。[①]

既然血和女人都是神圣的,那为什么可以和其他氏族的女人发生性关系呢?从图腾宗教的角度解释也很简单:"事实上,图腾仅仅对其信徒而言才是神圣的;只有其信徒才执着地尊崇该图腾,相信他们是该图腾的后裔,并带有该

---

① 涂尔干,《乱伦禁忌及其起源》,第53—55页。

图腾的记号。但异族的图腾一点也不神圣。"① 异族的图腾没有神圣性，和祖先没有关系，没有什么可害怕的，因而，异族的女子也就没有什么神圣性，和她有性交往不会带来伤害。这就是外婚制的宗教基础。

由外婚制推到对女性的禁忌，由对女性的禁忌推到血的禁忌，再由血的禁忌推到图腾的禁忌，而图腾的神圣性来自道德共同体的神圣性。这就是涂尔干解释乱伦禁忌起源的思路。在今天看来，这一解释的几个环节都会有问题。但涂尔干这项研究的意义不在于其结论的正确与否，而在于他看待人伦与社会的方式。在他看来，氏族的神圣性在于它是最早的道德共同体；出于对道德共同体的膜拜，人们才会膜拜图腾，继而禁忌血和女人。氏族是最初的家，也是人类最初的道德共同体，在那时就是人类唯一的共同体。在这样的氏族制和图腾制之下，家族/氏族充分发挥着道德约束的作用，产生了人类文明，而乱伦禁忌/外婚制，就是对其神圣性最重要的保护方式。

随着文明的发展，人类的共同体越来越复杂，宗教也越来越抽象，但宗教作为集体道德的反映是始终不变的。从氏族向更复杂的社会发展的第一步，就是姻族的出现。澳洲的姻族制度，是摩尔根也曾经非常感兴趣的一个现象。涂尔干针对同一个现象给出了自己的独特解释，这对后来列维－施特劳斯的研究也有相当深刻的影响，但此处不必赘述。简

---

① 涂尔干，《乱伦禁忌及其起源》，第55页。

单说来，涂尔干认为，居住地与姓氏的差别导致了姻族制度。在母系氏族中，图腾是按母系传承的，居住地却是根据父系的，比如，A氏族的男子A1娶了B氏族的女子B1，则其子女从B图腾，但从A居住地；这样，所有第二代的B氏族成员都住在A地，而所有A氏族成员都住在B地；两代之间产生了交叉换位。到第三代，则又重新换了过来，即所有A氏族成员又生活在A地，B氏族成员又生活在B地。该关系可以用下图来表示：

	A氏族之地		B氏族之地	
第一代	A男1	A女1	B男1	B女1
第二代	B男2	B女2	A男2	A女2
第三代	A男3	A女3	B男3	B女3
第四代	B男4	B女4	A男4	B女4

图一　氏族与居住地图

本来，按照最基本的外婚制原则，出生在A地的A族男人不能和A族女人结婚。但现在，有许多A族人出生在B地，他们虽然和B族人不是一个氏族，不膜拜同一个图腾，但生活在一起，结成一个道德共同体，于是也不能和共同成长的B族人结婚，但是那些生长在A地的A族人却可以和生长在B地的B族人结婚。这样，氏族外婚制原则就扩展为更复杂的姻族外婚制，出生在A地的A族人和出生在B地的A族人虽属于同一氏族，却属于不同的姻族。生活在同一地方的不同氏族成员逐渐联合成为一个新的共同体,图腾制氏族就衰落甚至消失了。随着图腾制的消失,姻族也逐渐消失了,而父系制度也会逐渐确立。随着人们交往的范围越来越大,禁忌的范围也不断扩大,但所遵循的规则都是一样的。因此说:"外婚制乃是针对乱伦的婚姻禁忌体系的最原始形式,人们在低级社会中所观察到的所有禁忌皆派生于此。"①

这是外婚制演化的最初阶段。当图腾制和氏族制都消失后,外婚制就与新型家庭结合在一起,禁忌的人少了很多,一直到现代家庭中的乱伦禁忌。

3 现代家庭的困境

涂尔干这些讨论的一个基础是家庭与性关系两原则的不相容。但在面对现代家庭时,他却遇到了巨大困难。在涂尔干思想发展的几个阶段中,家庭都是一个非常重要的问题。现代家庭究竟是否还能起到传统家庭那种道德共同体的宗教性作用,他一直非常犹豫。虽然他总希望发表自己关于家庭的研究,但始终未能做到。这除了有很多具体原因之外,他讨论家庭问题时的内在张力应该是一个更根本的障碍。

既然涂尔干认为家庭的神圣性与两性关系遵循完全不同的原则,那该如何理解家庭中的夫妻关系呢?夫妻关系当

---

① 涂尔干,《乱伦禁忌及其起源》,第 31 页。

然是一种合法的性关系,也是家庭关系当中非常重要的一维:"有夫妇然后有父子。"如果说性关系与家庭关系格格不入,那夫妻关系不是处于非常尴尬的位置吗?这也是曾经令韦斯特马克困惑的一个问题:如果说亲密生活会导致性冷淡,夫妻之间长期生活在一起,是否也会导致性冷淡呢?涂尔干非常敏锐地注意到了这个问题。他花了很大力气来化解这一矛盾:

> 但可以肯定的是,婚姻这种在规定之下形成的结合,则与之全然不同。婚姻的确是一种使家庭受到影响的性交往,但是,家庭为了使之与家庭的利益相一致,对这种性交往做出了反应,把某些规则强加给了它。家庭把它的道德本性中的某些东西传给了婚姻。不过,这种规定只触及了性亲近的后果,而没有触及性亲近本身。它只是要求人们如果结合就必须履行某些义务,而没有要求他们必须结合。尤其是,只要他们还没有在法律和道德的意义上结合,他们就与情人们的情况一样了,而且他们相互间也以情人相待。所以,婚姻中有一个准备性阶段,在此期间,未来的夫妻相互表明的情感与自由结合中的情感性质相同。甚至当一对夫妇真正形成一个家庭以后,确切地说,也就是当有了孩子而使家庭变得完满以后,才稍稍能够让人感觉到家庭的道德影响。此外,婚姻还是性别社会中最道德、最美好

的形式，它的本质也正是这种社会的本质；它使那些同样的天性发挥了作用。[1]

涂尔干虽然花了很大力气，但我认为他和韦斯特马克一样，没有很好地解释夫妻关系。涂尔干承认，按照他的学说，夫妻之间的性关系必然与家庭道德不相容，为了解决这个问题，家庭把道德规则强加给了婚姻。但他又想强调，这种强加并没有改变夫妻性关系的实质，所以它只触及了性亲近的后果，却没有改变性关系本身，即它并没有规定选择谁来结婚，而只规定了婚后应该怎样。涂尔干试图让夫妻关系既保持性关系中追求自由的本质，又使它成为性别社会中最道德、最美好的形式，即它与其他的家庭关系没有区别。这种解释是相当勉强的，使得婚姻好像是家庭中不得不存在的一种边缘性关系，而不可能占据家庭关系的核心地位，那么，"礼始于谨夫妇"的观念就完全得不到理解了。

显然，涂尔干的解说更适合于希腊罗马式的父家长制，因为在这样的家庭中，夫妻关系就处在相当边缘的地位。而现代家庭制度却已经不是这样了。涂尔干思考现代家庭的核心问题，就是如何理解现代以夫妻关系为主轴的家庭形态。在《家庭社会学导论》[2]和独立发表的《夫妻家庭》

---

[1] 涂尔干，《乱伦禁忌及其起源》，第63页。
[2] 可惜涂尔干未能完成关于家庭社会学的著作，只是在课程中表达了他的基本想法。莫斯等学生将他的课程笔记整理成文，形成了《家庭社会学导论》一文。

里，涂尔干认为，父权制家庭有相当强的宗教性，但在夫妻家庭（即由夫妻及其子女组成的家庭）中，每个成员都有自己的个性和活动领域，即家庭作为神圣共同体的特征被破坏了。但这种家庭更新、更独特的特点，是国家对家庭内部生活的干预越来越多。家庭规模的逐渐缩小，正是家庭史发展的趋势，在夫妻家庭中达到极致。虽然涂尔干认为夫妻家庭有种种好处，但他不得不承认的一点是，这种家庭形态是非道德的：

> 在任何道德社会中，任何成员都必须向他人履行义务。当这种义务获得一定程度的重要地位时，就会具有一种法律性质。自由的两性关系是一种根本不存在上述义务的夫妻社会。所以说，它是一种非道德的社会。这也是在这些条件下成长起来的孩子有许多道德缺陷的原因，因为他们没有得到道德环境的沐浴。①

涂尔干清楚地意识到，夫妻家庭不可能有原始氏族和父权家庭那样强的宗教性功能，这是由两性关系的实质决定的。以夫妻关系为主轴的现代核心家庭，本身不再是一个道德共同体，更不再是培养社会道德的学校。家庭已经失去了宗教性的功能。在这种情况下，为了维护社会道德，就需要另外一种社会组织，那就是职业群体，因为只有职业群体才

---

① 涂尔干,《夫妻家庭》,《乱伦禁忌及其起源》, 第403页。

能在经济和道德功能上取代家庭。[①]

在放弃了家庭的道德功能的同时,涂尔干却相信:"婚姻则相反,变得更牢固了。"[②]这一论断不仅在现实中得不到验证,在理论上也非常可疑。牢固的婚姻并不是性爱本身,而恰恰是家庭共同体中性爱的道德形式,是家庭作为道德共同体的最后遗存。如果现代家庭没有了任何道德性和神圣性,家庭这个共同体存在的合法性就消失了,只剩下性爱的纯粹表达,婚姻也不可能存在了。要彻底追求性爱自由,就必须连婚姻关系也打破,取消任何形态的家庭,回到完全杂交的状态。这样,乱伦禁忌当然也就没有必要存在了。如果乱伦禁忌是人类道德的开端,允许乱伦的社会还能是道德的吗?同样,家庭是人类道德共同体的开端,但没有家庭之后,或家庭取消了道德共同体的功能之后,人类还能有真正意义上的道德共同体吗?这恐怕是涂尔干的家庭研究所面临的巨大张力。

四 作为人性的乱伦

1 俄狄浦斯情结

在社会建构派的乱伦禁忌话语中,弗雷泽和涂尔干的讨论都只能算是序曲。真正的主角当然是西格蒙德·弗

---

① 涂尔干,《夫妻家庭》,《乱伦禁忌及其起源》,第404页。
② 同上。

洛伊德。涂尔干关心的是乱伦禁忌如何形成,但对于未形成乱伦禁忌之前的人性状态,虽然有所假设,但几乎没有讨论。在对乱伦禁忌的分析中,涂尔干主要关心的是家庭生活的形式,包括婚姻的形式,但没有讨论性的实质;母系论者的讨论也有同样的问题。进化论生物学家对性选择的强调,已经将性问题的实质带入了研究领域,霭理士的《性心理学》大大推进了这方面的研究。而弗洛伊德的学说,则是性学研究最实质的发展,将乱伦禁忌研究中社会建构派的理论推上了一个极端,当然也最深地暴露出了这一派的问题。

弗洛伊德之所以成为社会建构派的主要代表,是因为他和达尔文一样,试图以一贯的逻辑解释自然本能和社会道德,虽然二人解释的方向完全不同。在他笔下,乱伦已经不只是一个具体的学术问题和研究对象,而是人性的本质。由于弗洛伊德将俄狄浦斯情结当作最深层的人性现实,对乱伦及其禁忌的讨论,贯穿了弗洛伊德成熟期的大部分著作。

在1897年的通信中,弗洛伊德就谈到了俄狄浦斯情结。在出版于1900年的《释梦》里,他对这一问题做了经典的阐释。他发现,许多人都会梦到父母的死去,而梦中死亡的多为同性父母,即男子一般梦见父亲死去,女子一般梦见母亲死去,这种倾向非常显著,因而,"人们总觉得童年存在着一种性的偏爱;仿佛男孩视父亲为情敌,女孩视母亲为情敌,只有排除了对手才不至于对自己不利。"①

在西方传统中,以敌意来描述父子关系,也是非常离经叛道的。无论就希腊、罗马以来的父家长制传统而言,还是就《旧约》中十诫的第五诫而言,孝敬都是传统西方人重要的生活法则。因此,弗洛伊德必须首先清理这个问题。他指出,第五诫只能模糊人们观察问题的能力,而大多数人已经公然违背了这条戒律;在人类社会中,孝敬已经被其他东西所代替。在古代神话中,克洛诺斯和乌拉诺斯都是冷酷无情的父亲形象,与自己的儿子有殊死的搏斗;在古代家庭中,儿子们也急切地等待父亲死去,以便继承遗产和权力。这些都提醒人们,父子关系极其复杂,说其中包含敌意,是完全可能的。

弗洛伊德认为,这种敌意就是性欲的结果,因为他从神经症病历中发现,小孩的性欲望很早就觉醒了,女孩是针对父亲的,因而母亲就成为她的情敌;男孩是针对母亲的,因而父亲就成为他的情敌。那些梦到自己的同性父母死去的人,就是希望作为情敌的同性父母去世。弗洛伊德甚至进一步说,其实很多其他的梦,也是这种情感的移置。于是,这种情感就成为精神神经症的来源:

> 在童年形成的精神冲动的原料中,对父母爱一方恨一方是其中的主要成分,也是决定后来神经症症状

---

① 弗洛伊德,《释梦》,北京:商务印书馆,2002年版,第255页。

的重要因素。然而我从来不相信，精神神经症患者在这方面与其他人有什么明显的区别，也就是说，我不相信他们能创造出绝对新颖或独具特色的东西。更为可能的是——这已为对正常儿童所做的附带观察所证实——他们不过是大大地表露了对自己父母的爱和恨的感情，而在大多数儿童的心灵中，这种感情则不大明显和强烈。①

在此，弗洛伊德引入了索福克勒斯的悲剧《俄狄浦斯王》的故事，而且指出，只有通过他的这个学说，俄狄浦斯故事的伟大感染力才能得到真正的理解。阿波罗神预言俄狄浦斯将会弑父娶母，所有知道这个预言的人都千方百计避免这个结果的发生，但俄狄浦斯还是杀死了自己的父亲，娶了自己的母亲。弗洛伊德认为，这个故事所揭示的，并不是神的命令不可抗拒，而是人类共同的自然和命运："因为和他一样，在我们出生以前，神谕已把同样的咒诅加诸我们身上了。我们所有人的命运，也许都是把最初的性冲动指向自己的母亲，而把最初的仇恨和原始的杀戮欲望针对自己的父亲。"② 俄狄浦斯满足了童年的这种欲望，而我们大多没有机会满足这种欲望，这就是这部剧能引起如此强烈共鸣的根本原因。俄狄浦斯所解开的黑暗之谜，正是每个人潜意识中

---

① 弗洛伊德，《释梦》，第260页。
② 同上书，第262页。

的那种欲望，而"我们在生活中对大自然所强加的这些违背道德的欲望毫无所知，而等到它们被揭露后，我们对自己童年的这些景象又闭上双眼，不敢正视"①。

弗洛伊德甚至认为，《俄狄浦斯王》的故事就来自于梦的材料。在这个梦中，由于儿童初次出现的性冲动，而与他的父母之间产生了痛苦的紊乱关系。俄狄浦斯在不了解自己身世的情况下，因为回忆起神谕而不安，可能就是这个梦的作用。约卡斯特则安慰他说："以前许多人在梦中，梦见与自己的母亲成婚。"这已经点明了梦的主题。

他又把莎士比亚的《哈姆雷特》当作弑父娶母情结的故事，只是，古代的俄狄浦斯将这一情结公之于众，现代的哈姆雷特一直压抑着它。哈姆雷特之所以迟迟不向克劳狄报复，以完成其父交给的使命，是因为克劳狄杀了他父亲，娶了他母亲，做出了哈姆雷特想做但没有做到的事，实现了他童年的欲望，"于是驱使他进行复仇的憎恨为内心的自责所代替，而出于良心上的不安，他感到自己实际上并不比杀父娶母的凶手高明。"②哈姆雷特只不过是一个现代版的俄狄浦斯而已。弗洛伊德的学生琼斯后来把他的这段议论发展成书③，并极大地影响了20世纪《哈姆雷特》的研究和演出。

弗洛伊德将古今两部最伟大的悲剧都解释成弑父娶母

---

① 弗洛伊德，《释梦》，第263页。
② 同上书，第265页。
③ Ernest Jones, *Hamlet and Oedipus*, Garden City, N.Y.: Doubleday, 1949.

情结的故事,其武断与粗暴自不待言。时至今日,我们已经没有必要纠缠于他的判断是否正确,而要从中看到精神分析的实质所在。按照弗雷泽、涂尔干等社会建构论者的理论,虽然也存在一个没有乱伦禁忌的阶段,但那个阶段只是可以乱伦而已。在摩尔根等母系论者的理论中,也只是因为知母不知父、家庭制度和关系的混乱,而无法避免乱伦。但在弗洛伊德的笔下,乱伦已经不是一个无可奈何的状态,而是人们主动追求的一种倾向。它来自人们的自然本能,同时也与普遍的家庭生活有着密不可分的关系。我们可以从他关于更普遍问题的论述中,来理解他的人性观和社会观。

2 力比多与乱伦禁忌

弗洛伊德大大改变了对性爱的传统理解,特别是对儿童性行为的理解。早在1898年,弗洛伊德就已经开始谈论儿童的性行为了。[①] 在发表于1905年的《性学三论》中,他系统阐述了其性学理论的一些基本观念。

弗洛伊德首先质疑了传统性观念中的两个要点:第一,性本能并不存在于童年,而是在青春期才出现;第二,性本能在两性之间不可遏制的相互吸引中展现,目的在于性结合。在弗洛伊德看来,性本能的实质在力比多(libido),力比多就像饥饿感一样。饥饿需求的是营养,力比多需求的是

---

① Ernest Jones, *Life and Works of Sigmund Freud*, New York: Basic Books, 1961, p.172.

什么呢？不是生殖，也未必是与异性的性交。①

如果力比多需求的就是与异性交合，为什么会有同性恋呢？同性恋是很常见的，他们的性目的往往是口腔或肛门，与生殖无关。弗洛伊德得出结论说，性本能并不必然指向异性的生殖器，"性本能似乎起初是独立于对象的，它的起源也非对象的吸引使然。"②

人们不仅可能以同性为性对象，而且会以幼童和动物为性对象。这些情况也会被当作变态，但他们在很多地方并不异于常人。因此，"在许多条件下和在众多的人当中，性对象的本质及意义已不再重要了；在性本能中，起基本和主要作用的一定是其他一些因素。"③

即使在男女之间的性器交合中，也往往会有其他一些附属动作，如观看、抚摸、亲吻，都是性行为中的重要组成部分，但与性器无关。性变态，只不过是这些附属动作的过分发展而已。在生殖器之外，人们通常会用口腔和肛门来进行性刺激；但全身的很多部位都可能引起性兴奋，而成为快感区；若以物品当作性对象，就会产生恋物癖。人们的性行为也往往不以交媾为目的，观看、抚摸、施虐、受虐，都可能成为性目的。④ 于是，弗洛伊德总结说："本能源于器官

---

① 弗洛伊德，《性学三论》，宋广文译，收入《弗洛伊德文集 3：性学三论与潜意识》，长春：长春出版社，2004 年版，第 512 页。
② 同上书，第 521 页。
③ 同上书，第 522 页。
④ 同上书，第 522—529 页。

的兴奋过程，其即刻的目的在于消除器官刺激。"

弗洛伊德大大拓展了对性本能的理解。性本能通常会以异性为对象，但这种关系是松散的，它完全可能指向同性、幼童、野兽、物体；性本能通常以性交和性物质的释放为目的，但也可能以其他的方式来满足力比多。而性本能力量是神经症的持续性最重要的，甚至唯一的来源，于是这些人的性生活就在神经症症状中表现出来，即将力比多转化为症状，使性压抑释放出来。①

弗洛伊德认为："大部分精神神经症患者，是在青春期后正常性生活的压力下患病的（压抑主要用于反抗正常的性生活），或者是在力比多无法获得正常满足时致病的。"② 每个人的性生活情况都和他在幼儿期的性生活有关，神经症往往就是性生活停在或返回到了婴儿状态。这就自然引入了对儿童性生活的研究。

他指出，在新生儿的身上就有性冲动的基因，并持续发展一段时间，然后被渐渐压制下去，三四岁的孩子身上就可以观察到性生活了。但由于幼儿性欲不可能发展出生殖功能，这是性本能的潜伏期。在潜伏期会形成一种阻止性本能发展的心理力量，使孩子文明化。但即使在这时候，性冲动也没有停止，而是其能量全部或部分地离开了性目的而转向他用，这被称为"升华"。

幼儿性欲首先表现为吮吸，最初来自于对母亲奶头的

---

① 弗洛伊德，《性学三论》，第532页。
② 同上书，第536页。

吮吸。吮吸奶头本来来自对营养的需求，但不断重复地满足此需求，会使婴儿从中获得一种性满足，当婴儿长出牙齿后，营养的需求主要靠咀嚼来满足，这种分离也就成为必然。但此时，孩子也不再把母亲的身体当作吮吸对象，而是吮吸自己身体的一部分。此外，幼儿也经常在肛门的肌肉收缩中感觉到性刺激。而男孩和女孩对其性器官（龟头或阴蒂）的刺激也会带来手淫。[1] 儿童在三到五岁之间，性生活达到第一次高潮时，其求知本能也出现了，这很可能就是性本能唤起的。[2] 他又认为："设想所有的人都有同样的性器，是儿童性理论中第一个最明显和重要的方面。"男女的性欲是一样的，女孩的阴蒂就是男孩阴茎的替代物，女孩看到男孩的阴茎会产生嫉妒。[3]

幼儿时期的性活动基本上是自体性欲的，即从自身寻求性对象，获得快乐。但到了青春期，性本能发现了目标，于是，一系列相互分离的本能和相互独立的快感区的活动就以寻求特定的快乐为唯一目的，快感区的活动让位于生殖区的主宰。在这时，性本能臣服于生育功能，具有利他性；只有本能的所有特征全部介入这一过程，这个复杂的转变才能完成；而如果发展受到抑制，就会出现各种病理现象。[4] 比如，各种快感应该指向生殖器的交媾，其他快感只能是前期

---

[1] 弗洛伊德，《性学三论》，第547页。
[2] 同上书，第554页。
[3] 同上书，第554页。
[4] 同上书，第563页。

快感，如果这种前期快感固着下来，不继续推进，就会形成性变态。

在幼儿期，男女的自体性欲没有差别。在青春期，两性的区别变得明显起来。男性的发展更为直接，女性则出现某种形式的退化。女孩的性压抑比男孩来得早，受到的抵抗也比较弱。弗洛伊德说："力比多在本质上注定为男性的，不管它出现在男性身上还是女性身上，也不管其对象为男性还是女性。"[1]因此，在青春期，男性的力比多进一步增强，女性却出现了新的压抑之潮，阴蒂的性活动尤其受到影响。她身上的男性特征受到压抑，这对男人却构成了一种刺激。当女性的性刺激成功地从阴蒂转向阴道，女性就形成了新的性活动主导区，而男性的主导区一直不变。[2]

在弗洛伊德描述了从幼儿期到青春期的性发育过程之后，我们也就可以理解乱伦情结的产生与机制了：首先，由于最初的性满足与吮吸乳房有着密切的关系，

> 性本能便把性对象指向孩子的身外，即母亲的乳房；当孩子完全意识到了给他带来满足的器官属于谁时，他的本能才会放弃这一对象。此后，性本能变成了自体性欲的，到了潜伏期之后，原先的关系才得以恢复。因此，有足够的理由认为，孩子吮吸母亲乳房

---

[1] 弗洛伊德，《性学三论》，第572页。
[2] 同上书，第572—573页。

的过程是所有爱情关系的原型,发现一个对象不过是它的重新发现而已。①

这是从婴儿出生之后就会出现的性兴奋,孩子最初的性对象是母亲的乳房,此后才变成自体性欲的,指向自己的手指或身体上其他的部分。如果承认弗洛伊德前面关于性本能的讨论,这一点自然也就确立起来了。弗洛伊德强调,性本能并没有什么实质内容,它只是一种寻求兴奋的机制,渴望被满足,就像饥饿时寻求食物一样。而孩子(无论男孩女孩)第一个亲密接触的对象就是母亲,那么,他与母亲的关系就形成了最初的性关系,作为原型会影响到此后的所有亲密关系。而在以后的性潜伏期,这一原型在持续不断地起作用。他接着说:

> 通过整个潜伏期,儿童学会了去同情那些于无望中帮助他们,并满足了他们的爱的需要的人,这不过是他们与喂其乳的母亲关系的模式的延续。有人或许不同意在孩子对其照料者的感情与尊敬之中介入性爱的成分。然而,我认为精神分析的更深刻研究会肯定这是真的。孩子的照料者为他提供了源源不断的性刺激和快感区满足,尤其是孩子的母亲,总是以源于自己性生活的感情对待孩子:抚摸他,亲吻他,摇摆他,

---

① 弗洛伊德,《性学三论》,第 573—574 页。

十分明显地将其视做一个完整性对象的替代品。……我们知道,性本能并非仅靠刺激生殖区而直接唤醒。我们称为感情的东西总有一天会表现出对生殖区的影响。①

弗洛伊德不承认有什么与性无关的纯洁之爱,把涂尔干认为完全遵循不同原则的家庭之爱与性爱混为一谈。韦斯特马克效应在他这里也完全不存在。从小生活在一起不仅不会导致性厌恶,而且正是这种亲密生活的经验,为性刺激提供了最初的原型。比起弗洛伊德来,涂尔干和韦斯特马克都是过于强调不同类型的亲密关系之间的差别了。在弗洛伊德笔下,只有一种亲密关系,这种关系可以和性器官与生殖无关,可以不针对异性,因而无论男孩、女孩,因吮吸乳房而产生的对母亲的依恋,都是最初的性经验。所以,溺爱导致的后果,就是性早熟。有神经症的父母,会表现出过度的感情;过于依恋父母的孩子,也会存在发展出神经症的危险倾向。弗洛伊德认为,孩子从一开始就知道自己与父母的情感有性成分,他所表现出来的焦虑,就是对所爱之人的反应,因为当力比多无法满足时,他会像成人一样转向焦虑。同样,当成人因为力比多没有满足而患了神经症,其行为也像孩子一样害怕孤独。②弗洛伊德继续写道:

---

① 弗洛伊德,《性学三论》,第574页。
② 同上书,第575页。

由此可知，父母对孩子的感情在其未成熟的条件下唤醒了性本能（如青春期的生理状况尚未出现之前），以致孩子的心理兴奋会弥漫于生殖系统。另一方面，若他们幸运地躲过了这一点，那么父母的感情便能导引孩子成熟后对性对象的选择。毫无疑问，对孩子来讲最简单的方式就是选择自童年期起就用抑制的力比多去爱的人为对象。然而，由于性成熟的拖延，孩子们有时间去建立反对乱伦的屏障，道德戒律使孩子绝对不能选择与其有血亲又曾爱过的人为性对象。对这一屏障的敬重完全是社会的文明要求，社会绝不愿家族庞大到威胁更高级的社会组织的程度。有鉴于此，对每一个体，尤其是少年男性，社会会竭尽所能松散其与家族的联系，这种联系在童年期是唯一重要的。①

这就是弗洛伊德对乱伦禁忌的诠释。孩子的性本能是由父母唤醒的，因而他们会有倾向于乱伦的本能，这是一个必然存在的危险。既然乱伦是本能的倾向，那社会为什么要压抑它，以及怎样来压抑它呢？

弗洛伊德写道，社会之所以要反对乱伦，是因为它"绝不愿家族庞大到威胁其更高级的社会组织的程度"。这与许多人类学家的解释正好相反。之前的泰勒和之后的列维–

---

① 弗洛伊德，《性学三论》，第575—576页。

施特劳斯都认为，恰恰是因为避免了乱伦，才可以在不同的家族之间建立联系，形成更大的亲戚之网。这一观念，奥古斯丁在解释乱伦禁忌时，就已经谈到过了（《上帝之城》，15:16）。弗洛伊德却认为，乱伦禁忌是为了使家族不那么庞大。对人性—家庭—社会之间的关系，弗洛伊德与那些人类学家确实有非常大的差异，其根本一点即在于对家庭的理解。涂尔干认为家庭是最初的神圣社会组织，与其他社会组织本质相同；弗洛伊德却认为，其他的社会组织与家庭有着相当大的不同，人的本能是在家庭中培养起来的，而社会组织却要压抑本能。

在弗洛伊德看来，俄狄浦斯情结虽然是一种本能的倾向，但若没有父母子女的关系，没有母子之间的亲密接触，也就不会培养起这种情结。如此看来，弗洛伊德笔下不存在连家庭都没有的自然状态。如果没有家庭，不仅俄狄浦斯情结无法培养起来，就连正常的性本能都无法形成；因此，父母子女的关系，是先于性本能存在的。社会为了实现真正的文明，必须超越家庭关系，建立家庭之上的社会组织。这种社会组织又重塑了家庭中的伦理和情感，产生了乱伦禁忌。因此，在这个阶段的弗洛伊德看来，家庭之上的社会组织与家庭是不同的。而在家庭情感与男女情感之间，并没有涂尔干笔下那么根本的区别。母子关系是所有性关系的模本，这种原初性关系激发了人们的性本能，但是，在性本能发育成熟的过程中，必须有一个巨大的转向，使孩子转换性对象，抑制其本能的放任发展。社会所施加的道德规则是完全违背人性自然的,粗暴但又必需。这个时期的弗洛伊德还不能非常一贯地解释性本能与社会道德,二者的断裂依然很明显。

3 自我的结构

精神分析理论可以解释各种社会和文化现象,其根源还在于弗洛伊德形成了一整套对人性的理解。但是,早期的弗洛伊德感到很难解释一些现象。比如,早在《性学三论》中,他就发现了性爱当中常常会有一些破坏性的倾向,其最极端的表现会发展为施虐狂。如果说性本能是所有人类之爱的起源,那么这种破坏性又该如何来解释呢?再如,虽然他以社会文化和道德解释了俄狄浦斯情结的消解,但这种外在作用为什么会有那么大的力量,以至于在心灵深处留下深刻的痕迹,以良心的形式进行自我谴责、批判,乃至驱使人们自杀呢?在20世纪20年代,弗洛伊德逐渐修改和完善了他的理论体系,特别是关于本能和自我结构的思想。

在这一年出版的《超越快乐原则》中,弗洛伊德认为心灵中有一种强制重复原则,超越了快乐原则,因而更原始、更基本、更具有本能性。[①]这种本能,"就是在有机生命中先天存在的旨在恢复早期状态的一种欲望,这是一种在

---

① 弗洛伊德,《超越快乐原则》,杨韶刚译,收入《弗洛伊德文集6:自我与本我》,长春:长春出版社,2004年版,第17页。

外部干扰力量影响下这个生物实体必须抛弃的欲望；就是说，它是一种有机体的弹性，或者换一种说法，是有机体中固有的惰性的表现。"①进一步，弗洛伊德将有机物共有的这种保守本能理解为死亡本能，使自己重新变为无机物的本能。甚至可以说：一切生命的目标就是死亡。②

自我保存、自我肯定和控制的本能，都与性本能有关，相对而言，只是一些局部的本能，"其功能是保证有机体将遵循自己的道路走向死亡，以及避开回到无生物存在的可能的道路。"③他这样解释两种本能的可能起源：首先，早期的动植物生命非常短暂，很快就会死亡；但是有些生物不断增加其发展的程度，形成更高的复杂生命形式。在条件合适的环境下，它们开始发展。结果，物质的一部分又把它的发展进行到底，而作为新的生殖核心，又返回到这个发展过程的开端。"这样，这些生殖细胞就不利于生物的死亡，并且能成功地战胜在我们看来似乎必定是潜在永存的东西，尽管它或许只意味着死亡道路的一种延长。"④

在现在的弗洛伊德看来，死亡本能才是更本源的本能，他甚至把它称为"自我本能"；自我保存和生殖的本能反而是比较后来形成的。这种本能就逐渐发展成了性本能："有一些本能主宰着这些基本有机体的命运，这些基本有机体比

---

① 弗洛伊德，《超越快乐原则》，第28页。
② 同上书，第29页。
③ 同上书，第29页。
④ 同上书，第30页

个别有机体存活得长,当这些有机体无法防备外部世界的刺激时,这些本能便为它们的安全提供庇护,并最终和其他生殖细胞产生联合等等,这些总起来说就构成了这样一组性本能。"① 性本能就是一种生命本能,与导向死亡的其他本能完全相反,因而与其他本能相对立。

这样,弗洛伊德就把性本能放在一个新的语境中来理解。他随后问道:"除了性本能之外,难道就真的没有寻求恢复早期状态的任何其他本能了吗?难道就没有一种本能在为一种还从未达到过的状态而奋斗吗?"按前面的分析,所谓性本能也只是在发展过程中回到原来的某个点,然后再走一段同样的路程,从而延长了生死之间的旅程。这也是一种保守性的本能。他认为,人类根本不存在趋向于完善的本能,人类的发展与动物完全相同,"可以在少数人类个体中观察到的、趋向进一步完善的不懈努力,可以被很容易地理解为本能压抑的结果,人类文明中最有价值的东西,就是在这种本能压抑的基础上建立起来的。"②

弗洛伊德认为,他的力比多理论可以解释生物学中的细胞关系。多细胞的结合,是有机体延长生命的方式。在一个细胞共同体中,即使一个细胞死了,整个共同体仍然存在。两个单细胞的结合,也有维持生命的功能。

---

① 弗洛伊德,《超越快乐原则》,第30页。
② 同上书,第31页。

正是在每一个细胞中活动的本能,或性本能,才把其他细胞作为它们的对象,它们部分地使那些细胞中的死的本能中立化。这样便保存了它们的生命;而其他细胞也为它们做了同样的事情。……我们的性本能的力比多就以这种方式和诗人们及哲学家们的爱欲都一致起来了,爱欲把一切有生命的事物聚合在一起。①

于是,弗洛伊德将自我本能(即死的本能)和性本能(即生的本能)对立起来,作为精神分析新的出发点。"对象之爱本身向我们展示了第二种类似的两极对立,即爱(或柔情)和恨(或攻击)之间的对立。"他以此来重新解释施虐狂的问题。性行为中的施虐狂不是从性本能中获得的,而实际上是一种死的本能。爱欲活动中既爱又恨的状况,就是两种本能共同作用的结果。

弗洛伊德对死亡本能的讨论并不很让人满意。②但他苦苦思索中的思想转变自有意义。死亡本能的引入虽然比俄狄浦斯情结的发明更令人震惊,但恰恰是在这表面非常诡异的本能二元论中,弗洛伊德对爱欲和自我的理解都得到了极大的提升。他提出了更系统的自我结构。

---

① 弗洛伊德,《超越快乐原则》,第37—38页。
② Jonathan Lear, *Freud*, London: Routledge, 2005, p.162.

1923年，弗洛伊德出版了《自我与本我》一书，提出了本我、超我和自我的关系。他首先确立了本我和自我的关系：

> 我们现在将把一个人看作是一个未知的、潜意识的心理本我，在它的外表就是从其中心，从知觉系统发展而来的自我。如果我们努力地对此加以形象化的想象，我们可以补充说，自我并不包括整个本我，但只有这样做才能在一定成熟上使知觉系统形成（自我的）外表，这多少有点像卵细胞上的胚胎层。自我并未同本我截然分开，它的较低部分合并到本我中去了。①

而那些被压抑的东西，也都进入了本我当中，成为它的一部分，由于压抑的抵抗作用而和自我分离，通过本我和自我交往。自我是本我的一部分，是通过知觉—意识的媒介，被外部世界改变了的一部分，它要把外界的影响施加给本我及其倾向，用现实原则代替本我中主导性的快乐原则。"自我就像一个骑在马背上的人，它得有控制马的较大力量。"

而自我内部又有一个分化阶段，可称为"自我理想"或"超我"。他这样解释超我的形成："当一个人不得不放弃

---

① 弗洛伊德，《自我与本我》，收入《弗洛伊德文集6：自我与本我》，长春：长春出版社，2004年版，第125页。

一个性对象时,在他的自我中常常会发生一种变化,这种变化只能被描述为对象在自我之内的一种复位,就像在抑郁症里发生的那样。"[1]每个人的性格,就是被放弃的性对象的贯注向内转化的一种沉淀物。在这种转换中,自我把自己当成一个恋爱对象强加给本我,就从对象力比多转变为了自恋力比多。

由于俄狄浦斯情结的作用,每个人最早的性对象是其异性父母,所以,当他不得不放弃这个性对象时,内在自我会发生变化,就形成了超我。如男孩子在解除俄狄浦斯情结时,大多会加强以父亲自居的作用,因此,受俄狄浦斯情结支配的性欲期的状况会形成一种沉淀物,它以一种自我理想或超我的形式,与自我的其他成分形成对照。超我是俄狄浦斯情结的继承者,同时也是压抑俄狄浦斯情结的结果,所以它总具有两面性,既会鼓励男人像他的父亲那样,又会禁止他像父亲那样。"超我保持着父亲的性格,当俄狄浦斯情结越强烈,并且越迅速地屈从于压抑时(在权威、宗教教义、学校教育和读书的影响下),超我对自我的支配,愈到后来就愈加严厉。——即以良心的形式,或许以一种潜意识罪疚感的形式。"[2]

弗洛伊德以此解释了人类文化中的道德感。这不是由于人们天生有某种追求完善的本性,而是每个人与其父母的

---

[1] 弗洛伊德,《自我与本我》,第130页。
[2] 同上书,第133—134页。

关系的结果，因而也是"本我的最强有力的冲动和最重要的力比多变化的表现。通过建立这个自我理想，自我掌握了它的俄狄浦斯情结，同时使自己处于本我的支配之下"①。自我是外部世界的代表，超我则是内部世界和本我的代表。生物发展和人类种族所经历的很多重大变迁，都会沉淀在人们的超我当中，其中有宗教的萌芽。

在这样的自我结构中，弗洛伊德刚刚提出来的两种本能处在什么位置呢？他在《性学三论》中就已经注意到性行为常常伴随着攻击性。以施虐狂为代表，性行为中的爱恨转换经常发生。他由此推断，心理上存在某种可转换的能量，它本身是中立的，既可以与性本能结合，也可以与死本能合作。两种本能之间的转换，就是通过这种能量实现的。弗洛伊德进一步的解释是：

> 这个在自我及本我中都同样活跃的中立的可移置的能量，都毫无疑问的是从自恋的力比多的贮存库发出的——这是个失去性能力的爱欲（总起来说，性本能看来比破坏性本能更有可塑性，更容易转移和移置）。由此，我们就能很容易地继续假设，这个可移置的力比多是受快乐原则雇佣，为避免能量积压和促进能量释放服务的。在这种关系中很容易观察到某种冷淡，只要发生了能量释放，对释放借以发生的道路就

---

① 弗洛伊德，《自我与本我》，第134页。

会很冷淡。①

这个移置的能量,就是失去性能力的力比多。由于它来自性本能,它是维持生命、促进结合的力量,被当作升华了的性能量,思维活动也是升华了的性能力导致的。在精神分析的早期阶段,弗洛伊德将性本能当作人性中相当根本的力量,认为求知欲也来自性本能;现在,弗洛伊德虽然引进了死亡本能的概念,但他仍然认为,性本能中的力比多有更重要的作用,与思维活动相关,甚至也是死亡本能借以发挥作用的力量。当然,力比多在发挥这些作用时,必须失去性能力,即得到升华。自我和爱欲之间有一个重要的关系,爱欲因为关注某个性对象而获得力比多,再向内转化,把自身作为唯一的恋爱对象,从而使力比多去性欲化,使本我中的力比多得到升华,于是,"自我就努力和爱欲的目的相反,它使自身服务于相反的本能冲动。"②虽然存在两种本能,但本能的冲动都来自爱欲,"死的本能在本质上是缄默的,生命的叫喊大部分是从爱欲发出的。"③

但从反对爱欲的斗争中,也会发出生命的叫喊。弗洛伊德再次指出,生命本来是朝向死亡的,只有爱欲和性本能的要求,才阻止了这一进程,引入了新的紧张。受快乐原则支配的本我要尽快遵照性本能的力比多去做,努力满足性倾

---

① 弗洛伊德,《自我与本我》,第140页。
② 同上书,第141页。
③ 同上。

向。而性欲的满足就是性物质的释放。这里似乎表现出性欲的完全满足与死亡之间的相似性。当性物质被排放后,就该死亡本能起作用了,所以一些低等动物就在再生产的活动中死亡。①

在引入两种本能和新的自我结构之后,弗洛伊德并没有根本改变精神分析的理论体系,而是使原来的思想更加深入和系统化了。他以前无法解释总是伴随着性行为的破坏性,以及俄狄浦斯情结的消解是如何发生、怎样起作用的。而今,虽然他的解释有些复杂得令人生疑,但确实完善了自己的体系。俄狄浦斯情结的被压抑,虽然在根本上是来自外部社会,但它之所以能在人的内心深处起作用,其根源仍然是本我中的力比多。这种力比多向内转化,形成自我压抑和愧疚感,就是良心中强烈的道德感。而由于这一切都来自俄狄浦斯情结及其压抑,这种愧疚感最强烈的作用对象是乱伦。因此,乱伦禁忌成为人类社会中最初的最严厉的道德。

在弗洛伊德看来,良心是自我与超我之间的紧张导致的,是潜意识中的俄狄浦斯情结在起作用。他说:"正常的人不仅远比他所相信的更不道德,而且也远比他所知道的更道德。"② 更不道德,是因为他在潜意识中有更加强烈的乱伦冲动;更道德,是因为他的潜意识中同样有压抑这种冲动的巨大力量。超我中有非常强的破坏性

---

① 弗洛伊德,《自我与本我》,第141—142页。
② 同上书,第145页。

力量，用来反对自我，超我中的支配力量，就是对死的本能的一种纯粹培养。抑郁症导致的自杀，就是超我驱使自我走向死亡的结果。

弗洛伊德这样描述本我、自我、超我各自的特点："本我完全是非道德的，自我则力争成为道德的，而超我则可能是超道德的，因此才能变得像本我那样冷酷无情。"[1]超我又来自于对父亲的认同作用，当这种认同作用升华时，性成分就以倾向于攻击性和破坏性的形式释放，产生出死亡本能的严厉性和残酷性，以控制自我。

有意识的自我看上去是主动的控制者，但它没有多少力量，更像一个立宪虚君，受到三个主人的支配，分别来自外界、本我的力比多和严厉的超我，必须依赖这三者之一来获得力量。自我通过认同和升华作用，可以帮助本我的死亡本能掌握力比多，但这样就可能导致自己的毁灭；于是它又用力比多来充斥自身，就成为爱欲的代表，渴望活下去和被别人爱。自我与超我的关系远为复杂。本我没有办法向自我表达爱和恨，自我只能希望自己被超我所爱，但它又总是感到超我的仇恨和迫害；这就如同和父亲的情感一样。自我对良心和死亡的恐惧，就是童年时期阉割恐惧的一种延续。

4 本能及其限制

在这样的心灵结构中，乱伦情结和乱伦禁忌都非常深

---

[1] 弗洛伊德，《自我与本我》，第147页。

刻地作用于自我。一个人控制乱伦情结的强弱，本身即来自其乱伦情结的强弱，以及这一情结消解和升华得成功与否。弗洛伊德虽然承认乱伦情结在人性中至关重要的位置，但他并不认为哪个正常人曾经使这种情结付诸实践。重要的并不是乱伦的事实，而是乱伦的欲望及其升华与移置所形成的冲动、紧张、焦虑，这是人类文明的动力，也是人类痛苦的根源。慈母之爱将在一定程度上支配着整个一生的柔情；严父之威将始终在良心中注视着人们日后的所作所为、所思所想。家庭生活对人们未来生活的影响是决定性的，任何人终生难以摆脱父母的阴影。

弗洛伊德将父母子女的关系置于自我形成如此核心的地位，这在西方思想史上并不多见。德勒兹（Gilles Delauze）和加塔利（Felix Guattari）在《反俄狄浦斯》（*Anti-Oedipus*）中批评了弗洛伊德的"家庭主义"。他们发明了"欲望机器"和"没有器官的身体"两个概念，认为每个器官就是一个欲望机器，其功能都是生产、切割、形塑各种质料流，比如嘴负责切割奶流、气流和声流，阳具负责切割尿流和精流，肛门负责切割粪流。各个机器连接起来，比如肛门切割的就是胃生产的物质流。而人的主体就是没有器官的身体，把每个器官都当作自己的工具，因为这些器官作为机器，都在生产和形塑质料。[1]于是，母亲的乳房也只不过是与婴儿的嘴相

---

[1] Gilles Deleuze and Felix Guattari, *Anti-Oedipus: Capitalism and Schizophrenia*, Minneapolis: University of Minnesota Press, 1983, p.36.

连的另外一个机器而已,虽然母亲在这个过程中很重要,但母子关系不是本质性的,本质性的关系仅是不同机器之间的关系。人与自然是一体的,潜意识是个孤儿。①弗洛伊德误把自然与生产的工厂当成了私人舞台,在上面虚构了家庭中淫秽的小秘密。

德勒兹和加塔利只不过是更机械版的弗洛伊德罢了。在弗洛伊德笔下,母子和父子的关系同样不是本质性的,本质性的乃是吮吸乳房所形成的亲密关系,它所激发的是性本能和力比多。如果喂养婴儿的是乳母,而非亲生母亲,孩子和乳母之间也会产生同样的亲密关系;如果最初严厉的男性长辈不是父亲,而是舅舅、叔叔或养父,孩子和他之间也同样会产生一种性嫉妒。马林诺夫斯基在《野蛮社会中的性和压抑》中批评弗洛伊德将父母子女关系普遍化,证明在特洛布里翁群岛上,这种嫉妒关系正是发生在甥舅之间②,就说明,精神分析的理论并没有将俄狄浦斯情结完全铆在亲生父母之上,只是绝大多数孩子碰巧与亲生父母有这样多的接触而已。亲生父母培养和激发了他的性本能,塑造了他以后的性行为模式,甚至其他各个方面的性格;其他的男女长辈也完全可以起到同样的作用。虽然弗洛伊德不会以"欲望机器"这样的概念来解释父母子女的关系,但把父母仅仅当作形塑其欲望和本能的外部力量,弗洛伊德与他的两位批评者

---

① Gilles Deleuze and Felix Guattari, *Anti-Oedipus*, p.48.
② Bronislaw Malinowski, *Sex and Repression in Savage Society*, London: Routledge, 1927.

之间，并没有根本的分歧。

弗洛伊德虽然非常强调父母在每个人生活中的事实影响，但就理论而言，他对家庭的强调甚至比不上涂尔干。涂尔干将家庭中的神圣之爱与世俗性的男女性爱对立起来，认为二者之间有根本不同的性质；现在，弗洛伊德否定了家庭之爱的神圣性，认为所有的亲密关系在本质上都是同样的爱，来自同样的欲望，没有什么神圣感，所谓神圣的社会制度都是心理上的幻象，神圣的道德感只是欲望经过错综复杂的冲突和压抑之后形成的愧疚感。父母子女之爱与男女之间的性爱在实质上是一样的，差别仅在于，前者最早发生，具有根本的形塑作用，会影响终生，后者则是前者塑造出的结果。就实质而言，每个人仍然是一台欲望机器，当然是比德勒兹和加塔利笔下更加多愁善感的欲望机器，人之为人在于他有欲望，至于这部欲望机器的发动者是生身父母还是其他人，这无关紧要。父母并非欲望的制造者，也不构成欲望的本质，只是最早开启这种欲望的人，把自己的形象永久地留在了这欲望当中。弗洛伊德使男女性爱侵入家庭之爱，以性爱的方式来理解人类所有的欲望、冲动、能量、关系；即使在后期引入死亡本能之后，仍然认为最根本的力量来自性本能中的力比多，认为是这种力比多的去性欲化，导致了人类其他冲动和行为的力量。

马尔库塞对弗洛伊德这方面学说的解释是：随着母亲与妻子身份的分离，性欲与恩情（affection，或温柔 tenderness）也分离了，父亲施加的节制导致了恩情的产生，恩情的产生就成为建立家庭和持久集体关系的基础。在家庭生活中，夫妻之间又重新把性欲与恩情结合了起来。[①]没有两种身份的分离，以及两种感情的分离，就不可能有家庭秩序。

我们由此可发现涂尔干和弗洛伊德之间的关联。支配母子关系的是有节制的恩情，若僭越这种节制，就是乱伦。涂尔干和弗洛伊德都清楚地认识到了这一点，知道这是社会规范对人性自然的塑造，并且都知道，这种规范会内化到每个人的心灵深处，人若违背了这种基本道德，不用等可见的外在惩罚，自己就会无法承受良心的重压。涂尔干把这称为社会的神圣道德，是集体意识，而且集体意识会成为人性当中极为重要的组成部分。他也试图深入到内心深处，不过他看重的是这种集体意识的形成，以及它对人性施加的影响和改变。[②]弗洛伊德把这理解为外部世界的道德规范，而他最在意的，则是心灵面对这些外部影响时的微妙反应。心灵如何与外部规范互动，直到被外部规范塑造，形成超我，再作用于自我，而后在超我与自我的关系中形成控制自己的道德感和良心。

涂尔干所强调的家庭道德与男女性爱之间的差别，是就文明社会的道德共同体而言的；对于文明社会中的这种差别，弗洛伊德也会认可。而弗洛伊德认为所有性爱都以母子

---

① 马尔库塞，《爱欲与文明：对弗洛伊德思想的哲学探讨》，黄勇、薛民译，上海：上海译文出版社，1987年版，第52页。
② 涂尔干，《人性的两重性及其社会条件》，渠东译，收入《乱伦禁忌及其起源》，上海：上海人民出版社，1999年版，第231页以下。

关系为最初的范本，是就心理情结而言的，并非现实生活当中的情况，甚至也尚未考虑到超我形成之后的作用；对于未施加社会规范的人性，涂尔干也未必就不同意弗洛伊德的这种判断。可以说，弗洛伊德在根本上并未否定涂尔干的思想体系，而是将涂尔干所讲的故事补充完整，将涂尔干所未曾深入研究的心理部分讲了出来。虽然两个人对社会规范有着或褒或贬的相反倾向，但他们所讲的两段故事可以拼成一个：一个讲的是在社会层面发生的台前的事，道貌岸然的社会成员们展示着他们对道德共同体的忠诚和赞颂；另一个是在心理层面发生的幕后的事，这些衮衮诸公内心里正在涌动着淫秽的波澜，伴随着深深的愧疚感。

对比两个故事，我们会发现，涂尔干所谓家庭之爱与男女性爱的差别，其实质并不是两种爱之间的差别，而是家庭这种社会组织与非社会个体的差别。家庭和所有社会组织都是道德共同体，都会将一定的集体意识灌注到人的意识当中。但他不承认夫妻之间是道德共同体，认为他们无法形成一种集体意识；相反，一男一女在一起，恰恰是非社会的人性得到表达的时候。乱伦不为社会所允许，就是因为道德共同体中不能容许这种非社会的情感。但男女性爱的实质究竟是什么，与人性构成有什么关系，为什么以及怎样与社会道德相冲突，就要弗洛伊德来讲了。

弗洛伊德为涂尔干的现代社会学说提供了一种人性论基础。这种人性论结构看上去与涂尔干在社会生活中发现的完全相反，似乎足以瓦解涂尔干的神圣社会；但因为涂尔干一再强调他所讲的那些东西都是道德共同体塑造的，那么，在道德共同体塑造之前，岂不是应该与此完全相反？涂尔干虽然深入研究过霍布斯和卢梭[①]，但毕竟没有给出一个系统的自然状态说；而他的思想体系是需要一个自然状态来支撑的。弗洛伊德为他提供了这个自然状态。虽然涂尔干自己未必同意，但精神分析中所讲的人性结构，远比霍布斯或卢梭的自然状态更适合他的社会理论。霍布斯和卢梭都没有认真地把乱伦禁忌当作进入文明社会的标志，涂尔干和弗洛伊德在这一点上有深刻的共鸣。

于是，自然状态从霍布斯笔下的战争状态，经过达尔文笔下的物竞天择、适者生存的状态，母系论者的因群婚杂交而难以避免乱伦的状态，现在已经演变为弗洛伊德笔下性本能与死亡本能相互斗争、靠力比多引领、倾向于乱伦的状态。在这些学派中，有些以真实的历史来理解这种状态，如达尔文和母系论者；而霍布斯、涂尔干、弗洛伊德都未必相信他们所讲的那个状态曾在历史上存在过。弗洛伊德虽然在《图腾与禁忌》中假定了人类早期的历史状况，但那也并非完全没有社会规范的乱伦状态，他所理解的性本能是不可能完全自由地存在的。但不论这些学者是否相信其自然状态曾经是历史阶段，他们都认为，仅仅自然状态是构不成人性的，而必须有社会文化来为这种自然状态赋形，而这种赋形

[①] 涂尔干，《孟德斯鸠与卢梭》，李鲁宁、赵立玮、付德根译，上海：上海人民出版社，2006年版。

会压抑人性质料的重要倾向。在达尔文笔下,自然选择和性选择中的斗争导致了现在的人性的产生;在母系论中,虽然母系社会似乎曾经独立存在过,但从母系到父系的进化是人性逐渐完善的过程。霍布斯的社会契约为好斗的人性质料赋形;涂尔干和弗洛伊德则都认为,是社会规范为追求绝对性自由的人性质料赋形,最初的文明人就是不敢乱伦的人。他们对人性的理解,都没有真正摆脱亚里士多德的形质论。

弗洛伊德与达尔文一样,试图以一贯的逻辑解释自然本能与道德良心,他把一切化约为力比多,认为道德良心也不过是力比多的一种变形。但是,他的力比多中却又包含了极其复杂的矛盾和扭曲,因而最终还是使本能和社会道德处在尖锐的对立中。弗洛伊德与达尔文是殊途同归的。弗洛伊德对性本能的强调,正呼应了达尔文对性选择的强调。在弗洛伊德笔下,人性的质料充满了力比多,而力比多的演化又成为人的生活形式。虽然形式和质料在根本上都来自力比多,但二者之间却存在非常尖锐的冲突。

五 从爱欲到力比多

1 爱欲与整全

为什么在人性的质料和人性的形式之间会形成如此巨大的冲突?除了形质论的转化、自然的跌落、形式与质料的分离之外,乱伦禁忌的讨论还引导我们思考另外一个非常相关的问题:爱欲,即力比多。弗洛伊德用力比多来解释所有这些问题，力比多构成了他所理解的人性实质。

早在《性学三论》的序言里，弗洛伊德就警告那些蔑视精神分析的人："精神分析扩展了的'性概念'（sexuality）与神一样的柏拉图的爱欲（Eros）是多么相近。"① 他在正文开始不久处又谈道："关于性本能的流行观点，很像一个美丽的诗歌传说，讲的是原始人被分成了两部分：男人和女人。他们奋力地通过爱情达到再度的结合。"② 这里指的是《会饮》中阿里斯托芬讲的故事。而在《超越快乐原则》中，他又谈到这个古代神话可以帮助我们理解性的起源：

> 当然，我在心里指的是柏拉图《会饮》中由阿里斯托芬代言的那种学说，这个学说不仅研究性本能的起源，而且研究它与其对象的关系中最重要的变化。……我打算遵循这位诗人哲学家给我们提供的线索，并做出大胆的假设，即生物在获得其生命的那一刻被分裂成小的粒子，从那时起，它们就力图通过性本能来重新获得统一吗？穿越原生动物之王国而发展的这些本能，无机物的化学亲和性在里面继续存在着，逐渐克服了由于充斥着危及生命的刺激物的环境而对它们的奋斗所设置的一切障碍，这些刺激物迫使它们形成了一个保护性的外表吗？生物的这些被分裂的部

---

① 弗洛伊德，《性学三论》，第511页，翻译有改动。
② 同上书，第513页。

分就是以这种方式获得了成为多细胞的条件。①

在其前后期的思想中，弗洛伊德都在思考着柏拉图的《会饮》。柏拉图与弗洛伊德的爱欲观之间的密切关系，辛戈（Irving Singer）在《爱的本质》中看得很清楚。②在《会饮》的七篇发言中，他最关心的始终是阿里斯托芬的发言。③

阿里斯托芬的故事是这样的：本来，人类的身体都是圆形的，有四只手，四条腿，圆柱形的脖子，一个头，两张脸，四只耳朵，两套性器。分为三个性别：男人，两套性器都是男性的，为太阳所生；女人，两套性器都是女性的，为大地所生；阴阳人，两套性器分别为男、女，为月亮所生。这样的人类在力量和速度上都远超现在。他们犯上作乱，攻击诸神，被宙斯惩罚，从中间劈开一分为二。阿波罗帮助人抚平了被劈开时的伤口，于是，人类变得只有一张脸，两只手，两条腿，一套性器。但他们都会寻求与原来的另一半结合，紧紧抱住，恨不得合到一起，饭也不吃，事也不做，结果死掉。宙斯为了医治这种状况，把人的性器从身后移到了前面，让人可以交媾。这样，男女抱在一起就可以生下后

---

① 弗洛伊德，《超越快乐原则》，第43—44页。
② Irving Singer, *The Nature of Love*, Chicago: The University of Chicago Press, 1964. 但辛戈对柏拉图与弗洛伊德爱学的理解和分类，我并不认同。
③ 美国电影 *Hedwig and the angry inch* 同样是对《会饮》的现代诠释，也同样聚焦于阿里斯托芬的部分，可参考 Holly M. Sypniewski, "The pursuit of eros in Plato's Symposium and Hedwig and the angry inch," in *International Journal of the Classical Tradition*, Vol. 15, No. 4 (December, 2008), pp.558-586.

代,使人类不会灭绝;男人和男人也可以发泄情欲。因此,原来是男人的,现在就是男人追求男人;原来是女人的,现在就是女人追求女人;原来是阴阳人的,现在就是男女相互追求。爱欲,就是人类追求重新结合为整体的欲望。面对抱在一起的人类,阿里斯托芬又假想了赫淮斯托斯过来,说要把他们融为一体,人们肯定会求之不得。当然,赫淮斯托斯并没有这样做。①

在这个故事里,人类有过三种状态:第一,在没有犯罪和被罚之前,人是整全的,很强大,没有爱欲,但也可以生育,不是通过交媾,而是像蝉一样将卵下在土里;第二,在被劈成两半之后,产生了重回整全的欲望,这就是爱欲,人们相互纠缠在一起,茶饭不思,什么也不做,过度的欲望使人死去。至于生育,这时候应该还可以像以前一样完成,但他们不去做了;第三,宙斯把人的性器移到前面,让人们的爱欲可以缓解,在满足之后就可以安心做别的事了,通过交媾生育只是一个次要结果,所以同性恋和异性恋并无实质差别。

这个故事确实和弗洛伊德的学说,特别是后期学说很接近,但也有重大不同。在这个故事里,人的原初状态是整全的,爱欲是为了追求这种状态,但无休止的爱欲会导致死亡,而性物质的释放暂时完成也缓解了爱欲;在弗洛伊德看

---

① 参考王太庆先生对话集本(北京:商务印书馆,2004年版)和刘小枫先生的译本(北京:华夏出版社,2004年版),及 Benardete 译本(Chicago: University of Chicago,2001)。

来，原初状态就是死亡，爱欲是为了克服死亡，延长生命，而性物质的释放则更接近死亡状态。

阿里斯托芬不仅和弗洛伊德有巨大差别，而且和宴席上发言的其他人都很不同。在众人极力赞美爱欲之时，唯一一个没有同性恋伙伴的喜剧作家阿里斯托芬却认为，人的最美好状态是没有爱欲的，爱欲是犯罪和受惩罚之后产生的。在这一点上，阿里斯托芬倒是更接近基督教。[①] 作为守护爱欲的神，爱若斯的职责是帮人治病（189d1）。

但爱欲究竟帮人治什么病呢？在这个故事里，人有好几个层面的疾病。首先，宙斯劈开人之后，阿波罗帮人抚平了伤口；其次，人在被劈开后，已经得不到整全，爱欲之神"让我们复返自然，治愈我们，使我们变得快乐"（193d3）。作为因渴望整全而出现的爱欲，应该是治疗这种病的，但并没有使人们真的回归整全；还有另外一个层面的病，即人们因为渴望整全而什么也不做，那是过度的爱欲，会导致死亡，因而也是一种严重的病态。移植生殖器是对这一状态的治愈，但那是宙斯做的，不是爱若斯做的。

爱若斯所治的，当然不是阿波罗治的病。而如果说爱若斯是帮助人们恢复整全的医生，那他既没有真正带来整全，也没有给人快乐，反而使人们耗尽生命而死去。对于人因为渴望另一半而死掉这种病，恰恰是惩罚了人类的宙斯给

---

① K. J. Dover, "Aristophanes' Speech in Plato's *Symposium*," in *The Journal of Hellenic Studies*, Vol. 86 (1966), pp. 41-50.

人治愈的,爱若斯似乎并未参与其中,那人们为什么还要崇拜他呢?

阿里斯托芬说爱若斯给人带来快乐,当然必须结合这几个层面来说。爱若斯确实让人追求整全的本来面目,治愈被劈成两半的病;但在整全不可能回归的情况下,他又通过满足和发泄欲望,使人脱离那不可能满足的欲望,获得一种似真似假的快感。所谓的快乐,并不是重回整全的快乐,而是通过发泄爱欲从而中止爱欲的快乐。爱若斯是一个充满了矛盾的神。①

但真的有过爱若斯这个神吗?在阿里斯托芬的故事中,宙斯、阿波罗、赫淮斯托斯都曾经出现过,那个接受赞美的爱若斯却根本没有出过场,这是一件多么奇怪的事!这个爱若斯,也许只不过是宙斯和赫淮斯托斯背靠背的结合体,就像被劈开之前的人那样,因为既然完美的人是四手四足的,神难道会是人被劈开后的样子吗?宙斯惩罚了人类又治愈了人类,赫淮斯托斯说要缝合情侣却又不去做,爱若斯岂不是包含了所有这些吗?而那个帮人疗伤的阿波罗,可能也是爱若斯的一部分。那么,这个爱若斯就成了三头六臂的神了,而他的内在张力,又岂是一星半点?

阿里斯托芬的故事之所以有这么大的吸引力,正是因为,爱若斯虽然是一个神,却包含了多重的内在紧张,就像性欲本身常常充满了矛盾、紧张、自我扭曲、变态的快感一

---

① 对于爱若斯的这种含混性,可参考努斯鲍姆,《善的脆弱性》,徐向东译,南京:译林出版社,2007年版,第233页。

样,这也正是弗洛伊德的性学呈现出的面貌。

2 爱欲和不朽

苏格拉底的发言是对阿里斯托芬故事的哲学提升:他借狄娥提玛之口讲了关于爱若斯出生的一个故事:在阿芙洛狄忒的生日宴会上,贫乏女神佩妮娅(Penia)来讨吃的。当时,理智之神美提斯(Metis)的儿子充盈之神波洛斯(Poros)醉倒在宙斯的花园里。佩妮娅因为总是缺乏资源,想生个波洛斯的儿子,就在他身边躺下了,怀上了爱欲之神爱若斯(Eros)。因为母亲是在美神阿芙洛狄忒的生日宴会上受孕的,所以爱若斯总和美神在一起,爱慕美丽。作为佩妮娅之子,他处在贫穷和匮乏当中;但作为波洛斯之子,他又总是渴望和追求充盈。他介于必朽与不朽之间:有了充盈就会富足地生活,缺乏充盈就会死去;但靠了父亲的本性,他又会活过来。他所获得的充盈会迅速消耗,永远介于富足与贫困、智慧与无知之间。

通过这个故事,狄娥提玛和阿里斯托芬一样,把爱若斯描绘成一种欲望。但就是在这个地方,狄娥提玛明确反对阿里斯托芬,说爱若斯所欲求的既非另一半,也不是整体,而是自己永远拥有好的东西[①],而这种追求是通过身体和灵魂在美中孕育与生产完成的:

[①] F. C. White, "Love and Beauty in Plato's Symposium," in *The Journal of Hellenic Studies*, Vol. 109(1989), pp. 149-157.

> 到了一定年龄,人们的自然本性就产生了要生育的愿望。但人们不会在丑中生育,只会在美中生育。男人和女人的交合就是生育。受孕生育可是件神圣的事情,是必朽的生命中的不朽。……所以,凡有生育欲的,遇到美人就感情摇荡、缱绻缠绵起来,然后孕育、生产子女;遇到丑的,就会黯然回避、独然戚戚,然后转身离去,宁可自己枯萎,也不肯生育子女,痛楚地抑制生育的愿望。这就是为什么,凡有生育欲而且已经在胸中膨胀的人,会那么拼命缠住美,因为,只有美才会解除生育的阵痛。(《会饮》206c3—206e2;刘小枫译本)

在狄娥提玛看来,生育非常重要,所以他进一步修正苏格拉底说,爱欲并不欲求美,而是欲求在美中孕育和生产。只有靠了生育,生命才会绵延,必朽的才能变成不朽的。因此,爱欲所欲求的乃是不朽。

上述对孕育和生产的描述,和我们通常理解的不大一样。难道不是女人才会生育吗?为什么说所有人都会生育?怀孕之后自然要生育,和遇到遇不到美人有什么关系呢?彭德尔(Pender)指出,206c5 中的"生育"(τόκος)要理解为男性的射精,因为希腊人相信生命已经存在于精子中了。[①] 这里的意思是,男人遇见美丽的女人就容易射精,但遇见丑陋

[①] E. E. Pender, "Spiritual Pregnancy in Plato's *Symposium*," in *The Classical Quarterly*, New Series, Vol. 42, No. 1 (1992), pp. 72-86.

的女人就会萎缩，无法射精。这正是阿里斯托芬说的第三种状态，他们的不同在于，阿里斯托芬并没有把生育看得那么重要。

狄娥提玛指出，必朽者的生命体现在生物体的每个部分，因为头发、躯干、骨骼、血脉，乃至整个身体都在不断新陈代谢，这正是弗洛伊德所理解的力比多聚合细胞的作用。必朽者是通过身体和灵魂的新陈代谢来延续生命的，因此，强烈的爱欲伴随着所有的生命体。在此，狄娥提玛比阿里斯托芬更接近弗洛伊德。

身体各部分的新陈代谢使个体尽可能地延续生命，传宗接代则是对身体必朽性的进一步克服。灵魂上的生育和不朽也是如此，人们靠德性和智慧延续灵魂的生命，诗人、各种工匠、治理家国之士都从事着灵魂上的生育。那些关注灵魂不朽的人从小孕育美德，长大成人后就要生育了，于是到处寻找美，当遇到一个美好的灵魂，就会爱慕他，和他大谈美德，这就是美德的生育。这种灵魂的生育比身体的生育更高贵。吕库古在斯巴达留下的法律，梭伦在雅典留下的法制，都是他们灵魂的孩子。

随后，狄娥提玛一步一步描述了爱的阶梯：爱者都是首先爱慕一个美的身体，在这个身体上生出美的言论，然后领悟到，不同身体的美是一致的，于是开始追求不同身体那共同的美，而不再专注于一个美丽身体。他于是更看重美的灵魂，逐渐领受政治实践中的美，体会到各种知识中的美，又转向美的沧海，领略美的奇观，在爱智中孕育出美的言辞和思想。他最终看到了美本身，那是永恒常在的美。人们在看到美本身的时候，才能生育出真实的美德，和这美德相比，以前所生的都是美德的影像。生出并抚养真实的美德的人，是为神所喜爱的，是真正不朽的。

在这个阶梯中，每一个环节都是由同样的关系构成的：爱者通过爱被爱者而生育出后代，其最高的形态是爱智者通过爱美本身而生出真正的德性。美本身应该就是美的形式，最低的爱，却是一个男人爱一个美丽的女人，和她生儿育女。在对爱的阶梯的描述中（狄娥提玛似乎根本不屑将异性恋放在爱的阶梯中，其中最低的一个环节是男同性恋），被爱者越来越被当成了美的样式，爱者是个爱智的凡人，通过观照这个样式，生下了后代。美丽的女人和美的样式是一样的吗？这和希腊文化中关于爱者与被爱者的关系，以及亚里士多德对性别的理解，都非常不同。

在古希腊，同性恋关系往往发生在年长的爱者和年轻的被爱者之间，只有爱者有强烈的爱欲，显然处在更主动的位置，更像异性恋中的男子；被爱者处在被动的位置，更像异性恋中的女子。比如厄里克希马库斯和菲德若分别是爱者和被爱者，鲍萨尼亚和阿伽通也是爱者和被爱者。但在《会饮》中，爱者和被爱者的地位却有些颠倒，像后文阿尔西比亚德和苏格拉底的关系，年轻的阿尔西比亚德似乎更像爱者，年长的苏格拉底更像被爱者，但显然苏格拉底处在一个更主动的位置。①

用这种有些颠倒的关系来理解爱的阶梯，问题就更复杂了。当狄娥提玛讲到身体的生育时，她所说的爱者也更像主动的男子，美丽的被爱者也更像被动的女子，所以爱者把后代生在这个身体中。在刚刚谈到灵魂的生育时，那满怀欲望的灵魂也更像一个主动的爱者，那被爱的美好灵魂也更像一个被动的被爱者，所以爱者受被爱者的激发，把美好的言辞生出来。但是，随着爱的阶梯一步步攀升，当爱者越来越接近美本身的时候，被爱者却成了地位更高的样式。

这样的理解与亚里士多德的《动物的生成》乃至柏拉图自己的《蒂迈欧》都很不一样，因而《会饮》中并没有亚里士多德那样清晰的形质论。柏拉图只把最终的美本身当作美的样式，爱的阶梯中的每次与美丽事物的相遇，都是这个样式的分有而已。他关心的是如何通过美来生育，并不关心究竟男人还是女人更接近样式，因而也更不存在谁接近质料的问题。在苏格拉底看来，没有哪个人能够做被爱者，他的工作，就是引导每个人成为爱者，去追求那最高的美。每个爱者都是欲爱的主体，在遇到了美之后，制造出美的作品，生育出美的后代。正如狄娥提玛一再提醒的，欲爱的目标并不是美，而是生出美的后代，即

---

① David M. Halperin, "Plato and Erotic Reciprocity," in *Classical Antiquity*, Vol. 5, No. 1 (Apr., 1986), pp. 60-80.

不朽。

阿里斯托芬所讲的只有赤裸裸的欲望[①]，但苏格拉底讲出了生命原则和不朽原则。弗洛伊德虽然更喜欢讲阿里斯托芬的故事，但对生命本能的理解，却不折不扣来自苏格拉底和狄娥提玛。

3 爱若斯的家庭

《会饮》中的爱欲与乱伦又有什么关系呢？就像阿兰·布鲁姆指出的，虽然《会饮》的主题是爱欲，但几个发言者讨论的内容与婚姻家庭都毫无关系。[②]以爱欲为主题的对话竟然会和家庭与生育无关，即使在西方思想的语境之下，也实在匪夷所思。

但若细读文本，家庭问题也并非完全缺席。苏格拉底的发言中不仅数次谈到了家庭，而且他首先关心的就是爱若斯的父母是谁，出自什么家庭。于是狄娥提玛讲了充盈之神、贫乏之神、爱若斯一家三口的因缘。当然，这是一个非常成问题的"核心家庭"。充盈和贫乏并非合法夫妻，爱若斯更不是父母的合法后嗣。贫乏似乎是恋慕充盈的，但充盈不可能爱上贫乏；贫乏好不容易找到充盈喝醉了的机会，才

[①] Mary P. Nichols, "Socrates' Contest with the Poets in Plato's Symposium," in *Political Theory*, Vol. 32, No. 2 (Apr., 2004), pp. 186-206.

[②] Alan Bloom, *Plato's Symposium*, Chicago: The University of Chicago Press, 2001, p.61.

得以与他交欢，爱若斯便是这场暗恋的私生子。[1] 由于出身背景晦暗不明，爱若斯的父母虽然都是神，他自己却不能算神，只是神人之间的一个精灵。这已经决定了爱若斯四处漂泊、居无定所的命运。

更重要的是，在狄娥提玛对爱的叙述中，传宗接代也有一个位置，虽然只是很低的位置，但极其重要，因为那是生命原则迈向不朽的第一步。生物体自身的新陈代谢只能使人尽可能长地维持生命、克服死亡，但要真的战胜死亡、获得不朽，则首先需要身体的生育，这是爱欲真正起作用的开始。必朽者获得不朽的这种努力，在狄娥提玛看来，无论人还是动物都具有，因此她用动物的例子来说明爱若斯起作用的状况："你难道不知道，不论飞禽走兽，当它们想要生产后代时，它们的性情是多么可怕？它们都陷入病态，充满性欲，先是疯狂地要相互交配，既而养育自己的幼崽。它们为了幼崽宁可搏斗到底，哪怕以弱对强，甚至不惜一死。它们宁愿饿死也要养育后代，什么也无法阻止。"（207a8—b8）这不就是达尔文后来所讲的性选择吗？依照狄娥提玛的逻

---

[1] 爱若斯出生的故事，与爱的阶梯上的每个阶段都形成了有趣的对照：看上去，是佩妮娅爱上了波洛斯而生了爱若斯，但为什么爱若斯爱慕阿芙洛狄忒呢？难道不是佩妮娅爱慕阿芙洛狄忒吗？为什么会出现阿芙洛狄忒这个第三者？难道他们两个真正爱的都是阿芙洛狄忒吗？在这个故事中，阿芙洛狄忒似乎是爱若斯的助产士，所以狄娥提玛又说，遇到生育的时候，卡洛娜（美）就是莫伊拉（命运女神）和艾莱提伊阿（助产女神）（206d4）。

狄娥提玛说，真正有智慧的神是不会爱智的，这是否也意味着，真正琴瑟和谐的家庭是不会再有爱若斯的？

辑，人和动物获得不朽的方式是一样的。人与动物都欲求永恒存在，但又不可能像神那样永远不死，于是就通过繁衍的方式，让新一代替代老一代，实现物种的延续。正是因此，各种动物在发情和保护幼崽时，才会那样疯狂。

但是，这只是对身体生命的延伸，只能算最低层次的不朽，甚至与后面所谈的不朽比起来，根本就不是不朽。爱者在爱的阶梯上每攀登一步，就不再感到前面的美好仍然美好，所以，当一个人发现所有身体的美都是美，他就会觉得"一个美的身体实在渺小，微不足道"（210b7）；当他领略到政治和律法之美，也会懂得"身体的美其实不足道"（210c7）；而他一旦瞥见了美本身，"那些个金器和丽裳，那些个美少和俊男都算不得什么了"（211d5）。一个认识到了美本身的爱智者，已经抛弃了前面所有具体的美的事物。所以弗拉斯托斯（Vlastos）批评说，在《会饮》中，没有对个体之人的爱，只有对他的抽象特点的爱，因为我们之所以爱某个人，并不是爱他，而只是爱他所分有的美，通过他来爱美本身，因此，当我们看到美本身之后，就可以不再管那些具体的美的事物了。[1]

但正如《理想国》中的哲学家最终还会回到洞穴，看到美本身的那一位爱者并不会完全抛弃美的影像，他仍然从事齐家治国的活动，而且他所生育出的美德也不是美本身，

---

[1] Gregory Vlastos, "The individual as an object of love in Plato," in *Platonic Studies*, Princeton: Princeton University Press, 1981, p.31.

仍然只能是美的影像，并以这种影像介入城邦的日常生活。问题并不在于哲学家是否仍然从事这些俗务，而是在于他从事俗务的理由和目的何在。柏拉图确实没有形式和质料的区分，但有样式和具体事物的区分。每个美的事物都是按照美的样式造出来的，好的哲学家就是能更好地按照美的样式创造美好德性的人，创造使他不朽，但必须是按照美的样式的创造才会使他真正不朽。生育繁衍只能是一种虚假的不朽，因为它不可能是按照美的样式的创造。

因此，要努力朝向灵魂真正的不朽，就必须放弃家庭之爱，不要汲汲于虚假的不朽与生育，而要像苏格拉底那样，忙于灵魂的追问，对家中之事不闻不问，甚至在自己临死之时，还要与朋友们讨论灵魂不朽的问题，而不愿意与家人在一起（见《申辩》23c10、《斐多》60a7）。在他看来，家庭之爱并没有独立的哲学价值。与韦斯特马克和涂尔干不同，柏拉图没有赋予家庭以神圣地位，反而认为爱欲会引人朝向不朽，这条是弗洛伊德爱欲论的来源。

像充盈与贫乏之间那样的非法交欢，与合法夫妻之间的闺房之乐，究竟有什么不同呢？狄娥提玛没有谈。按照她此处的逻辑，同性和异性之间任何的肉体交欢，都应该没有不同；甚至当一个人的性爱对象不专一的时候，他反而接近了更高的境界；同性之间的性爱也超过了异性之间的性爱，因为同性之间是不会以肉身的繁殖为目的的。

正是基于对性爱的这种理解，柏拉图才会在《理想国》第五卷中倡导取消家庭。苏格拉底说，男女之间的差别仅仅在生理上，即男性授精，女性受精，因而女人也可以做城邦的护卫者。他进一步提出，不能让一男一女组成小家庭，而要让所有的妇女儿童公有，让人们不知道自己的父母是谁。优秀的男子要找优秀的女子，尽可能多地生育后代。这种婚姻模式完全服务于城邦的利益。它导致的一个必然后果，就是无法防止乱伦，因为人们连父母都不知道，更不知道自己的兄弟姐妹是谁。而且要求最优秀的男人与最优秀的女人交配，那么，若是优秀的父母生出优秀的儿女，则父女、母子、兄弟姐妹之间的交配概率就会非常高。虽然说柏拉图在《法律篇》中不再宣扬如此极端的婚姻模式，他未必真的相信可以实现这种婚姻模式，但这至少说明，柏拉图认为妇女儿童公有在理论上是可能的，乱伦也没有什么大不了的。《理想国》中的这种共妻制，是西方思想史上关于群婚、杂交设想的真正源头。

柏拉图和亚里士多德都相信样式/形式的超越性，都认同按照样式/形式创造的模式。柏拉图靠爱的阶梯，亚里士多德靠形式和质料的不可分割，又都试图在两端之间建立辩证的联系。爱欲概念和形质论都深刻地影响了现代思想，阿里斯托芬的故事又与基督教的原罪和意志论相混杂，在弗洛伊德笔下重现了。

早在卢梭对欲爱的理解中，就有一个由自我创造的爱人形象笼罩在真正的爱人身上。① 弗洛伊德的道德和良心更

---

① 参考 Gregory Vlastos, "The individual as an object of love in Plato," p.29。

成了力比多扭曲的作用,这当然是与柏拉图的重大区别,因此,虽然生育在弗洛伊德爱欲观中的消失使他看上去很像阿里斯托芬,但其实他是一个颠倒过来的柏拉图。

达尔文和弗洛伊德所理解的性本能,都来自柏拉图的"爱欲"。两派学者虽有不同,但他们都认为,生活形式就是本能的自我建构。因此,爱欲的作用方式和约束方式是决定人类文明形式的根本动力。但他们的思想中都见不到柏拉图所关心的美和不朽,因为他们所理解的生命形式,就是由性本能塑造出来的乱伦禁忌。他们笔下也不再有亚里士多德所讲的质料,因为本能已经把人性的质料挤压得近乎虚无。

这样,我们也就可以理解乱伦禁忌问题的实质了。虽然进化论和文化建构论表面上有很大差异,但他们都从类似的人性结构来理解这一问题。他们都把乱伦禁忌当作文明社会最基本的伦理道德,因而是非常重要的人性形式。至于人性的质料,他们都认为没有任何规定性,最终化约为最基本的性本能,没有任何形式的性本能,当然是允许甚至倾向于乱伦的。正是形质论与爱欲观的这种现代结合,使这么多学者将性爱的形式理解为人类进入文明状态的决定性因素。

性本能演化为生活的形式,就是双方共同探讨的乱伦禁忌的起源。不同的学者对这个演化过程有不同的理解。韦斯特马克认为是共同的生活约束了性本能,涂尔干认为是家庭生活的神圣性限制了性本能,而弗洛伊德则认为,性本能的自我演化就足以使父亲内化为严厉的良心。

对我们而言,最重要的不是乱伦禁忌的起源,而是

"乱伦禁忌的起源"这个学术问题的起源。乱伦禁忌起源背后的性欲观，可以追溯到爱若斯的诞生和那个妇女公有的城邦，但必须经过伊甸园中偷吃禁果的故事之后，才会形成现代的诸种形态。母权论和乱伦禁忌的起源都可以看作这种潮流的现代产物。它代表着西方哲学体系和人性论的一种现代形态，因而也更深地暴露出这种人性论的内在张力。在母权神话破灭后，乱伦禁忌的讨论不仅继承了母系论所关心的基本问题，而且达尔文、弗洛伊德等人都不可能给男女完全平等的位置，都认为雄性有更主导的作用。这仍然是亚里士多德性别形而上学的影响所致。而这种对雄性和父的重视，将尤其体现在第三个人伦神话中。

下篇　资于事父以事君

——"弑父情结"的政治意义

弗洛伊德的俄狄浦斯情结包括弑父和娶母两部分。在前一部分的讨论中，我们主要集中在娶母问题上，现在再来谈谈弑父问题。二者虽然密切相关，却代表了两个不同的问题域。娶母问题的实质是对爱欲的理解，而弑父问题的实质，却是对父子权力的理解；在西方思想传统中，还有与弑父问题紧密相关的两个问题，即弑君与弑神。弑父、弑君、弑神，是理解西方政治生活之人伦维度的重要切入点。

弗洛伊德认为，在潜意识深处，每个男人都有弑父娶母的情结，这一点深深影响了人类文明的历史进程。在《图腾与禁忌》和《摩西与一神教》中，他建构了早期人类的历史，勾勒了人类文明和政治社会的起源。但这并非弗洛伊德自己的发明，而是达尔文与阿特金森开辟的论题。不过，弗洛伊德大大修改了对这个问题的理解，从而以他的方式诠释了文明社会的起源，以及父亲形象在人类历史中根深蒂固的影响。

受达尔文影响的阿特金森认为，高等哺乳动物和早期人类在很长一段时期里，都是通过儿子联合弑父来完成代际继承的。但在弗洛伊德看来，弑父之举是一个决定性的历史转变，而不曾成为一种惯常性的继承制度。它使儿子们不仅战胜了父亲，而且背负了深深的罪感。对父亲的胜利终结了父君主国，进入兄弟联合的民主制度；但在弑父的原罪影响之下，父亲的形象却以另外一种方式影响着历史的进程；犹太—基督教中的上帝，只不过是这个父亲形象的一种精神化形态而已。

在百科全书式的巨著《金枝》中，弗雷泽从罗马的内米祭司故事出发，考察了种种弑君和弑神的故事。弗雷泽呈现出来的图景与弗洛伊德笔下迥乎不同，但他更认真地展开了达尔文—阿特金森的命题。他的解释是，杀死老国王的肉身，正是为了更好地保住国王的精神，使它在新一代国王的身上复活。希腊神话中阿芙洛狄忒的情人阿多尼斯被野猪杀死，就是这样一个典型的故事；而耶稣的死和复活，正是阿多尼斯死而复生的一个翻版。

达尔文、阿特金森、弗洛伊德谈的是弑父，弗雷泽谈的是弑君，但他们所触及的实质都是一样的，即君、父和人类生活共同体的关系是什么。弑父、弑君问题的实质，就是家庭伦理与政治秩序的关系。麦克伦南和梅因争论的起因并不是男女性别本身，而是血缘群体怎样发展为政治群体。父权论使梅因似乎认为，从家庭经过家族、氏族、胞族，都可以通过自然的生育繁衍完成，但最终形成城邦，却要依靠不同血缘群体的聚集。如果此前人类的群体都是靠了自然繁衍形成的同心圆式的群体，那么在这最后一个决定性的阶段，为什么会出现不同血缘群体的联合呢？正是出于这层考虑，麦克伦南将母系社会的论题正式引入了人类学领域。从麦克伦南到恩格斯，这些学者都有一个基本的假定，即家庭伦理与政治秩序是必然不同的，因此，无论血缘群体繁衍到多大规模，也不足以构成一个政治社会。梅因用以回应他们的，正是亚里士多德《政治学》第一卷的核心问题：家庭和城邦的关系究竟是什么？在城邦的政体中，君主制和民主制到底意味着什么？

亚里士多德一方面肯定了民主制的普遍意义，另一方面也并未否定君主制，甚至父君主制的价值。罗马帝国的兴起、基督教的传播和北方蛮族的南下使这一问题更加复杂。希腊罗马第一公民的理念、基督教贬低现实政治的取向，以及北方民族的世袭君主制，这几个方面的因素相互混杂，共同构成了欧洲中世纪的君主制度，成为现代欧洲政治的起点。

追求自由的现代欧洲人，无论对他们家庭中的父、他们的国父，还是天上的圣父，都举起了手中的刀。神圣的英王查理一世、法王路易十六、俄国沙皇尼古拉二世相继倒在弑君者的屠刀下，弑君者则陷入了狂欢与悔恨的交织当中。弗洛伊德说，这种情感正是乱伦情结的另外一个面相，因为弑君行为的实质乃是性嫉妒。

对母权制问题的讨论，一方面涉及人性是什么，另一方面则引导人们思考在这样的人性基础上，应该建构怎样的政治团体。在母权论式微之后，对乱伦禁忌的讨论，由性爱问题入手继承了对人性的讨论；而弑父问题则继承了对政治问题的讨论。

一 独眼巨人王朝

1 性选择与雄性争霸

我们在本书上篇引用了达尔文在《人类的由来》中关于灵长类动物与原始人婚姻的一段话。在这一段之后,达尔文又写道:

> 十分近乎事实的看法是,最原始的人在本地以小群为生活单位,一群构成一个社群,社群之中,每一个男子有个单一的妻子,或,如果强有力的话,有几个妻子,他对妻子防卫得十分周密,唯恐别的男子有所觊觎。另一个可能的情况是,他当时还不是一个社会性的动物,而只是和不止一个的妻子厮守在一起,有如大猩猩一般。因为所有的土著居民"异口同声地说,在一队大猩猩之中,他们所看到的成年的公的总是只有一只,等到幼的公的长大以后,队中就发生争夺霸权的战斗,而其中最强有力的公的,在把其他公的杀死和赶走之后,就自立为社群的首脑"。这样被赶走而比较少壮的公的,经过一段时间的流浪之后,会终于成功地找到一个配偶,别成一个社群的起点,而这样,也就避免了在同一家族之内进行过于近密的近亲婚配。①

---

① 达尔文,《人类的由来》,第 896 页。

达尔文以此开启了对弑父问题的现代讨论。对这种状况的设想，无疑遵循了达尔文关于性选择的基本原则。但比起后来的弑父讨论，达尔文还是相当温和与委婉的。

他没有认为弑父是原始群体中的必然现象，而是设想了两种可能的情况。第一种是，在一个小社群中，若干个一夫一妻或一夫多妻的家庭共同生活在一起。但根据动物学和人类学的研究，这不大可能，因为坚信人是从灵长类进化而来的达尔文发现，在大猩猩当中，总是一个成年雄性与若干成年雌性，以及一些未成年的幼崽共同生活在一起，而不会产生若干家庭组成的社会。等到小的雄性长大之后，队中会发生争霸战斗，但战斗究竟只是发生在同辈雄性之间，还是在父子之间呢？达尔文有些语焉不详。有可能是，壮年雄性当中最强壮的一只，将老年雄性和他的兄弟全都赶走甚至杀死；也有可能是，壮年雄性完全离开其父母，相互争霸，弱一点的要么被杀死，要么被赶走，另寻配偶，建立社群。相比而言，兄弟当中最强壮的那一个，可以占有最多、最优秀的雌性，使自己的第二性征最好地遗传下去。若是这样，则群体之中虽然发生了雄性争霸之事，但并不一定发生弑父和兄弟相残。那些战败者完全可能到别处建立一个新的家庭。争霸就是对雌性的再分配，使强壮的雄性有机会占有更多更好的雌性，这是一种常规的性选择。

还有一个问题达尔文没有触及，即在一个雄性家长独占几个雌性的情况中，有没有乱伦？达尔文虽然否定了群婚和杂交，但他的主要理由是雄性的性嫉妒。父女乱伦却和这种性嫉妒无关。虽然达尔文没有明言,但后来的阿特金森由此推出,父女乱伦不仅是可能的,而且是这种家庭中非常重要的性关系。

达尔文谈到了很多动物的殊死搏斗,尤其生动地描述了奇林根苑囿中野牛相斗的场景:

> 1861年,苑里的若干野牛互争雄长,有人观察到青年的公牛之中有两只合力攻击一向带领群牛的老公牛,把它打倒,并且折伤它使不能再战,守苑的人认为它躺在附近的丛林里身负重伤奄奄待毙而已。哪知道不多几天之后,当打败它的两只青年公牛中的一只独自走进丛林的时候,这"猎场之王"早已策励自己做好复仇的准备,奔出林来,很快地把对手杀了。接着它就悄悄地回到苑中的牛群里,依然当它的把头,好久谁也没有敢再碰它。①

在这个极具戏剧性的故事里,同一牛群中的青年野牛同老年首领之间生死相搏,青年野牛之所以未能取胜,就是因为它们未能把老牛置于死地。那头老牛却养精蓄锐,出其不意地杀死了篡权者,维持了自己在牛群中的领袖地位。老牛和小牛之间可能是父子关系,也可能只是君臣关系。

自然选择是《物种起源》中的主导动力,《人类的由

---

① 达尔文,《人类的由来》,第766页。

来》中对性选择的引入大大丰富了达尔文的理论系统，但也带来了理论解释的张力。自然选择是一种漫长的竞争和淘汰；性选择总是通过雄性之间残酷的斗争来实现。正像柏拉图所说，性欲是主导这种战争状态的基本动力。在和性选择有关的进化中，必然会出现残酷的战争状态。但这种战争状态并不是全面战争，而是发生在有力量成为领袖的个体之间。达尔文不仅否定了所有人对所有人的婚姻，也否定了全面的战争状态。不过，综合他对大猩猩和野牛的两段描述，我们会看到，这种战争还是会和每一个雄性动物都有密切关系，或者说，这是所有雄性动物之间的战争状态。

这种全面战争的结果，使每一个成年雄性要么成为一个群体的首领，要么被驱逐或杀死；那些被驱逐的雄性必须到其他地方去做一群之主。每个存活下来的雄性都是一个家父长。那些被驱逐的年轻雄性不会再回来争夺父亲的权力和女人，但总有一代代新的雄性起来与父亲争霸。随着渐渐年老体衰，父亲终将被他的儿子杀死。周而复始的争霸战争，应该是雄性动物的常规状态。

达尔文认为这种状态还不是社会状态，因为这些不同的种群还不会联合起来形成一个复杂的社会。但在这样的"自然状态"之中，一夫多妻的家庭已经存在了。那么，由这样的状态怎样进入达尔文所谓的社会状态呢？他没有明确回答这个问题。达尔文似乎认为，进入社会状态主要依靠的是自然选择而不是性选择，是动物当中那些已经长期发展而成的社会性本能的积累与进化，形成了人类的社会道德；至

于性选择的作用，只是造成了人类不同种族之间的种种差
异。但我们若细究达尔文的理论体系，会发现他回避了问
题。如果性选择使很多动物种群处于家父长统治，且彼此不
相往来的状况，这种状况不能算作一种社会状况，那么社会
性本能又怎样起作用，从而在自然选择中得到积累、加强和
进化呢？那些与生俱来的嫉妒与敌意，怎么会变成彼此的宽
容与亲近呢？

达尔文没有回答这个问题，或许他并没有认真考虑性
选择对人类社会带来的影响。他仅仅是为了反驳群婚和母系
社会的说法，而谈到了人类的那种婚姻状况。但他在谈性选
择和雄性争霸时，已经不可避免地触及了对人类社会生活的
理解。既然早期人类可能像大猩猩一样生活在一夫一妻或一
夫多妻的家庭里，而且有强烈的性嫉妒，他们是否也应该像
那些动物一样，不断发生雄性之间的争霸斗争呢？但在讨论
社会道德的时候，达尔文又完全抛弃了这些说法，诉诸自然
选择。虽然达尔文自己没能圆满地解决这个问题，但是那些
受到他的理论影响的人类学家在思考社会起源时，却不能不
认真看待这个问题了。

2　独眼巨人式的家庭

出生于印度的苏格兰裔学者阿特金森（James Jasper
Atkinson，卒于1899年）完成了达尔文忽略的这个课题，写
了《原始法》（*Primal Law*）一书。后来，苏格兰学者和诗
人朗格（Andrew Lang）编辑整理了阿特金森的遗稿，与自

己的《社会起源》(*Social Origins*) 合刊。二人关心的都是原始婚姻和社会生活的起源问题，对麦克伦南等人所说的群婚状态和母系社会都不认可。阿特金森更遵循达尔文关于雄性争霸和动物家父长的说法，给出了关于人类社会起源的一个饶有趣味的故事。虽然今天很少有人还记得阿特金森的名字，但他是达尔文到弗洛伊德之间的重要过渡，在20世纪前期曾有很高的引用率。

阿特金森认为，人类在从野兽中脱颖而出的时候，就形成了习俗，它很不系统，也并未以语言或文字表达出来，但其中的行为规则逐渐形成了法律，从这原始法律当中，诞生了正误的标准，为道德感奠定了基础。这一点使人彻底与动物区别开来。原始法律之中最重要的部分，就是用来调节婚姻规则的。作者观察到，兄妹之间的回避是很多民族的一个风俗，而且比其他乱伦禁忌更普遍、更深刻，因而进一步推测，兄妹回避就是最早的原始法，这种回避在人尚处于半动物的时代就出现了，因为在一些高级动物中就已经有了这样的回避。[1]

他接着达尔文所设想的群居状况，更详细地描述了他们当时可能的处境。他认为，高级动物和早期人类应该就像达尔文说的那样，由一个家父长带领着众多的妻子和未成年儿女，过着群居生活。在自己的领地中，家父长已经有能力

---

[1] Andrew Lang, James Jasper Atkinson, *Social Origins; Primal Law*, London: Longmans, Green, and Co., p.219.

征服附近所有其他的动物,成为这块领地上的霸主。他最主要的敌人,不是其他动物,而是长大成人的儿子们:

> 这位家父长(patriarch)只有一个敌人要怕,而且这个敌人一年比一年更可怕——那是他自己的骨肉,自己的后代当中可怕的对手——即附近那些被他出于性嫉妒而驱逐出去的,自己家族或其他类似家族的年轻男子的群体。这是一个年轻兄弟的团伙,被迫独身,或最多与抓获的某个女性过着一妻多夫的生活。这个群体在未成年之时还很弱小,但力量随着年龄增长,他们会不可避免地不断攻击,不断更新,从那个父君主(paternal tyrant)那里抢劫妻子与生命。但是,他们在经过一段时间共产主义的快乐之后,就会由于强烈的性嫉妒之火,而相互争斗。在这场混战和屠杀之后,每个幸存者会建立一个独立的王国,其中仅有一个成年男性,他就是这个王国的领袖,与所有其他的成年男性处于敌对当中。可以看出,多数高级哺乳动物都处在这种恶性循环的社会生活之流中。①

在阿特金森笔下,人和动物共有的自然状态,就是这样一个绝对的父权王国:一个家父长统治着所有的女性和未成年孩子,把成年的男孩全部驱逐出去。因此,在父子之间

---

① Andrew Lang, James Jasper Atkinson, *Social Origins; Primal Law*, pp.220-221.

和兄弟之间必然会发生非常激烈的流血冲突。成年的儿子们联合起来杀死父亲，然后再彼此争夺，最后再建立起同样的父权王国，代际的更新便由此完成，而所有这一切背后的真正推动力，就是雄性的性欲和性嫉妒。

正是因为这样的父权统治，幼年雄性可以在父权家族中居住，但他一旦长成就必须被驱逐。居住在群体当中的时候，他无权染指自己的姐妹，因为所有的女人都由家父长一人独享。在阿特金森所描述的这种父权王国里，父女乱伦是必然的，但兄妹乱伦严格禁止。不过，所有这些都还不是法律，而是人和动物共同的生活习性。不是法律，就意味着这些不需要特别的规定，只是力量对比导致的态势与习惯。在父亲力量强大的时候，他就独占所有的女人，驱逐儿子们，儿子们自然无法染指自己的母亲和姐妹。但在儿子力量足够强的时候，他们就可以杀死父亲，兄弟之间也会为争夺女人而斗争，胜利者可以强占所有的女人，失败者被杀死或再次被驱逐。这是否意味着，那个胜利的儿子最终还是会强占他的母亲和姐妹呢？阿特金森没有明确回答这个问题，但从后文来看，杀死父亲的儿子应该会将他的母亲和姐妹都收纳到自己新建的后宫；因为只有在产生了最初的法律之后，男人的性权利才会遭到限制。在阿特金森语焉不详的这个地方，就要留待弗洛伊德来发挥他的天才了。

这种极端的家父长制，阿特金森称为"独眼巨人式的家庭"（Cyclopean family）。荷马《奥德赛》第九卷说独眼巨人们没有议事的集会，没有法律，各自管束自己的妻子儿女，不关心他人的事情。① 亚里士多德在《尼各马可伦理学》1180a26—29 和《政治学》1252b20—24 里两次提到了这种独眼巨人式的家庭。阿特金森笔下的独眼巨人家庭由家父长、他的妻子和未成年的儿女组成，妻子包括掠夺来的女人和他自己的女儿。和动物界中一样，人类的男孩在稍微长大一些之后，就会被父亲驱逐，这也是此种家庭中非常重要的现象。② 父亲不仅是家长，而且还俨然是一个独裁君主，对妻子儿女行使生杀予夺之权。当然，他将自己的女儿都当作妻子，以及将成年男孩都驱赶出去，这两点是荷马与亚里士多德都不曾提到的。

达尔文并没有得出如此极端的结论，但阿特金森只是把达尔文关于早期人类的群居状态的段落和动物之间性竞争的段落结合在一起，就得出了这样的逻辑推论。

阿特金森与达尔文最主要的差别是：达尔文认为，那些被驱逐的幼年雄性会流浪一段时间，在比较远的地方找到一个配偶，另建一个群体，从而就会避免近亲婚配，他自然也不该回到父亲的家庭中争夺霸权了。但阿特金森认为这是一个错误，因为据他的观察，那些被驱逐的儿子都在附近，凡是一个大的父权王国，周围都会有一些年轻雄性聚成的群体，从外形上看，他们都是雄性君主的近亲。年幼者虽遭驱逐，但不可能到处流浪，他们活动的范围有严格的限制，脱

---

① 荷马，《奥德赛》，9:112—115，王焕生译，北京：人民文学出版社，第 156 页。
② Andrew Lang, James Jasper Atkinson, *Social Origins; Primal Law*, p.230.

离了这个限制，就是其他动物的领地了，可能会有各种各样的危险。因此，那些年轻雄性会在自己熟悉的区域徘徊。他们的敌人只有家父长一个，所以他们一直会等待机会，来完成那桩命定的弑父案。至于近亲婚配和乱伦的问题，阿特金森说，大自然自会处理。所谓的"自会处理"，指的是在漫长的自然选择过程中，这些乱伦之事会逐渐被消灭。但这已经和达尔文与韦斯特马克所讲的非常不同了。

达尔文之所以谈到人类的早期状况，本是为了批驳母系论和群婚论，他没有思考过是否会发生父女乱伦；阿特金森在接受了达尔文的说法之后，把乱伦明确肯定了下来。不仅父女乱伦是不可避免的，而且在众子杀死父亲之后，兄妹乱伦甚至母子乱伦，似乎都难以避免。若父女、兄妹、母子乱伦都允许，那就没有什么乱伦关系不能允许了。可见，对达尔文的理论稍加修改，就可能以完全不同的方式来理解乱伦问题。达尔文—阿特金森的思路所绝对否定的，只是母系论和群婚状态。若是沿着韦斯特马克、威尔逊的思路来发展达尔文主义，就会从本能的角度理解各种社会制度；但若沿着阿特金森的思路发展，从达尔文主义就完全可以发展到弗洛伊德式的建构论。

通过阿特金森，我们可以更清楚地看到进化论与霍布斯政治哲学之间的关联。他明确认为，父子相争和父女乱伦是哺乳动物的自然状态[①]，这种战争状态虽然起源于父子之

[①] Andrew Lang, James Jasper Atkinson, *Social Origins; Primal Law*, p.223.

间,但已经是所有雄性对所有雄性的战争了,由于人类没有发情期,所以人类之间的战争状态永远没有休战的时候,而人类智力的发展也只会加剧这种战争状态。[1] 他的战争状态与霍布斯笔下的战争状态并无二致;只不过后者的推动力量是自我保存,阿特金森笔下的推动力量是性嫉妒。

对照阿特金森与达尔文的论述,我们只能说,阿特金森笔下的这种战争逻辑,在达尔文那里是始终存在的,只不过被掩盖在了漫长的自然选择之下;阿特金森将达尔文进化论中的这个逻辑揭示了出来,也暴露了达尔文笔下隐而不彰的问题。达尔文认为动物当中都有这种残酷的性选择,又认为人从一开始就具有社会性,但他没有考虑,动物如何从那种激烈的竞争状态进化到社会状态,因而未能展现出自然竞争与人类文明之间的张力。作为进化论的追随者,阿特金森与赫胥黎一样认识到,若是认真对待进化论的哲学,这是一个不得不面对的问题。因此,阿特金森转而寻求他的社会契约。

3 父子媾和

阿特金森指出,其他动物只会在发情期进入激烈的战争状态,但人类的父子兄弟却随时都处在战争状态。没有发情期这一点,他说是人类"对大自然的罪",大自然会报复人类,要么让人类的种族退化,要么让人类彻底灭绝,

---

[1] Andrew Lang, James Jasper Atkinson, *Social Origins; Primal Law*, p.227.

而不可能像其他动物那样，在这种弑父的恶性循环中长期存在下去。人类要摆脱灭绝的命运，就必须将这种针对大自然的罪行一犯到底，直到使自己彻底脱离自然环境的影响，摆脱动物的本性，从不断弑父的恶性循环中挣脱出来。要实现这个目的，父子之间就必须讲和，但这种讲和是如何发生的呢？没有发情期的人类是所有动物中最淫乱的，有最强大的性能和最不可遏制的性嫉妒，因而父子兄弟之间的战争就尤其血腥和残酷，那怎么反而会主动讲和呢？

为了解释这一点，阿特金森关注到独眼巨人式家庭中的另外一方：母亲。他认为，随着体力和智力的发展，人类逐渐产生了一些和野兽不大一样的品性。由于人类的婴儿期特别长，在他被赶出去之前，男孩总要有八九年的时间和父母生活在一起，记忆力和孺慕之情也会特别强烈，因而人类就具有了与动物非常不同的一种品质：母爱。母子之间的分离在人类当中导致的痛苦要比动物当中强烈得多。嫉妒的父亲把她的儿子一个个赶走，母亲的心灵就会一次次地受伤。到最后，她越来越希望能够留下一个儿子在身边。当她最小的儿子快要成年的时候，他父亲的性欲也已经不再那么强烈，嫉妒心自然也淡了不少；而他的后宫随着女儿的不断加入，也已经越来越庞大，使他的身体越来越难以承受。于是，越来越强烈的母爱与正在削减的性嫉妒相斗争，虽然胜利的希望非常渺茫，但毕竟有了可能。

母爱与性嫉妒的斗争会在许多代中不断重复着，可能在很长的时间中总是以母亲的失败告终。经过了许多世纪的反复之后，在某个具有纪念意义的日子，一个开明的父亲终于决定不再放逐儿子，父子之间的残杀宣告终结，纯洁的母爱战胜了魔鬼般的欲望与嫉妒，母亲成功地保护了幼子。父子之间本来是最势不两立的敌人，现在终于握手言和了。于是，独眼巨人式的家庭被终结了，在这个庞大的家族中加入了另外一个成年男子。这个历史性转变发生的概率非常小，因为它与男人的自然天性相悖，但在某个特殊的家庭中，在某个特殊的时候，可能就发生了，它成为人类进入文明时代的标志。①

在此处，阿特金森给出了一个非常奇怪的理论评论："父母对子女的关爱和照顾，从伦理上说，本来是正常状态。在过早时期的遗弃将是致命的。而那种看似不正常的遗弃，是在自然中最强烈的欲望的驱使下发生的，而在原始人当中又被大大夸张了。"② 他一方面说父母对子女的关爱和照顾是正常的，另一方面又说，那种遗弃出自一种强烈的性欲，使得经常性的遗弃成为一种惯例，结果，不遗弃反而成了一件非常稀奇的事。在这两种自然情感之间，到底哪一种才是人性中本来的内涵呢？

这句话似乎是阿特金森不经意说出的，却道出了达尔文和阿特金森理论中的巨大张力。达尔文一方面认为经过自然选择之后，父母与子女的爱已经成为一种本能，不仅在人

---

① Andrew Lang, James Jasper Atkinson, *Social Origins; Primal Law*, p.231.
② Ibid., p.232.

类中，甚至在动物中都已非常普遍，是社会生活的生物学基础；但另一方面，他又认为性选择也是人性中的重要部分，会导致雄性动物陷入战争状态，让父亲将儿子驱逐出去。达尔文更强调社会性这种本能，所以当他引入性嫉妒之后，并没有太多从这个角度考虑从自然到社会的过渡。

阿特金森更多讨论的是性嫉妒引起的战争状态，而非直接面对社会性道德，因而避免了达尔文的问题。不过，他也不得不承认一个基本的事实，即无论父子之间的性嫉妒有多么强烈，父母还是要把儿子养到他有基本的自立能力，才会把他赶出去，而且他从动物界的很多现象中证明了这一点。但父亲那种本能性的关爱，怎么会转化成如此强烈的嫉妒呢？这二者究竟哪一种更符合自然本性？他现在给出的解释是，亲子之爱虽然出自天性，性欲却是一种更强烈的自然欲望，在儿子还没有性能力的时候，父亲不会在乎他同自己的竞争，因而爱子之情会暂时占据上风；但是当儿子的性能力成熟了，父亲的性嫉妒就会压倒亲子之爱，于是将儿子赶出了家门。

在一定程度上，母爱似乎是未被打断的亲子之爱，因为母亲不会有对儿子的性嫉妒。由于人类记忆力和理性能力的增强，这种母爱会尤其强烈，因而有可能强大到足以战胜父亲的性嫉妒。现在，父亲又要经历第二次转变了，即他前面将爱子之情转化成了性嫉妒，但现在又要压制性嫉妒，恢复爱子之情。在阿特金森看来，面对那么强大的性嫉妒，这是非常难以发生的。但如果这在某种非常特殊的情况下发生了,这位父亲一定是尤其强大的一位——他没有认为这是一位尤其具有爱心的父亲,而是认为他是一位性欲和力量都尤其强大的父亲。因为他尤其有力量,所以他的妃嫔就尤其多,其中也必然有许多是他的亲生女儿,而这些女儿的存在本身,更意味着父亲巨大的性能力。庞大的后宫不断消耗着这位巨人的精力和性能,直到使他彻底厌烦了。而且也恰恰是因为他的力量长期不容置疑,他才会那么宽容大度,认为一个年轻男子的加入不会威胁到他至高无上的权力。[1]

虽然母亲是由于母爱而为小儿子争取权利的,但父亲的这次转变却不是因为父爱,而是由于无上权力的不容置疑和他过于频繁的性生活。在这个故事中,母爱虽然起到了非常重要的作用,起决定作用的仍然是那位独裁父亲的强大力量和意志。亲子之爱根本不足以成为社会生活的生物性基础。阿特金森对达尔文的继承,确实与韦斯特马克非常不一样,而他的这套学说虽然矛盾重重,却非常真实地反映了进化论的理论结构。

4 原始法律的出现

阿特金森指出,其他动物的成年雄性之间的友好也很常见,因为它们的敌意往往只是在发情期才特别明显,在一年中的其他时期,父子之间会休战,可以很友好地住在一

---

[1] Andrew Lang, James Jasper Atkinson, *Social Origins; Primal Law*, pp.232-233.

起，用来抚平它们在发情期留下的伤痛。人类没有发情期，很难达到这种父慈子孝的状况。所以，他们之间的讲和只在非常特殊的情况下才可能发生。这一难得的转变，似乎只是使人达到了其他动物通常都能达到的状况，但已经使人类走出了自然状态，意义重大。①

其他动物虽有更多的休战时间，但那并不是真正意义的和平，因为它们到下一次发情的时候还是会陷入殊死搏斗。人类却不同，他们之间不仅有力量的差别，而且记忆和理智都会起作用。所以，父子媾和并不是发情期之间的休战，而必须是心悦诚服的服从，伴随着规则和法律的设置，这是人类与野兽的根本区别。于是，人类历史上有了第一种规则，在不同的女性之间做出了明确的划分，某些女人成为某些男人绝对不可侵犯的神圣人物。这种规则将自然的性嫉妒转化为神圣情感，使必然的冲突转化为和平。

在成年儿子不再遭到放逐的时候，必然需要严格的规则来明确父亲与儿子的性权利。这个群体中的女人，不是儿子的母亲就是他的姐妹，因此，最初的规定就是，他不准与母亲和姐妹发生性关系。家父长虽然允许这个小儿子进入他的王国，但不准染指他的任何女人。

此前，虽然儿子也无法染指他的母亲与姐妹，但那是因为力量悬殊，他没有能力反抗父亲；而一旦他有足够的力量推翻父亲的专制统治，并且在兄弟争霸当中获胜，就没有

---

① Andrew Lang, James Jasper Atkinson, *Social Origins; Primal Law*, pp.234-235.

什么再限制他了。但现在,这一点已经在法律上得到了规定,他若违背,就是违法的、渎神的。这就是最初的法律。看上去,这条法律只不过是把父亲的特权规定了下来,是从习惯向法律的过渡,但在阿特金森的眼中,它却有划时代的意义;它意味着人类开始真正走出动物界,因为他们将以完全不同的方式来遵守规则。从这条法律开始,人类不断发展出新的法律,逐渐形成了复杂而系统的文明制度。

小儿子虽然不能染指家族内的女子,但是家族外的整个世界是对他开放的,他必须在那里寻找配偶。于是,他可以自由地到其他家族去掠夺女子。当新的女子进入家中,父亲的权利也必须发生调整。在此之前,家中的所有女子都属于父亲,但现在,新来的女子是属于儿子的。也许最初会经过一段冲突与磨合,但最终,法律进一步发展,不仅在母子、兄妹之间,而且在公公和儿媳妇之间也形成了严格的禁忌。只有这样,和平才能维持下去。于是,不仅儿子尊重父亲的婚姻权利,父亲也要尊重儿子的婚姻权利。①

这样,独眼巨人式的家庭被彻底改变了。最开始,这种新式家族非常罕见,可能就只出现了一个,在各个群体当中显得非常异类,而且父亲对儿子的接纳也不大情愿,儿子在家中必须小心翼翼、谨小慎微。但是自然选择的力量会帮助这个家庭的发展。比起周围的独眼巨人式家庭来,这个父子联合的家庭综合了老人的智慧和年轻人的力量,其攻守都

---

① Andrew Lang, James Jasper Atkinson, *Social Origins; Primal Law*, pp.243-244.

异常强大。在老一代的父亲去世之后，家里人还是愿意这样的状况继续下去。于是，那位小儿子的兄弟也会被吸纳进来，尽管最初吸纳的只是那些性能力不很强，因而不足以构成威胁的。这个家庭就由此变得越来越强大。几代人之后，这种吸纳变成了一种习惯，它与周围的独眼巨人式家庭之间的力量对比越来越悬殊，因而从那些家庭中抢劫女子就越来越容易，独眼巨人式的家庭便逐渐消亡了。[①]

由于其他的儿子也被逐渐吸纳进来，家族中势必也会出现兄弟之间的性嫉妒。如果他们之间因为对抢来的女人的争夺而陷入冲突，就会回到原来的状态。于是，原始法律进入到第三个阶段，即在兄弟之间明确彼此性权利的界限，或是按照年龄大小决定权利的大小，或是在叔嫂之间规定明确的回避制度。这些习俗在许多原始部落中都有发现。[②]这个家族的团结再次增强，更加超过了周围的其他家族。抢劫女子成为这个家族的公共事务，他们再按照既定的规则分配所抢到的女子。

阿特金森说，这样的发展会有一个最大的好处：周围那个敌对的兄弟群体逐渐解体，它的成员被吸纳到父母的家族中来。没有了最可怕的敌人，这个家族将会获得空前的优势，使独眼巨人式的家族渐渐消亡，他们的法律成为统治性的。而在他们的群体内部，一条条的规则逐渐编织成一个网

---

① Andrew Lang, James Jasper Atkinson, *Social Origins; Primal Law*, pp.242-243.
② Ibid., pp.245-246.

络，这不仅成为男性之间维护和平的社会契约，而且为他们增加了很多新观念，使亲属制度越来越细化，将不同的女人做更细致的分类，规定每个人的权利。这就是法律体系最初的形成。

但到了这个阶段，家族中还有一个巨大的问题，那就是父女乱伦。由于父亲比女儿往往大很多岁，在父亲去世的时候，会留下很多没有生育过的女儿，但她们又不能嫁给自己的兄弟。如果让这些女人嫁给其他家族的人，就会增强那些家族的力量；如果让她们在家里为父亲守寡，就会养一大群白吃饭的女人。为了解决这个难题，人类社会又向前迈进了一步：允许其他男子加入到家族中来，与这些女人结婚，这样就导致了部落的产生。在独眼巨人式家庭的时代，是不可能有外族男子加入到家族中来的，但现在为了嫁出这些女人又不增强敌人的力量，最好的办法就是允许外面的男子加入进来。①

在父亲独占所有女儿的情况下，绝不可能有外族的求婚者闯入这个大家庭。唯有在父亲去世以后，才会实行这样的安排。这些女人的兄弟们会权衡利弊，认为与其让守寡的姐妹们被敌对的家族掳去，不如让别的男人加入进来，这在各方面都是最好的解决方式。而这些男人往往来自邻近的家族，这些兄弟自己的妻子往往就是他们的姐妹。于是，这样一种转变所导致的不仅是婚姻制度的变化，而且在很多方面

---

① Andrew Lang, James Jasper Atkinson, *Social Origins; Primal Law*, pp.252–253.

都有重大意义。家族由此变得更加强大；女人之间有了进一步的细分，因而女儿与母亲的界限变得明确起来。①

与此同时，以暴力抢劫女子的风俗也逐渐为和平交换所替代，男人们开始认识到，他们的姐妹原来具有非常宝贵的交换价值。他们不仅用姐妹换来自己的妻子和财富，而且还换来了和平与强大。阿特金森说："人性中两种最强烈的情感现在唤起了人们对乱伦的反感：性欲和贪欲，而以自己姐妹来交换其他人的姐妹，同时满足了这两种欲望。"②虽然父亲的权威曾经非常强大，但他们的人数远远不及儿子。在两代人的竞争中，子代必将取胜。于是，自然选择再次起了作用，抵制了父亲对女儿的特权。这样，父女乱伦现象就逐渐消亡了。③

等到外来女婿自己的儿子也出生了，而且越来越多，原来完全同质的家族群体的结构就被改变了，在同一个群体中出现了表亲的关系。随着外姓成员越来越多，这个群体就不再是单纯的血缘群体，而成为由两个可以相互通婚的氏族组成的部落。④后来，这种模式进一步发展和扩张，就有了更多的异姓家族加入到部落中来，于是形成了越来越复杂的人类群体，直到国家的产生。

在阿特金森看来，在各种乱伦禁忌中，父女乱伦的禁

---

① Andrew Lang, James Jasper Atkinson, *Social Origins; Primal Law*, pp.254-255.
② Ibid., pp.258–259.
③ Ibid., p.259.
④ Ibid., p.260.

忌是最后产生的,因为在人类学家所研究的原始部落中,父女之间的回避是最少见的。

这样,阿特金森清楚地描述出了人类各种乱伦禁忌的产生过程,以及从独眼巨人式家庭群体向异质性部落群体的演进。这个故事过于完整和详细,甚至超过了母权神话,以致很难被人相信,或许这也是阿特金森迅速被人遗忘的原因。但它揭示了当时的人类学家面对的问题和解决问题的方式。弗洛伊德和列维-施特劳斯都在不同方面受到了他的巨大影响。

在描述这个故事的时候,阿特金森的主导思路是:虽然人类在本质上与其他动物没有什么不同,但是人类因为没有发情期,所以往往会陷入更危险的境地。人类的很多家族,可能就因为这一点而逐渐灭亡了。但其中的某一个家族,因为母爱与性嫉妒的斗争,导致了生活方式的转变,留下了小儿子,吸纳其他的儿子,最后还吸纳了别的家族的成员,从而形成了部落,并建立了法律。在自然选择的作用下,这个偶然形成的群体越来越强大,逐渐消灭和吞并了周围别的家族,最终创造了人类文明。这样产生的法律,是社会契约与自然选择相结合的产物。一方面,它的产生和起作用,取决于群体内部人们之间的共识,因而也是一定范围内的社会契约;另一方面,它并不是必然产生的,但偶然产生的法律会必然导致群体的强大,最终击败周围其他的家族。

在这个思路中,法律是偶然产生但必然取胜的生活形式,作用于人类与野兽共同的质料,这种质料的基本特点,就是乱伦、弑父和血腥仇杀。这也是一种战争状态，但已经不再是霍布斯笔下那种纯粹的、没有任何规定性的战争状态，因为其中有明确的婚姻关系和父子关系。经过达尔文的进化论检验之后，人类既然不可能有过群婚与杂交状态，似乎就已经不可能存在霍布斯笔下那种纯粹的、绝对的战争状态，而是一开始就处在独眼巨人式的父君主制群体生活中，虽然在父子和兄弟之间不可能有真正意义上的和平，但是在男女之间似乎一直没有激烈的冲突。虽然那个群体的结构是靠强力完成的，但毕竟有了一种有序的社会结构。

父子和兄弟之间的冲突，本来是人和动物共同的生活状态中的必然现象。最初的改变，即不再放逐小儿子，虽然否定了这种战争状态，却是对父子之间绝对权力的认可与强化；但为了保护这种权力，父亲又必须认可儿子的权利；随着更多儿子被吸纳，兄弟之间也会彼此限制，因而任何一个兄弟都不可能再享有父亲曾经享有的那种绝对权力；在父亲死后，儿子们既认可了外姓男人的性权利，也限制了自己的权力；在他们做了父亲之后，任何人都不可能享有自己父亲曾经享有过的绝对独占权。在形成部落之后，该如何建立国家和政府，阿特金森没有多谈，但按照这样的发展趋势，部落中不同的父亲之间应该是平权的，政府似乎一开始就是民主制的。

于是，经过非常复杂的演化过程，人类不仅从野蛮走向了文明，而且从父君主国走向了民主联合政府。这是因为法律形式越来越复杂、越来越系统，人们之间越来越分化、结构越来越细密。此时,每个男人和自己的母亲、姐妹、女儿都不能结婚,也不能染指群体当中任何其他男人的妻子,乱伦禁忌越来越严密,逐渐向专偶制家庭演化。

那么,父子之间的关系应该怎样,源自性嫉妒的那种冲突是否还存在呢?这一系列演化的根本动力就是性嫉妒,各种法律形式都无法取消性本能,只能节制每个人的性权限,形塑人们的性欲,却不可能根本改变性欲,更不可能消灭性嫉妒。因此,即使在现代这种文明状态下,人们还会有非常强烈的性本能和性嫉妒。父子之间虽然因为道德和法律的限制而不大会发生争夺女人的事情,但两个成熟的男人之间应该仍然有着潜在的敌意与冲突。兄弟之间更是存在这样的潜在冲突。如何理解文明社会中的父子关系,将阿特金森的故事接着讲下去,就要靠弗洛伊德了。

二 孝敬性背叛

1 弑父故事的新讲法

弗洛伊德对弑父故事的理解,是从达尔文和阿特金森那里继承来的。[①]不过,他讲这个故事的入手点与生物学家和人类学家都有些差异。达尔文关心的是生物进化的过

---

① 弗洛伊德对达尔文和阿特金森理论的概括和评论,见《图腾与禁忌》,赵立玮译,上海:上海人民出版社,2005年版,第151—152页,及第170—171页注2。

程,以及人类是如何从动物界中脱颖而出的;阿特金森关心的是社会和法律的起源;而弗洛伊德关心的是人类共同的心理结构,并由这种心理结构来解释图腾制的起源。另外,达尔文和阿特金森讲弑父故事都有一个类似的背景,就是对麦克伦南、摩尔根等人类学家的群婚理论和母系论的批判;弗洛伊德没有这个背景,他甚至对母权社会有一定程度的认可。但弗洛伊德和他们也共享一个观念:性嫉妒是人的本能,是人类文明发展演化的根本动力。

弗洛伊德在《图腾与禁忌》里讲了一个著名的故事:

> 一位暴烈而又充满嫉妒的父亲,他独占了所有的女人,并将他那些长大了的儿子全部赶了出去。……假设有一天,那些被父亲驱逐出来的兄弟们聚在了一起,联合杀死并分食了其父亲,这样就终结了那种父权制的群落组织形式。通过联合,他们终于有勇气去做并做成了单凭他们个人的力量无法做成的事情。(也许是,某些文化的进步,像掌握了某些形式的武器,给予了他们一种拥有至上力量的感觉。)对于同类相食的原始人来说,在杀死了其牺牲者之后将其分食这一点是没有任何的问题的。那位暴虐的原初之父无疑是兄弟们畏惧和嫉妒的对象;通过分食他的行动,他们也完成了对他的认同作用,而他们中的每一个也都获得了他的一部分力量。图腾餐(也许就是人类最早的节日)也因此成为对这种难以忘却的犯罪行为的重复和

纪念，它也是人类许多事物的开端，像社会组织、道德戒律以及宗教等。①

这和阿特金森讲的故事非常相似。弗洛伊德自己说："它与我的观点在本质特征上是一致的；我们之间的分歧在于，他的理论未能将其与其他许多论题相关联起来。"② 但两个人在一些具体细节上的区别非常重要，只是他没有充分展开。我们可以从对两个人的比较入手，来看弗洛伊德弑父思想的特点。

阿特金森和弗洛伊德都把性嫉妒看作人类文明发展的根本动力，故事中的所有情节都是在性欲的推动下发生的。但是阿特金森其实讲了两个故事：第一个，是父子兄弟之间为争夺女人而展开的殊死斗争；第二个，是一个家族逐渐走出这种恶性循环。弗洛伊德也讲了两个故事：第一个，是兄弟联合弑父；第二个，是弑父之后，兄弟们又因悔恨而形成罪感。

弗洛伊德的第一个故事就包含了阿特金森的两个故事。在他看来，一群兄弟弑父，这是一个空前绝后的故事，因此才会在历史上留下深深的烙印。如果像阿特金森理解的那样，这是一代代周而复始的故事，它就失去了在弗洛伊德理论中的意义。正因为是唯一的，它才有着巨大的震撼力，不

---

① 弗洛伊德，《图腾与禁忌》，第170页。
② 同上书，第171页注2。

仅仅给当事人，而且给他们的后代，都形成巨大而深刻的影响，成为人类的原罪。

阿特金森认为，由于独眼巨人式的家长独占所有女人是自然状态，父子兄弟相争是人和动物共有的必然状况，也是自然状态的一部分，它周而复始地发生是形成独眼巨人式家庭的必要条件，在这一点上，阿特金森与达尔文是一致的。历史性的转折，是父子之间的握手言和取代这种战争状态，这是阿特金森对达尔文的补充，但也是达尔文的逻辑推论。

弗洛伊德却与他们两位都有重大差别。他虽然同样认为独眼巨人式的家庭是本来的自然状态，但并不像阿特金森那样，认为父子兄弟之间周而复始的争斗会使这种状态延续几代；而是认为，一场空前绝后的弑父案会终结父亲对所有女人的独占，并将永远改变人类历史。在阿特金森看来，弑父是独眼巨人式家庭制度中非常重要的一部分，但在弗洛伊德看来，这是终结独眼巨人王朝的历史事件。怎样理解二人的区别呢？

阿特金森相信，这种独眼巨人式的家庭是曾经真实存在过的历史现象，而且是动物和人所共有的。虽然这种毁灭性的争霸斗争会导致人类的种族退化与灭亡，但它还是要先存在一段时间，才能被新的制度取代。要使这种现象在几代人中延续，就必须假想有某种方式使它世代继承下去，即不仅要让父亲建立独眼巨人式的家庭，而且他的儿子和孙子也要建立完全相同的家庭。达尔文已经试图解决这个问题，即让儿子漂泊在外,到其他的地方去建立自己的家庭,但阿特金森不同意这样的解决方法,他认为同一物种的动物不会漂泊到很远的地方去。他让后代子孙起而与父亲争夺女人和统治权,最终杀死父亲,于是,弑父就成为独眼巨人王朝的继承方式。达尔文虽然设想了儿子漂泊在外的情况,但从对野牛的讨论中,他或许也会把争霸斗争看成群落延续的方式。

在《图腾与禁忌》中,我们很难看出,那个家族会延续几代,既然儿子唯一一次联合弑父会终结独眼巨人王朝,这个王朝怎么会存在好几代呢?在《摩西与一神教》中,弗洛伊德为了使他的故事更真实,稍微做了修正:"我现在要用非常简略的方法来叙述这个故事,使那些经历了许多世纪而且反复重演过的生活好像只发生过一次似的。"他还接受了阿特金森关于小儿子留在父亲身边的说法:"后来,某个儿子可能谋得与父亲相似的地位。这个有利地位自然会落到最小的儿子头上。由于母亲的偏爱和卫护,他会因为父亲年事日高而得利,并且在他死后接替他的地位。"但修正是有限的。他继续说道:"改变这第一种'社会'组织的下一个决定性步骤可能是这样的:那些被驱逐的兄弟们结伙居住在一起,打败了父亲,并且按照当时的风俗,分食了他的身体。"[1]

在这一段里,弗洛伊德貌似接受了阿特金森的假设,

---

[1] 弗洛伊德,《摩西与一神教》,李展开译,北京:生活·读书·新知三联书店,1989年版,第71页。

但真正描述出来的历史图景还是与后者迥异。他把幼子继承当作了独眼巨人王朝的传承方式，于是，这个王朝不仅有可能真实存在，而且还会延续几代，但弑父还是会终结这一王朝，而不是延续它。虽然这种弑父故事也可能"经历了许多世纪反复重演过"，但它绝不是达尔文和阿特金森笔下的传承方式，而是改变历史的事件，尽管未必一次就成功改变了。因此，弗洛伊德正好颠倒了阿特金森的故事：小儿子继承是独眼巨人王朝赖以延续几代的方式，弑父却是终结它的事件。可见，弗洛伊德在继承的同时，已经极大地改变了达尔文—阿特金森对弑父故事的理解。

在弑父案发生之前，会发生父女乱伦的事，也有与生俱来的弑父娶母情结，但还没有罪感，没有文明，没有道德，没有宗教。在这个前原罪的阶段，性欲有统治性的地位，父亲因为性嫉妒而独占所有的女人，并驱逐所有的儿子；儿子因为对父亲的性嫉妒而充满了仇恨。尽管这个阶段有时间的流逝、王朝的更迭，但它的历史意义仅仅在于为那个改变命运的原罪做准备。这充满欲望、独裁和怨恨的时代，却是浑浑噩噩的伊甸园，因为还没有任何罪恶发生，人们还没有遭受那可怕的负罪感的压迫，因而也就还没有开始真正有意义的历史。

兄弟联合弑父的故事，尽管被讲得像历史真实，但它和俄狄浦斯弑父娶母的故事一样，只是神话。就像婴儿并不需要真的弑父娶母才会形成对父母的那种罪感，人类也不需要真的经历这血淋淋的过去，才会形成对图腾的罪感。

这种弑父娶母的情结，完全可能以神话、传说，甚至梦境的方式在人们的心理结构中起作用。这个差别使弗洛伊德不会像阿特金森那样认真考虑这段历史发展的诸多细节。这个独眼巨人王朝和弑父娶母之事，就像霍布斯笔下的自然状态和战争状态一样，是非常有历史感的必要假设，但未必是真实历史。

但也像霍布斯那里一样，恰恰因为弗洛伊德并不特别关心弑父娶母故事的历史真实性，他就尤其重视其文化和心理的真实。他认为，那种针对母亲的欲望和针对父亲的嫉妒与罪感，在儿童身上，在人类历史的集体意识中，以及在任何成年男子的身上，都是同样真实和深刻的。人类文化的历史走向，正是由这个假想出来的自然状态决定的。

倒是阿特金森的独眼巨人时代只是一个模糊的历史阶段，等到人类进入文明之后，它对历史进程就没有了实质影响。而且，由于他明确承认，对于没有发情期的人类而言，这样一种状态将是毁灭性的，那种王朝传承到底能在什么程度上延续下去也大成问题。

在弗洛伊德笔下，这个假想的短暂瞬间将永远存在于人类历史的每个角落和每个时刻。可以说，正是通过弗洛伊德，阿特金森所讲故事的深刻意义才真正彰显出来。

2　兄弟联盟

弗洛伊德关心的虽然是心理状况，但这一状况也决定了历史走向。当儿子们联合起来弑父之后，父权制群落就终结了，人类将进入下一个历史阶段。这也正是阿特金森笔下独眼巨人式家庭灭亡之后的状况。弗洛伊德认为，虽然众兄弟联合起来杀死了父亲，但性欲仍然是分裂性力量，所以他们互相还是对手：

> 他们中的每一个人都希望能像父亲那样独占所有的女人。新的社会组织将会在这场所有人反对所有人的争斗中崩溃，因为这些争斗者中没有一个具有一种压倒性的力量，从而成功地取代其父亲曾占据的那种地位。因此，如果他们想共同存活下来，这帮兄弟别无其他选择，除非设立禁止乱伦的法律——也许，这是他们在经历了许多次危机之后才做出的选择。通过乱伦禁令，他们全都放弃他们想要得到的女人，而这些女人正是他们与父亲决裂的主要动机。他们就是以这种方式挽救了那曾使他们的群落强大无比的社会组织形式。①

与阿特金森一样，弗洛伊德认为新的社会形态是需要乱伦禁忌的，否则就会陷入战争状态。但他认为，这恰恰是独一无二的弑父罪之后的状况。人们不会主动放弃强烈的性欲和独占欲，更不会因为爱心而改变社会状况。兄弟们之所以放弃独占所有女人的欲望，是因为没有人能有父

---

① 弗洛伊德，《图腾与禁忌》，第173页。

亲那样的压倒性力量。弗洛伊德未必认为，这是人们在很多代的弑父之后形成的观念，但也承认，在经历了多次危机后，他们最终达成了这样的妥协。在弑父和妥协之间，他们处在一种类似自然状态的阶段，兄弟们一方面没有明确的制度约束，另一方面又期待着能赶走其他人，自己独占所有的女人，因而进入到所有男人之间的战争状态。但这种战争状态并不是人类历史的起点，而是独眼巨人式家族瓦解之后的过渡阶段；此外，这种战争状态也不是完全的丛林状态，而恰恰是因为兄弟们联合成一个集体，才会有如此密集的接触，以及如此强烈的嫉妒。自然状态，是制度转换之际的权力真空。①

弗洛伊德说："巴霍芬所描述的母权制，也许就萌芽于此；这种母权制被后来的父权制的家庭组织所取代。"② 即就在兄弟之间争夺继承权之时，女人接过了父亲留下的权力。在《摩西与一神教》中，他又进一步展开了这层意思：

> 于是，第一种放弃了本能性满足的社会组织形式诞生了，互相的义务得到承认，公布的制度变得神圣而不可侵犯。简言之，道德和法律开始了。每个儿子都放弃了独占父亲位置、占有母亲和姐妹的想法。与

---

① 正如李猛所说，即使霍布斯笔下的自然状态，在实质上也是一种社会状态。参见李猛，《社会的构成》，《中国社会科学》，2012年第10期。
② 弗洛伊德，《图腾与禁忌》，第173页。

此同时，乱伦受到禁忌，族外通婚得以流行。父亲死后留下的很大部分权力由女性们继承，随后开始了母权氏族的时代。[①]

独眼巨人王朝终结后，法律与道德产生了。这和阿特金森的观点是完全一样的。但弗洛伊德认为，这个时期开始的，恰恰是母权氏族。这一点不仅与达尔文、阿特金森等反母权主义者非常不同，而且和巴霍芬、摩尔根等人也很不一样。他认为母权是在最强大的父权制度终结之后，新的父权制尚未建立起来之前的阶段、是兄弟们争夺继承权而处于僵持阶段的现象。他似乎以独眼巨人王朝诠释了巴霍芬的杂交制。独眼巨人王朝终结之后的母权制是怎样的，弗洛伊德没有涉及，但他谈到了从母权社会向父权社会的恢复：

> 在外部条件的影响下——这里用不着提及那些外部条件，其中有些部分尚未充分探明——母权社会结构被父权社会结构取代了，随之而来的自然是既存法律秩序的一次革命。……母权向父权转移的最重要之处还在于它标志着精神性对感性的胜利，也就是说，它是文化中的一次进步，因为母权是由感性证明的，而父权则是基于某种人为推论和某个前提下的臆测。这一支持思维过程的革命使思维超越了感官知觉的高度，

[①] 弗洛伊德，《摩西与一神教》，第72页。

从而表明是产生了重大影响的一个步骤。①

弗洛伊德和巴霍芬一样,认为母权来自于感性,父权却必须精神性地推测,从母权过渡到父权是感性向精神性的过渡。但是,由于母权制后于独眼巨人式的父权制,这一论断还是和母权论者非常不同。在独眼巨人的时代,人类不可能知母不知父;独眼巨人王朝被推翻之后,进入了兄弟相争的权力真空,于是女子掌权。这个阶段是群婚制吗?除非是所有兄弟共享父亲留下的所有女人,但这是不可能的,因为他们很快就决定放弃对本族女人的占有权——那么父亲留下的这些女人怎么办?弗洛伊德没有像阿特金森那样找到一个解决办法——那也就不可能出现知母不知父的状况。弗洛伊德所谓从感性到精神性的发展,到底是什么意思呢?

论母权的这些段落,在他的整体架构中显得很不协调。总体上看,弗洛伊德并没有讲过巴霍芬笔下那种从自然到文化的发展。父权始终是支配性的,只是表现方式不同。所谓母权制,就是现实的父权制与精神性父权制之间的插曲;所谓从感性到精神性的过渡,就是从感性的父权制到精神性的父权制的过渡。

母权社会只是兄弟们谁也无法胜出的状态。他们将本族的女性都当作神圣不可侵犯的,因而使她们得以掌权。弗洛伊德笔下母权制的实质应该就是乱伦禁忌,并伴随着宗

---

① 弗洛伊德,《摩西与一神教》,第103页。译文有改动。

教上的女神崇拜。对于女神究竟何时产生,他也不大能确定。① 在母权之下,兄弟们是相互平等的。因而,母权制同时也是兄弟之间的民主制。在这种新形成的社会组织中,兄弟之间要相互保证彼此的生命安全,宣称不用他们对付父亲的方式对付彼此。这种民主式的社会"建立在共同犯罪的共谋之上"②。母权制,只是兄弟之间的民主同盟尚不牢固时,由女性摄政而已。等到这种民主制牢固了,已经不大会有谁想回复到独眼巨人王朝了,母权就重新让位给了父权。与此同时,父神也进入到了宗教当中。

随着父神的引入,一个失去了父亲的社会就逐渐转变为一个建立在父权制基础上的有组织的社会。家庭又恢复了过去那原始群落的老样子,原来父亲的大部分权利又重新归还给了父亲们。虽然说社会中又有了父亲,但是兄弟氏族社会所取得的那些社会成就并未被抛弃;而且,家庭中新的父亲们与那位不受限制的原初之父之间的鸿沟宽得足以保证人们的宗教渴望得以持续,保证人们心中那不能平息的对父亲的渴望得以持续。③

---

① 在《图腾与禁忌》中,弗洛伊德说不能确定母神产生的时代,但可以肯定比父神早。见第178页;在《摩西与一神教》中,弗洛伊德认为,母神可能是在母权制遭到限制时产生的。见第73页。
② 弗洛伊德,《图腾与禁忌》,第175页。
③ 同上书,第179页。

在这个阶段，父亲重新成为各自家庭的家长，重新拥有了原来的很多家庭权利，但这已经不再是一个独眼巨人王朝。家父长不能再独占所有的女人，因而也并不必然成为政治领袖。乱伦禁忌、兄弟平权等制度不仅没有取消，而且得到了加强。家父长只能是自己一家的首领，彼此之间却是平等的，或者公推出一人来做共同的领袖，但他仍然不享有当初独眼巨人那样的权力。这就成了家父长之间的民主联盟，其实是更成熟的兄弟联盟。独眼巨人王朝被推翻之后的历史，就是兄弟之间的民主联盟成熟与加强的历史。现在，人类比较成熟的文明和政治形态，都已经初具规模了。

弗洛伊德描述的历史发展与阿特金森很不同。他没有考虑到外姓的加入和不同家族联合成为部落的情况，但兄弟之间的民主同盟，与阿特金森那里的部落却非常相似。阿特金森虽然不认为弑父事件是历史的实质转折点，但在独眼巨人式家庭被改变之后，父权一步步遭到限制，也是父君主制向民主联合制度的一步步演变。弗洛伊德以弑父事件来诠释这种历史演进，虽然没有阿特金森那种学究气的历史感，却更深刻地道出了这种演进的实质：由兄弟民主制颠覆父君主制。在阿特金森和弗洛伊德看来，父君主制虽然很可能是人类最初的政治形态，但它有深刻的问题，必然会为兄弟民主制所取代，兄弟民主制才是真正文明的政治形态。但弗洛伊德比阿特金森有更深一层的考虑：在兄弟民主制的文明状态中，必然也会有父子关系，那么应该如何安置这种父子关系呢?

在这种新的父权制下,父亲对儿子们仍然有很大的权力,但不会大到可以独占所有女人的程度,也不会大到可以统治整个社会的程度。换言之,父亲虽然恢复了家内的权力,但他的性独占权和政治权力被剥夺了。这正是希腊、罗马社会的状况:在家庭中,家父长对妻子、儿女、奴隶都有极大的权力,但政治权力并非父权的放大。弗洛伊德强调,即使是在后来神圣的君王治下的君主国,父权也不会再恢复了,因为人们一直都处在弑父的罪感之下,不可能像什么都没有发生那样,回到独眼巨人的时代。在父亲缺席的兄弟民主制中,恰恰是弑父的罪感推动着文明的发展。最初的那位父亲虽然死了,但人们始终无法走出他的阴影,他的灵魂一直徘徊在社会的上空,以各种面目出现。即使在民主制中,人们也需要一个父亲。

3 孝敬与原罪

弗洛伊德并不认为,弑父事件发生了就完了。人类历史不会忘记这个开端,它深刻地作用于心理结构。对于最初完成这一罪行的儿子们而言,父亲会以图腾的形象保留在他们的生活中,而杀死父亲这件事,就以图腾餐的形式保留在他们的文化和宗教中。弗洛伊德认为,这就是社会组织、道德戒律、宗教信仰等的共同开端。

图腾制度意味着非常复杂的情感,它也正是在神经症患者和孩子身上表现出来的那种矛盾情感:

> 他们憎恨其父亲,因为他扮演的是一个他们在渴望获得权力和性满足过程中的可怕阻碍者的角色;但是,他们同样爱戴和敬重他。在他们将其除掉之后,他们对他的憎恨情感得到了满足,想与之认同的愿望也实现了;但此时那曾被排斥在一边的爱戴之情又必然会在他们的心中浮现出来。这种爱戴的情感会以悔恨的形式表现出来。一种罪感也油然而生。①

孩子和神经症患者一方面憎恨父亲,另一方面又爱戴他。这便是俄狄浦斯情结,是人类共有的心理本能。正是出于对父亲独占女人的仇恨,兄弟们联合起来杀死了他。但在杀死父亲之后,一方面,爱父亲的心理逐渐浮现出来,使他们因弑父罪而后悔;另一方面,恨父亲的心理也未消失。于是,两种情感复杂地交织在一起,使他们处在与现代的儿童和神经症患者非常相似的状态中:

> 这种罪感与整个群体都感到的那种悔恨是一致的。那死去的父亲反而变得比其生前更强大。……他们通过禁止杀害那作为其父亲之替代者的图腾来消解其弑父行为;他们通过放弃对那些已获自由的女人的性权利来否认其弑父的成果。他们就这样从其带有罪感的孝

---

① 弗洛伊德,《图腾与禁忌》,第171页。

敬中创立了图腾崇拜的两条禁忌；也正是因为这样的缘由，他们与俄狄浦斯情结中两种被压抑的愿望必然会形成一种对应关系。不论谁背离了这些禁忌，谁就犯下了原始社会那仅有的两宗大罪。①

在此，弗洛伊德不仅描述了罪感形成的心理过程，而且阐释了这种罪感对文明的推动。他们因为谁也无法成为新的霸主而制定了乱伦禁忌，这只是乱伦禁忌的现实语境；它还有更深层的心理因素，即对弑父罪行的悔恨。这使他们禁止杀死图腾动物。父亲虽死，但死后的父亲好像在施加更大的权力，扎根在他们的内心深处。图腾成为一种代理父亲。"他们通过与这种代理父亲的关系来试图缓解那煎熬着他们的犯罪感，而且试图与父亲达成一种和解。"②在新的制度下，儿子们与父亲形成了一种新的关系。

弗洛伊德和涂尔干一样，认为图腾制是最早的宗教，图腾是最早的神，是弑父之后最早的代理父亲，高级一些的神只不过是更精致的代理父亲而已。"每一个人的神都是依其父亲的形象而构造出来的，他与神之间的人身关系要依赖于他与其父亲在肉体上的关系，而且前者随着后者的波动而发生改变。说到底，神只不过是一位被提升的父亲而已。"③

---

① 弗洛伊德，《图腾与禁忌》，第172页。
② 同上书，第173页。
③ 同上书，第176页。

他把这种罪感称为"孝敬性罪感"(the filial sense of guilt),认为它是所有宗教产生的根本原因,其目的就是缓解弑父的罪感,因为自从那桩弑父案发生后,"人类就没有了片刻的安宁。"[1] 但人们也并未忘记他们战胜父亲的时刻,依然珍视他们的胜利成果。为此,他们设立了图腾餐,即在某一个节日里,大家一起杀死图腾并分食它。他称为"孝敬性反叛"(the filial rebelliousness)。平时对图腾的礼敬和图腾餐时对图腾的分食,都是图腾制宗教中非常重要的部分,这种宗教将对父亲的爱戴与悔恨结合在了一起。在以共同犯罪为基础建立的社会中,罪感导致了宗教的产生。人类文明中的各种制度,都是这种罪感的结果。

怎样来理解弑父之罪对人类文明的塑造呢?在弗洛伊德后期的自我结构中,性欲是本我最基本的内容;无论独眼巨人驱逐儿子,还是兄弟们联合起来弑父,都是性欲和性嫉妒所致。弑父这个行为大大地塑造人们的自我。本来,兄弟们杀死父亲就是为了争夺他占有的女人,但在杀死父亲后,他们又不再以母亲和姐妹为性对象。弗洛伊德在《自我与本我》中说,超我就来自对性对象的放弃。现在,儿子们也形成了一种集体的超我,它命令儿子们不准染指自己的母亲和姐妹。这个超我,正是父亲形象在心中的内化。在弑父之前,父亲的存在使他们不敢染指母亲和姐妹;现在,已经死去的父亲却在他们内心深处命令他们,放弃对母亲和姐妹的

---

[1] 弗洛伊德,《图腾与禁忌》,第174页。

占有。但这种命令又必然与他们本我中的弑父情结相冲突，于是就形成了对父亲爱恨交织的心态，这正是图腾制宗教中的状况。

弗洛伊德说过，超我就是俄狄浦斯情结的继承者，"超我保持着父亲的性格，当俄狄浦斯情结越强烈，并且越迅速地屈从于压抑时（在权威、宗教教义、学校教育和读书的影响下），超我对自我的支配，越到后来就越严厉——即以良心的形式，或许以一种潜意识罪疚感的形式。"① 这正是图腾制中的景象：弑父的罪感使人们的良心充满了愧疚，丝毫不敢染指他的母亲与姐妹。

正是在这个意义上，弗洛伊德才将母权制向父权制的回归称为感性向精神性的过渡。在独眼巨人王朝中，父亲的强力使儿子们远离家中的女人；在刚刚弑父之后，兄弟们发现无法占有父亲的女人，那些女人也继承了父亲的权力，从而禁止了兄弟们用她们来满足性欲，这是一种感性的权力；但在兄弟民主制成熟起来之后，他们不但不需要父亲的强力，而且也不再需要母亲和姐妹的权力，良心和道德就足以使自己远离母亲与姐妹。父亲的权力是一贯的，只是起作用的方式不同：起初是自己直接的强力，然后是通过女人的力量，最后则是通过内在的精神力量。无论在父君主制的时代，还是在兄弟民主制的时代，父权都是实际的支配力量；即使是母权制，本质上也只是父权的另外一种表现形式。

---

① 弗洛伊德，《自我与本我》，第 133—134 页。

既然人类社会的实际权力来源是父权，为什么父君主制形态不可能延续呢？为什么在其最高级的形态中，父权必须以精神式的力量作用于人们的良心呢？本来，独眼巨人王朝是父权制最直接的表现形式，在这个王朝中，家国完全合一，权力清晰可见。但这种制度不可能延续下去，其原因也非常简单，即天无二日，家无二主，每个人都想成为独眼巨人式的父君主，但只有一个男人能做到这一点，其他人，无论是他的兄弟还是儿子，都必须被杀死或驱逐。只有在家长是一个无比强大的超人的情况下，这种王朝才有可能维持下去。在父君主年老体衰后，众兄弟会联合起来杀死他，然后势必陷入争夺王位的混乱中。要走出这种战争状态，众兄弟必须制定契约。弗洛伊德认为最初的契约就是乱伦禁忌，契约的执行人就是他们无权侵犯的母亲和姐妹：父亲的遗孀和代理人。兄弟民主制的成熟，意味着他们不必求助于外在的代理人，自己的良心就可以代替父亲了。于是，他们在家中恢复了父权制，但在政治上必须实行民主制。

　　家庭恢复了父权，但政治层面上又必须实行另外的制度，否则就会恢复到独眼巨人王朝的模式。与此相配合，在文化和宗教上，又必须有一个精神性的父亲来监督他们。这样，家庭里的父权制、政治上的民主制、宗教文化上的罪感，分别承担着不同的功能，共同构成了一个体系。这就是孝敬性罪感之下的社会制度。弗洛伊德不仅讲出了人类的基本心理结构和自我结构，而且由此诠释了人类社会几个方面的制度，从整体上论述了文明的构成原则，在更宏大的层面上，与西方历史上伟大的哲学家和神学家展开了对话。

4 精神性的父

弗洛伊德一方面从心理学的层面来理解文明历史的兴起，另一方面也把精神性的宗教还原为家国关系中的深刻张力。这尤其体现在他对犹太—基督教的研究当中。

早在《图腾与禁忌》里，弗洛伊德就已经试图从精神分析的角度来解释犹太—基督教了。在他看来，"原罪"就来自一种杀人之罪，即最初的弑父罪。基督教的独特之处在于，它以最坦率的方式承认了弑父之罪。

弗洛伊德在临近去世时写了《摩西与一神教》，继续了他在《图腾与禁忌》中讨论的主题。虽然组成此书的几篇论文难免重复，但弗洛伊德更详细地阐释了他对犹太—基督教的理解，特别是对图腾宗教如何发展为一神教的理解。

图腾是最早的代理父亲。在宗教随后的发展过程中，受崇拜物变得越来越人形化。在历史的某个时期，出现了母神，随后出现了男神，这些男神最初以儿子的形象伴随在母神身边，后来则变成了父神。那是多神教时代的状况，所以男神人数众多，分享权力。到后来，那位唯一独尊、权力无限的原始父亲神在人类意识中复活了，宗教终于发展到了一神教阶段。弗洛伊德认为，近东民族中已经发展出了这样的一神教信仰，后来被埃及法老学了去，但在埃及并未立住脚跟，埃及王子摩西把做奴隶的犹太人从埃及带了出去，并恢复了他们对自己的信仰的信心,让他们坚信自己就是上帝的选民,自豪地生存下来。在犹太人中,原始父亲的形象就是以这种方式在他们的宗教中得到恢复的。在父亲权力恢复的同时,很多其他的记忆也被激活了,于是,一股强烈的负罪感笼罩了犹太民族。

带领犹太人出埃及的摩西,就如同他们的父亲。但摩西并不是一个独眼巨人,他和犹太人之间也不大像发生了争夺女人的斗争。弗洛伊德这样诠释摩西对犹太宗教的意义:"原始时期那次杀死父亲的功绩和恶行被犹太人深切地感觉到了,因为命运注定他们要在摩西这位杰出的父亲身上重演这种谋杀。"① 摩西本人也是一个代理父亲,就像图腾动物和任何一位神一样。弗洛伊德强调,摩西非常像他让犹太人崇拜的上帝,人们就按照摩西的形象来理解那位上帝,也把对父神的复杂情感投射到摩西身上,于是像杀死父亲那样杀死了摩西。谋杀摩西的罪刺激人们产生了对救世主的愿望和幻想,等待他的来临。

既然所有民族都经历过独眼巨人王朝和弑父之罪,是什么使犹太—基督教成为一种最具精神性的宗教,超出于其他文明之上呢?每个民族都有对原始父亲的记忆,都会用图腾动物和人格化的神当作代理父亲,但摩西的出现却使犹太人的父亲与众不同。摩西凭一人之力,向犹太人灌输了他们是上帝选民的观念,使犹太人凝聚成了一个强大的民族。一

---

① 弗洛伊德,《摩西与一神教》,第79页。

个人怎么会有这样大的力量呢?因为摩西是一个真正伟大的人物。

弗洛伊德专门辟出一节来讨论"伟大的人"。伟大的人并非仅有美貌或精神的力量,也并非仅有一技之长的专家。伟人必须具有一定的"精神的素质,心理的和智能的特征",他通过他的人格和自己为之奋斗的理想来影响同时代人,满足人们最迫切的要求。而人类共同的要求,是"自幼就具有的对父亲的渴望,也是对传说中鼓吹的已被英雄们打败的父亲的渴望"[①]。弗洛伊德之所以把音乐家、棋手和科学家等等都排除出"伟大的人"的行列,是因为真正的伟大人物就是伟大的父亲,具有父亲特征。"伟大人物思想的果断、意志的坚强、业绩的威力,都符合父亲的特性;然而,除了这些特性之外,他的自信心和独立性以及动员人们投身正义事业的非凡说服力,则可能达到冷酷无情的地步。"人们既崇拜父亲式的人物,同时又恐惧他。摩西正是这样一个人。

摩西告诉犹太人,他们是他的孩子,并向他们宣布了一个独一无二、无所不在、无所不能的上帝,犹太人却很难把这个上帝和摩西本人区分开。于是,他们也会把对父亲那种又爱又恨的复杂情感投射到摩西身上,最终杀死了他。但当他们杀死摩西之后,那种尊敬之情也变得愈加强烈,反而更加崇拜摩西和他所带来的上帝,从而形成了犹太人的宗教

---

① 弗洛伊德,《摩西与一神教》,第98页。

传统。经由摩西亲自改造和提升了父神传统之后，犹太人的宗教信仰才有了更实质的精神性升华。

犹太人饱经灾难，好像在不断遭受上帝的折磨与虐待，但仍然坚信自己是上帝的选民，傲慢地认为他们的神超越所有其他民族的神。这一切要归功于摩西的塑造。犹太教中不崇拜偶像的戒律也许只是为了反对滥用巫术，但一经接受，就有效控制了感官知觉，标志着精神性对感性的胜利。①

人类的精神性是怎样发展起来的？弗洛伊德归根于两个因素。第一个，是早期人类对思维万能的信奉；第二个，就是父权对母权的胜利。摩西宗教戒令的作用，就是把上帝抬高到更高的精神水平，并且使这个宗教的信徒觉得自己比那些停留在感性层次的民族优越，树立了他们的自豪感。简单说来，他塑造了一个精神之父的上帝形象。"由于他使上帝丧失了物质形态，他为积累犹太民族的隐秘财富做出了新的、无可估量的贡献。犹太人保存了他们偏重精神财富的倾向，整个民族政治上的不幸教育了他们珍视自己保有的唯一财产，即保持他们的文字记载的真实价值。"②

弗洛伊德重申了自己关于自我结构的学说，指出这种精神性圣父的最大意义，在于它形成了一个强大的超我。自我若出于现实的考虑而放弃本我中的一些欲望，那就是一种"本能性放弃"，它总是给人带来持续的痛苦；但超我导致的

---

① 弗洛伊德，《摩西与一神教》，第102页。
② 同上书，第104页。

是一种内化的力量,使人内在地、自愿地放弃那种欲望的满足,虽然还是会带来不可避免的痛苦,但也伴随着一种愉快,这种愉快成为替代性的满足感,自我因此而升华,为了这种放弃而骄傲,好像这是非常高贵的一种行为。超我就像父母,自我就像孩子,被超我关照着。①

父子之间的紧张是从独眼巨人王朝走出的任何民族必然遇到的问题,而犹太—基督教历史中最大的特点,就在于它通过摩西这个伟大人物,将父亲的权威内在化、精神化,形成极为强大的超我和良心感。弗洛伊德再次强调,父权与母权的差别在于母权的感官性和父权的精神性。精神性上帝的胜利,是父权的伟大胜利,而父权的胜利本身,就是精神性的胜利;犹太—基督教中内在精神的力量,即在于将精神之父彻底安置在了人们的内心深处,使每个人的良心可以自行行使父亲对他的权威。因而,"这种一开始就禁止塑造自己上帝形象的宗教,越来越发展成了一种本能性放弃的宗教。"②

但犹太—基督教的上帝和摩西都没有表现出性嫉妒,这位上帝完全脱离了性欲,达到了完美道德的理想高度,最彻底地完成了内在的本能性放弃。弗洛伊德说:"作为伦理学基础的本能性放弃虽然不像是宗教的精髓,但是从遗传学上说却是与宗教紧密相连的。"③他指出:"神圣的东西从根

---

① 弗洛伊德,《摩西与一神教》,第105页。
② 同上书,第107页。
③ 同上书,第108页。

源上说,只不过是那位原始父亲的未被遗忘的意志。"[①]拉丁文的 sacer 一词,既有神圣的意思,也有遭天谴的意思,这正是父亲的特点:一方面必须高高尊奉,另一方面又让人不寒而栗,因为它迫使人们做出本能性放弃。摩西把割礼传给犹太人,这正是阉割的替代物,是原始父亲对儿子的惩罚。宗教中的那些神秘戒律,根本上就是父亲的意志。

归根结底,父神宗教满足了人们的一种心理需要。"原始人需要一个上帝来作为世界的创造者,作为部落的头目,也作为照料他们的人;这个上帝是传说中仍然提到的那些死去的父亲的后盾。"[②]不仅原始人,即使现代人也依然需要这样的父亲来保护。当一神教发展起来并战胜了多神教之后,人类的宗教生活获得了巨大的进步,但并未脱离父神的基本观念。

当犹太人在西奈山接受摩西律法时,他们就是怀着对上帝父亲的绝对敬仰之情,和原始群体里的那些儿子一样绝望而无助。他们会承认上帝的力量无法超越,绝对服从他的意志。但是,父亲宗教的发展并未到此为止,因为父子关系中更复杂的层面也会展现出来,重新出现在精神性的父神宗教中。在摩西宗教里,弑父情结表现为强烈的负罪感,它成为这个宗教制度本身的重要部分。同时,这一复杂宗教也非常聪明地掩盖了负罪感的真实原因。这种负罪感使他们甘心

[①] 弗洛伊德,《摩西与一神教》,第110页。
[②] 同上书,第117页。

忍受上帝的严酷，宗教戒律也变得越来越严厉和苛刻，使犹太人不断强迫自己增加本能性放弃，达到其他古代民族无法企及的伦理高度。犹太教的精神性在根本上来自强烈的负罪感与唯一上帝之间的尖锐张力，转化为内在的超我与本我之间的尖锐冲突。

后来，这个民族中出现了保罗，他借着这个民族中另外一个伟大人物的惨死，创立了一种新的宗教。保罗明确地把这种挥之不去的负罪感称为原罪，意识到这来自于对上帝的谋杀，并向人民灌输一种赎罪意识。耶稣就是摩西的复活。摩西的很多故事又附会在了这位伟大人物的身上。[①]但耶稣身上有比摩西更加复杂的一面，因为他是上帝的儿子，而不是一个父亲的形象。保罗依循着这条思路讲道，上帝有一个纯洁无罪的儿子，要拯救所有被原罪笼罩着的儿子们。他代表了当初犯罪的兄弟们当中的领头人，也就是最初起而反抗父亲的英雄。

这位儿子牺牲自己来忏悔兄弟们的罪，后人又用圣餐礼来纪念他。"圣餐之所以如此进行，当然是出于对救世主的亲近和崇拜，而不是出于对他的攻击。"[②]但是，笼罩着父子关系的那对矛盾，却又在新的宗教中展现出来。本来是为了向父亲赎罪的行为，结果却废黜了父亲，重演了弑父罪：摩西宗教是一种父亲宗教，但基督教是一种儿子的宗

---

① 弗洛伊德，《摩西与一神教》，第79页。
② 同上书，第77页。

教,圣父反而屈居第二位了,而这似乎正好实现了最初弑父的愿望。比起犹太教来,基督教更加坦诚地承认了自己的弑父罪,并且宣称已经为此而赎罪,谴责犹太人不愿意认罪。

保罗深刻地理解了犹太宗教的实质,所以他说:"就是因为我们杀死了上帝父亲,所以我们这样不幸。"① 上帝的儿子牺牲自己的生命来向上帝赎罪,既重演了父亲被杀的历史,同时也展现了对弑父之罪最大程度的忏悔。弗洛伊德认为,认罪和牺牲,构成了保罗宗教的两个核心;这是犹太教精神性的进一步提升,是超我与本我尖锐张力的彻底展现。

5 形式与父

在传统的犹太人和基督徒看来,弗洛伊德的这些解释无疑是离经叛道的②;他自己也几次表达了对这一解释并不非常满意的态度。但是,恰恰是在诠释犹太—基督教的时候,弗洛伊德却揭示出了一个更重要的问题:形式即父亲。

在亚里士多德的性别观中,男性更接近精神和形式,女性更接近物质和自然,这是一个非常重要的思想线索。弗洛伊德宗教观的意义,就在于他以现代心理学的方式,更明确、更极端地讲出了这层关系。

亚里士多德并没有完全将男人等同于形式,将女人等

---

① 弗洛伊德,《摩西与一神教》,第 124 页。
② 当代西方学界对弗洛伊德《摩西与一神教》的研究,可参考 Ruth Ginsburg eds, *New Perspectives on Freud's Moses and Monotheism*, de Guyter, 2011。

同于质料，但在基督教以降的性别形而上学中，却越来越形成了两个方面的命题：形式即父，父即形式。所谓"形式即父"指的是，在形质论的形而上学体系中，形式被比喻为父亲，质料被比喻为母亲，现实的存在物则是它们的儿子。所谓"父即形式"指的是，在人类的繁衍和家庭生活中，父被理解为形式，母被理解为质料，因而家庭生活也按照形质论的模式来阐释。弗洛伊德理论的意义，并不在于他对独眼巨人王朝、集体弑父的历史重构是否正确，也不在于他对犹太—基督教的父神发展史的描述是否恰当，而在于他揭示出，在犹太—基督教中，形式即父和父即形式两个方面，都被最充分地结合在了一起。

首先看形式即父。古希腊哲学家已经在用父母的比喻来理解世界的构成了。到了基督教哲学体系中，上帝被理解为万物的创造者，他就是万物的形式，这在中世纪哲学中有非常丰富的讨论。现在弗洛伊德说，看上去极其高贵和纯洁的精神性信仰，还是出于对万能圣父的敬畏之心，出于最初的弑父之罪，甚至有摩西这个父亲式人物的很多性格投射其上。但弗洛伊德并不想否认宗教中的真理；认为他要将宗教信徒的崇高信仰还原为心理情结，是不恰当的。他明确承认："整个世界对他的存在无可怀疑，因为这世界上的一切都是他造的；同我们竭尽全力所做的矫揉造作而又破绽百出的贫乏解释相比，那些信徒们确定不移的教义是多么深思熟虑而又无所不包啊！"弗洛伊德想做的，是"弄清楚那些笃信上帝的人是怎么获得这种理想的，这种信仰又是从哪里获得了那样巨大的力量，使它能够压倒理性和科学"①。但宗教信仰的真理怎么能和这种信仰的形成过程相区别呢？精神性的真理，哪怕再纯洁、再高贵，也无法脱离父亲的形象。

我们再来看父即形式。弗洛伊德接受了亚里士多德以来的说法，认为母亲代表了感性，父亲代表了精神性，父权社会的建立标志着精神生活的胜利。在他所讲的故事里，人类生活中的所有禁忌、道德、法律、宗教等，都是由那个原始的父亲或他的各种代理确立的。父开启了人类文明，确立了人类生活的基本精神。与其他宗教不同，犹太—基督教的上帝是一个最威严的父，也是一个精神性程度最高的圣父。基督教特别将这些形式深植在人心深处，形成了非常严厉的良心感。而在基督教的思想传统中，良心就是上帝，上帝就是最内在的自我。人类精神生活的根源，始终都在圣父那里。

形式即父，父即形式，这并非简单的同义反复。一方面，人类文明的构成形式就来自于父，人类的精神生活就是父亲一样的力量；另一方面，父亲又是作为形式的一个身位，在人类生活中是个为万物万事赋形的角色。虽然这两个方面都源自希腊哲学，但希腊哲学中的这两个方面是分离的，"形式即父"更多是在比喻的意义上说的，"父即形式"则是在繁殖与家庭生活的现实层面理解的。可是到了基督教中，这两方面统一在了一起。创造了万物的圣父上帝，为万

---

① 弗洛伊德，《摩西与一神教》，第111页。

物赋形,所有的形式都出自上帝的永恒智慧。随着形式即父、父即形式在宗教和形而上层面的统一,现实家庭中的父却逐渐失去了他的哲学地位。[①]原罪故事也是犹太—基督教中极为重要的部分,是人类历史的开端,但它的这些意义来自于创世故事中的形质关系。至于以后的救赎与末日,其哲学的基础是创世故事,其历史的开端是原罪故事。

在弗洛伊德这里,形式即父与父即形式两个命题也是合一的,但他用来统合两个命题的,不是基督教的创世故事,而是独眼巨人王朝和弑父故事。这个故事不仅把创世故事和原罪故事的含义都讲了出来,而且将出埃及的故事和圣子受难的故事也串联在了一起。父作为人类生活的形式的意义,并不是父神出现之后才有的,而是早在独眼巨人王朝中就这样了;当然,人类的文明史,却是从众子联合弑父才真正开始,因为这就是精神分析中的原罪。

弗洛伊德故事中真正的动力是性欲,这一点是亚里士多德和传统宗教中都不曾有的。不过,在讨论了乱伦禁忌和爱欲之后,我们也不难理解这个层面的问题了。在《超越快乐原则》中,弗洛伊德将性本能当作生命本能。父亲和儿子们的性嫉妒,根本上都来自生命本能;兄弟们联合弑父,则是死亡本能的一个结果。弑父之后儿子们的种种复杂心理,都是因为这两种本能;而文明社会的各种制度和文化,也是这种作用带来的。

[①] 参考孙帅,《自然与团契》,上海:上海三联书店,2014年版。

从柏拉图笔下的爱欲,经奥古斯丁以降的基督教思想中的意志,再到弗洛伊德笔下的性本能,这个谱系我们在本书中篇已经触及了。形质论与爱欲观结合之后,所有的赋形背后都有意志的作用。上帝创造万物的形式,其背后是上帝的意志;人类的堕落和拯救,其背后也是人的意志在起作用。在弗洛伊德笔下,文明的形式正是父子的性欲赋予的。当然,父子的性欲要在相当复杂的相互作用,乃至非常激烈的冲突中,才能完成赋形作用。而这正是现代形质论的一个基本特点。

弗洛伊德的弑父故事中还有一个重要问题,那就是父权制与兄弟民主制之间的关系。弑父的原罪导致了文明的真正开端,其标志是儿子们对父亲的战胜,导致兄弟民主制的确立。从此以后,一方面,父亲的形象开始上升,越来越精神化;但另一方面,现实中的父君主制却让位给了民主制。家庭中的父权制、政治上的民主制、宗教上的父神统治,成为此后的文明模式。自此,家庭和宗教中的父权形象被保留,但父权制已经无法在政治上起作用了。父家长制的家庭不会再上升为独眼巨人式的父君主制,父神的形象也不会落实到现实的制度架构中,民主制乃是西方政治的标准形态。但这并不意味着父不重要,而只是表明,父可以是家长形象,也可以是上帝形象,但不能是国王的形象。从今以后,以民主制为标准形态的政治,只能服从于父神统治的精神社会。究竟如何来理解这层政治含义,弗洛伊德只是提到了,但并未深入讨论。

三 弑君与弑神

前文按照达尔文、阿特金森、弗洛伊德这一脉络勾勒出来的线索，是进化论思路影响下的弑父思想谱系，最终在弗洛伊德对犹太—基督教的分析中达到了高潮。在对相关问题的讨论中，还有一个非常重要的人物我们没有谈，那就是弗雷泽。他的名著《金枝》的出发点，就是希腊罗马神话中一个著名的"弑"的故事。这个故事直接针对的，并非弑父，而是弑君与弑神，但仍然与弑父的问题息息相关。

阿特金森和弗洛伊德所讲的独眼巨人王朝中的弑父也是弑君。在犹太—基督教传统中，这个问题又转化为弑神。在西方语境下，这三个领域之所以能够重合，是因为父子、君臣、神人之间有很类似的关系，父、君、神，在一定程度上都承载了人类生活的形式。独眼巨人王朝中的父与君是合一的。到了兄弟民主制，政治领域的君权被推翻了，但每个家庭中的父仍然是形式；在父神出现之后，特别是在犹太—基督教的传统中，父神作为最高的形式、万物的本质，不仅遥遥居于人类制度的任何形式之上，而且将所有其他的形式都废黜了。

对于人类生活的这三种形式，为什么要"弑"呢？弗洛伊德从性欲的角度理解父子关系，将弑的问题理解为两代男人之间因性嫉妒导致的冲突。倘若不从这个角度来考虑，是否就不会有恐怖的烛影斧声了呢？但在希腊神话中仍然有很多弑父故事；在犹太—基督教中，弑神仍然是一个最核心的问题；在现代欧洲的政治史上，英、法、俄三个大帝国都是通过弑君完成了向现代制度的转换。在西方思想的各个层面上，弑仍然是一个不可忽视的问题。

天才的弗洛伊德以自己的方式诠释了弑的思想意义，但即使不从精神分析的角度，不从进化论的自然选择与性选择的角度，西方学者仍然要面对这个问题。弗雷泽的处理方式，就与弗洛伊德非常不同。

1　弑君继承

《金枝》的出发点，是古罗马内米的一种祭司承袭制度。在内米的一片圣林中有林神狄安娜的一座圣殿。这个圣殿的祭司又被称为森林之王，只有通过杀死祭司，这个职位才能继承。在内米的圣殿里有一棵树，只有逃亡的奴隶才可以砍下它的树枝，他砍下树枝后就有资格与祭司单独角斗，如果能杀死祭司，就得到了祭司的职位，并得到"森林之王"的称号。那树枝被称为金枝，埃涅阿斯在前往冥界之前曾折下过它。之所以逃亡的奴隶才有资格争夺这个位置，是为了象征阿伽门农之子俄瑞斯特斯的逃亡。据说，内米的狄安娜崇拜是俄瑞斯特斯创立的。俄瑞斯特斯杀死了克里米亚的国王之后，逃到了意大利，并把托里克的阿尔忒弥斯（即狄安娜）女神的神像随身带去。而托里克的阿尔忒弥斯的祭祀仪式极为血腥，每个登岸的外乡人都要被宰杀在她的祭坛上献祭。逃亡奴隶与祭司决斗的风俗，就是这种祭祀模式的一个温和版本。以决斗决定祭司职位的方式延续了很久,直到罗马帝国时代。卡里古拉做皇帝的时候,若发现一个祭司在位太久,就找一个强壮的恶棍去杀死他。①

弗雷泽指出,这个祭司同时又有"森林之王"的称号。将国王与祭司合在一起,在古代希腊和罗马是非常普遍的现象。雅典的第二位地方长官的职责是宗教性的,他又被称为王;许多希腊城邦都有名义上的王,他的职责都是宗教祭司;罗马君主制被废后,也有一个祭司王来主持宗教仪典。②弗雷泽认为,在原始人中,国王往往被当作神灵来崇拜,他既是世俗的政治领袖,也是超自然的宗教领袖,人们区分不出自然和超自然的差别。内米的祭司很可能最初也是一个政教合一的领袖。③

这既是弑君的故事,又是弑神的故事——但不是弑父的故事。弑的问题直接关联到继承制度,因而与达尔文—阿特金森的思路有相合之处。弑成为继承中的一个必要环节,即只有通过杀死前任,才能成为继任;就像在阿特金森的笔下,儿子只有杀死父亲,才能继承其父君主的位置。

达尔文、阿特金森、弗洛伊德等人都仅把弑君继承当作史前的一个阶段,与后来的人类文明有着本质上的不同。弗雷泽所描述的弑君现象,虽然从理论上看,应该只是人类

---

① 弗雷泽,《金枝》,徐育新、汪培基、张泽石译,北京:新世界出版社,2006年版,第2—4页。
② 同上书,第12页。
③ 同上书,第109页。

上古某个时期的状况，但弗雷泽没有给它明确的历史定位，因为他所讲的弑君现象与弑父完全无关，也基本上不涉及父君主制，更没有阿特金森和弗洛伊德那里从君主制到民主制的演进。在他笔下，弑君似乎就是古代民族完成继承的必要手段。这是对达尔文、阿特金森所写"弑父继承"的重要补充，也是对弗洛伊德的父权理论的重要平衡。虽然弗雷泽好像只是在讲古代和异民族的事情，但欧洲中世纪君主制的根本问题，在他这里都得到了非常好的揭示。

前述的三位作者都以性嫉妒来解释父子兄弟之间的争霸搏斗。弗雷泽虽然谈到了男女神祇之间的婚姻，但他主要不是从性的角度来理解的。他这里没有君、父合一，也与群婚制无关，因而性嫉妒已经不再能解释一切。那么，为什么权力不能实现和平交接呢？弗雷泽的回答是，这恰恰是因为国王具有异乎寻常的神圣性。

弗雷泽非常强调国王的神圣性，及其很强的君、神合一的特性。他说，在原始文化中，国王被认为具有超自然的能力，是神的化身，是宇宙动力的中心，他的任何举动都有可能扰乱自然的某一部分，因而是一种"人神"。人们对他要特别地保护，以免破坏自然秩序，国王往往被一系列限制和禁忌所束缚，"其主要目的似乎是为了保全这位人神的生命，使之为人民谋福利。"①

对国王的威胁究竟是什么？这一问题引导弗雷泽进入

---

① 弗雷泽，《金枝》，第181页。

了对灵魂的考察。他认为，在原始观念中，神是会死的，国王就更难免一死。人们认为灵魂尤易遭受伤害，国王就更应该小心翼翼地防卫他的灵魂，因为他的生命关乎全体人民的幸福和生存。那些繁琐的禁忌，目的就是保护国王的灵魂。人们会尽可能使国王避免对他造成任何危害的东西，特别是死亡。但无论怎样小心翼翼地保护国王的生命，也无法避免他的衰老和死亡。于是，"防止危险的办法只有一个：人神的能力一露衰退的迹象，就必须马上将他杀死，必须在将来的衰退产生严重损害之前，把他的灵魂转给一个精力充沛的继承者。"如果让人神自然死去，他的灵魂要么离开身体，无法回返，要么被魔鬼或巫师摄走。两种情况之下，人神的崇拜者都失去了人神，因而再也无法兴盛。就算人们能够把他的灵魂留住，使它转移到继承者的身上，但是由于老王死于疾病，其灵魂处在极度的衰弱当中，转到任何人的身体当中都将是不死不活的。如果趁着国王衰老和死亡之前将他的灵魂转给继承者，就会保证世界不会因为人神的衰老而衰老。这被认为是消除灾难的最好方式。①因此，杀死国王恰恰是为了保存国王灵魂的活力。

弗雷泽列举了古今很多民族中类似的风俗来证明这一点。比如柬埔寨的火王和水王若是生了重病不能治愈，人们就要将他刺死；刚果人的大祭司生病将死时，其继承人就要把他勒死或打死；埃塞俄比亚的国王被尊为神，但祭

---

① 弗雷泽，《金枝》，第 259 页。

司们却可以命令他们死去,等等。① 在一些地方,弑君的风俗没有那么血腥,而是采取了温和或象征性的方式。比如一些地方的国王每年都要暂时离职一段时间,由他人代理,代理国王不再被杀,但也要有假拟处死的做法,来象征真正的处死。②

在所有这些情况中,不论是真正的还是象征性的处死,都伴随着这样的观念:王的灵魂传给了他的继承者。历代帝王之间的纽带,不是血缘,而是这个神圣的灵魂。

他进一步推论,内米祭司的继承方式也应该和这一观念相关。那个森林之王也必须被杀死,附在他身上的灵魂才能转入他的继承者身上。

> 这条规定可以说是既保证他的神性的生命精力充沛,又保证一旦他的精力初见不济时就转给适当的继承者。只要他能用强壮的手保持住他的王位,就可以推定他的自然精力并未减退,而他之败于或死于他人之手就证明他的精力开始衰退,也正是他神灵生命该寄居在一个不那么衰朽的躯壳里的时候。③

国王虽然不是父亲,但也是他所领导的团体的精神所在,他的灵魂就是整个集体的灵魂,具有无可比拟的神圣

---

① 弗雷泽,《金枝》,第259—260页。
② 同上书,第274页。
③ 同上书,第286页。

性。整个集体之所以都要想方设法保护他，避免他受到任何外在的伤害，主要是为了保护这个集体的精神和灵魂。如果放在我们一贯的概念中来讨论，则国王掌握了国家的形式。有了这个形式，才会有一个正常运行的国家存在；若是没有这个形式，国家当然就要彻底崩溃。

后来坎特罗维茨在《国王的两个身体》中所强调的国王的神圣身体，在根本上也具有这层含义。[①]国王的身体当中包含了他的所有臣民，但这些臣民都只是国王的质料，国王的神圣身体才是形式。当然，坎特罗维茨所讲的，是中世纪的基督教政治神学中的一套话语体系，但其文化逻辑与弗雷泽是相似的。

父有家庭的形式，王有国家的形式，神有宇宙万物的形式。对于人类日常的集体生活而言，这三者的意义非常接近，只不过神是更加抽象化、精神化的形式而已。放在父君一体的框架下，阿特金森、弗洛伊德等人会从性欲与性嫉妒的角度来诠释父君主的地位及其颠覆，但他们所谈的性欲正是弗雷泽所谈的精神、精力的另一种说法。父、君、神的共同特点，在于他们承载了形式；弗洛伊德用"父"的形象贯穿了这三种形式。现在，弗雷泽没有谈父这个维度，因而也不会从性的角度理解这三种形式，却从精力的角度大大突出了君主的神圣性，将君与神作为形式的意义点得更加清楚。

---

① Ernst Kantorowicz, *The King's Two Bodies*, Princeton: Princeton University Press, 1997.

不过，仅仅从这个角度讨论，弗雷泽还不能解释，为什么国王的继承一定通过弑才能完成。在父君主的思路下，君臣之间的矛盾转化为父子之间的性冲突，对于弑父与弑君，这当然是一个相当自足的解释。已经剥离了君与父的弗雷泽认为，弑君是为了将他的精神保持在最有活力的状态，或是让正在盛年的、最有力量的继承者接过其精神。对于血腥的弑的行为，这一解释还是不够的。因而，他还要引入新的因素，即人神的婚姻，才能说得更完满。

2 人神的婚姻

在内米，除了狄安娜之外，还有两个神，一个是嫁给罗马国王努马的伊吉利亚，另一个是狄安娜的情人维尔比厄斯。这位维尔比厄斯就是忒修斯之子希波利特，喜欢打猎，与阿尔忒弥斯为伴，因为继母的谗言而被父亲误解，最终被海神波塞冬所杀，但狄安娜深爱着他，又把他从冥界救了回来，带到了内米，托付给伊吉利亚，并改名叫维尔比厄斯，在这里执政为王。按照这个说法，内米的狄安娜崇拜就起源于维尔比厄斯。

希波利特是阿尔忒弥斯年轻英俊的情人，但夭折于青春年华。这是古典神话中常见的模式：阿芙洛狄忒与阿多尼斯的故事，雅典娜与厄里克托尼俄斯的故事，都很类似。这样，弗雷泽找到了理解内米神话的又一条线索：狄安娜是一位主管收获和生育的女神，她有一位男性伴侣，即希波利特，或维尔比厄斯，他就是第一位内米之王，祭司们的祖先。从他开始的祭司们一代代服侍女神狄安娜,并且都像第一代王那样走向了可怕的归宿。森林之王都以狄安娜为王后,就像努马以伊吉利亚为王后一样,他们所捍卫的那棵树,也就是狄安娜女神的化身。"她的祭司可能不只是把它当作女神来尊崇,并且还把它当作妻子来拥抱。"①

弗雷泽由此推断,这位森林之王最初也就是森林之神,即维尔比厄斯,负责繁育增产的女神狄安娜是他的王后,他们的结合就是为了促进大地、动物和人类的繁殖。因此,人们会一年一度地为他们举行神圣的婚礼。② 为了促进万物的生殖繁衍,许多民族年年庆祝草木和水的精灵的婚嫁,很可能内米的人们也年年庆祝祭司与狄安娜女神的婚配。同一个区域的泉水女神伊吉利亚是狄安娜的一个化身,她与罗马国王努马之间正好是这样的神圣婚配。③

他又进一步推断说,与女神结婚的国王,可能就是朱庇特的化身。他的证据是,直到很晚的时候,罗马庆祝胜利的将军们和竞技场中的行政长官都穿着朱庇特的服装,而阿尔巴和罗马的国王都模仿头戴树叶王冠的橡树之神朱庇特。朱庇特每年都要举行与天后朱诺的婚礼,国王与女神的婚配,就是对这种神圣婚配的模仿。④

弗雷泽这样解释阿尔忒弥斯与希波利特的关系:"因

---

① 弗雷泽,《金枝》,第10页。
② 同上书,第142—143页。
③ 同上书,第148页。
④ 同上书,第151页。

为阿尔忒弥斯原本是一个伟大的丰收女神,而根据早期宗教的原则,她既能使大地丰收,她本身亦应是多产的,因之她一定有一个男性配偶。"[1]靠了男性配偶,丰收女神才能多产。这里的男女关系,与从亚里士多德到巴霍芬笔下的男女关系,其实质是一样的,即女性是自然的生育之神,男性是使女神生育的动力因和形式因。每一个获得女神爱情的男人,都是男性中最出类拔萃的一个,是人中之王,是有资格跻身于诸神之列的人,因而可以戴上神圣的王冠,扮演朱庇特的角色。

那位不朽的女神是神圣品质的承载者和传递者,但她必须靠一位男性的配偶才能完成神圣的生育。要使她能够丰硕多产,就要给她寻找最优秀、最健壮的男子,即人中之王。

在罗马王国时期,没有一个王位是直接父死子继的,倒有三个是翁婿相继的。弗雷泽因而认为,当时很可能是一种母系制度(但并非母权),儿子嫁到女方家去,女儿留在家里招赘夫婿,岳父的王位即由女婿继承。至于谁能赢得国王的女儿,则可能取决于一种竞赛的结果,王位和公主都是优胜者所获得的奖励。那么,罗马流行的"国王奔逃"竞赛,也应该是这种婚俗的遗风。"我们可以猜想,'国王奔逃'原来是一年一度的继承王位的赛跑,跑得最快的人获奖,赢得王位。到年终时国王还要再次参加赛跑竞选连任下

---

[1] 弗雷泽,《金枝》,第9页。

届国王。这样年年不断地进行下去，直到他被别人胜过，或废黜或刺杀。"罗马的很多国王之所以不得善终，死于非命，可能就是因为取得王位的方式是一场殊死的决斗。①

弗雷泽所讲的母系社会与巴霍芬等人所讲的母权社会既有隐秘的关联，也相当不同。他和巴霍芬一样，非常重视希腊神话中的大母神，强调她们与自然繁衍、农业丰收之间的关系。在他们眼中，女神都是自然生殖力的代表。因而，弗雷泽在讲母系社会时，也隐含着对农耕自然的重视。不过，具体到社会制度，弗雷泽虽然没有特别强调其中的权力关系，但他所说的母系仅指按照母系传承，并不意味着女性在社会生活中拥有更大的权力。他的母系制度是翁婿继承的，女儿只是男性之间传承的一个必要环节，但权力始终在男性手中。王位似乎是公主的嫁妆，对公主的争夺也就是对王位的争夺。有资格成为公主的丈夫即国王的，必须是最强壮、最优秀的男人。

这种公主/王位争夺与达尔文和阿特金森笔下那种因性选择导致的争夺有什么异同呢？因性选择导致的搏斗，所争夺的是女人和家父长的地位。达尔文和阿特金森认为，在父子兄弟之间会爆发激烈的斗争，优胜者将得到最多、最好的女人，成为一夫多妻的独眼巨人式王国的父君主。弗雷泽笔下的搏斗，也是为了争夺女人与王位；他笔下的优胜者，不仅得到了高贵的公主，而且赢得了整个王国。

---

① 弗雷泽，《金枝》，第155—157页。

弗雷泽只不过是从另外一个角度重述了达尔文和阿特金森的命题而已，他们所描述的现象完全一致。最优秀的男人可以得到最高贵的女人，同时也会获得最高的地位，国王就是这个最优秀的男人。

但弗雷泽将这种争夺放置在母系传承的制度架构中，却形成了与达尔文、阿特金森等不大一样的效果。母系传承制度，使得争夺者之间往往不是父子兄弟的关系，因而不大会发生父子兄弟相残的情况，其主要矛盾就不会出现在同一家族的男性之间，弑父也就不是弗雷泽讨论的主要问题。

弗雷泽将巴霍芬的命题与达尔文—阿特金森的故事结合了起来。他既承认了代表着自然丰产的母系社会阶段，又认为性选择是男人争夺女人的方式。弗雷泽不像巴霍芬那样，认为存在一个仅有自然、没有精神的阶段；他这里的女性自然，始终需要精神的滋养和塑造，因而必须有男性的国王。他也最深地揭示了西方国王概念的实质含义：最优秀、最强壮的男人。达尔文传统中独眼巨人式的父君主，也正是这样的优秀男人。

但这个解释和上一节所谈到的杀死国王的解释之间，似乎存在着一定的张力。前面关于弑君的解释，是在说保留国王的神圣精神；现在竞争公主的解释，是在说争夺女人，以展示最强壮的力量与精神。那么，赢得了公主与王冠的竞争者，是否需要把前任国王，即自己的岳父也杀死，才能获得王位呢？俄狄浦斯是在杀死了前任国王，并赢得了王后之后成为国王的；罗马的最后一个国王骄傲者塔昆，是在娶了前任国王的女儿，然后杀死了自己的岳父之后成为国王的。这两个故事将弑君与争夺女人结合了起来。而弗雷泽也认为，内米的故事，就是这两条思路结合之后的产物。

他推测，内米的那位森林之王是祭司，也可能曾经真的是一个国王，他的背后也有一条很长的神圣国王的世系，"那些国王不仅受到子民的臣服，而且被认为能福佑全民而备受尊崇。"①虽然内米国王究竟实行怎样的继承制度不得而知，但弗雷泽推测，内米的国王制度很可能和罗马的非常相似，"这两个地方的神圣之王、神的活的代表，很容易被废黜或死于任何能以铁臂利剑证明自己的神圣权利居此王位的勇敢者的手下。因此，如果古代拉丁关于王位的权利经常是由一对一的决斗来确定的话，也就不足为奇了。"②也许内米不仅实行竞争者之间的决斗，而且国王与挑战者之间也必须决斗，要么通过决斗保住自己的位子，要么在决斗中被杀完成王位的更替。决斗所争的是王位，很可能也是女人，虽然这一点无法推测出来，但从祭司与狄安娜的关系来看，所争的是狄安娜女神的祭司之位，即狄安娜的配偶之位。那个胜利者可以成为狄安娜的配偶与祭司，可以扮演一个男神。因此，国王、祭司、狄安娜的配偶，这三重身份在此是合一的。

他从罗马的现象推测，这位国王代表的就是朱庇特，

---

① 弗雷泽，《金枝》，第166页。
② 同上书，第159页。

他的配偶是狄安娜。但朱庇特的配偶本来是朱诺,而狄安娜的配偶是雅努斯。弗雷泽认为,这只不过是同一对配偶的不同称呼而已。甚至古代神话中所有作为配偶的男神女神,都只是同一对配偶的不同名字而已。[1]

弗雷泽又认为,内米国王所代表的朱庇特,可能也是橡树之神。在很多民族的风俗中,草木精灵往往在春天到来时像国王一样被杀死。被杀的谷精可以是某种植物,有时又以动物甚至活人来代表。他们会把砍杀的谷物、被杀的动物或象征性的人形当作神的躯体,作为圣餐吃掉。杀死谷精与杀死国王的意义是一样的,即"防止他或她年老体弱,趁谷精还健壮的时候把谷精转到年轻力壮的继承者身上"[2]。这一风俗的意义与杀死神王或祭司是类似的。因此,春天杀死草木精灵,被认为是加速植物生长的手段。[3]

无论杀死国王、祭司,还是谷精,都是为了让生命的精华得以延续和复苏。弗雷泽将两条解释线索串到了一起。对杀死国王的解释强调,历代国王之间所传承的是最优秀的精神;竞争公主的故事体现的是最强壮的男人的力量。如果竞争者当中不仅包括那些外来的求婚者,而且包括现任国王本人,两种解释就合一了:真正的优胜者不仅要战胜或杀死同辈的竞争者,而且要杀死那个正戴着王冠的人,这样,他才在绝对意义上展示了自己作为最优秀的男人的品质。若是

---

[1] 弗雷泽,《金枝》,第168页。
[2] 同上书,第472页。
[3] 同上书,第289页。

这样，则在理论上，所有男人都处在一种敌对状态之中，都处在争夺女人和王冠的战争当中。这不仅是战争状态的又一版本，而且其描述的状况已经和独眼巨人王朝非常相似了。这似乎正是内米弑君故事的实质。

不过，若是连现任国王都参与到竞争中来，这里又必然涉及乱伦的问题：他们所争夺的那个女人，究竟是现任国王的王后，还是他的女儿？这又是与阿特金森——弗洛伊德的独眼巨人王朝非常相似的一个地方，也是俄狄浦斯故事所揭示的问题。弗雷泽在对阿多尼斯神话的诠释中，也终于不得不承认父女乱伦的存在。

3 阿多尼斯的神话

女神爱上年轻英俊但华年丧生的少年的故事，正和争夺女人的主题相关。弗雷泽认为，这一系列神话的源头应该是闪米特人所崇拜的塔穆兹，"阿多尼斯"是闪米特语对塔穆兹的尊称，意为"主"或"老爷"，希腊人误当作他的名字。

塔穆兹是女神伊希塔的情人，而伊希塔是自然生殖力的化身。人们相信塔穆兹每年逝世一回，而伊希塔则走遍阴间去寻找他，此时，人间的爱情就会停息，一切生命都受到灭绝的威胁。他们两个回阳后，一切又都复苏。[①] 在希腊神话中，这个故事变成了：阿芙洛狄忒非常喜爱阿多尼斯这位

---

① 弗雷泽，《金枝》，第313页以下。

英俊少年，在他婴儿之时，把他藏在盒子里，交给冥后抚养，冥后见婴儿如此美貌，就不肯还给阿芙洛狄忒了，于是阿芙洛狄忒亲自来到阴间寻找他。爱和死两位女神争夺这位少年，最后宙斯出面调停，让他一半时间在阳间，一半时间在阴间。后来，这位美男子被野猪咬死，阿芙洛狄忒万分悲痛。①

塔穆兹本来是国王辛尼拉斯的儿子。辛尼拉斯（或传说中他的同名者）制定了神妓制度，让他的女儿付诸实践，即她们都要在女神阿芙洛狄忒、伊希塔或别的女神的圣殿里与外乡人交媾，将所得的钱财奉献给女神。据说辛尼拉斯自己就是在五谷女神的节会上与女儿弥尔赫乱伦生了塔穆兹。弗雷泽推测，由于古代帝王与女儿乱伦的事时有发生，这应该是有根据的。这些国家的王冠按照母系传承，只有公主的女婿才有权成为国王。因此很多国王会与自己的姐妹成婚，就是为了保住王冠。辛尼拉斯之所以坐上宝座，本是因为他和王后的婚姻；在王后死后，他就失去了王权，而应该让位给自己的女婿了，他要想保住王位，就只能与自己的女儿结婚。据说，辛尼拉斯十分美貌，阿芙洛狄忒很喜欢他。而辛尼拉斯的岳父皮格马利翁爱上了阿芙洛狄忒的雕像。连续三代国王都和阿芙洛狄忒有瓜葛，很可能此处的国王就是这个女神的祭司和爱人，他们都是阿多尼斯，因为这个词就是国王的称号。辛尼拉斯又是神妓制度的创立者。很可能国王在

---

① 弗雷泽，《金枝》，第314—315页。

仪式上扮演新郎的角色时，要与扮演女神的神妓婚配，而这些神妓就是辛尼拉斯自己的女儿，他们所生的子女，地位相当于神的儿女，是人神，可以继承其父亲的王位。①

把弗雷泽所讲的这些信息串联起来，阿多尼斯的故事大体被建构成了这样一个谱系：皮格马利翁、辛尼拉斯、塔穆兹是连续三代国王，而在闪米特语中，国王又被称为"阿多尼斯"，因而这就是三代阿多尼斯。其中，皮格马利翁是辛尼拉斯的岳父，辛尼拉斯是塔穆兹的父亲。在这个国家，国王要和女神伊希塔结婚，以促进万物的繁殖生长。在辛尼拉斯时期（或者这本来就是一个惯常的制度），国王的女儿充当了女神的女祭司，要代表女神和国王结婚。只有通过女祭司与女神结婚，一个男人才有资格成为国王。皮格马利翁之女、辛尼拉斯之妻，就是这样的一位女祭司，辛尼拉斯在娶了她之后，成为皮格马利翁的继承人，至于皮格马利翁是否被女婿所杀，却不得而知。辛尼拉斯也让自己的女儿去做女神的祭司。后来，他的王后死了，但辛尼拉斯仍然是最强壮、最优秀的男人，没有人可以和他抗衡，于是，辛尼拉斯继续做国王，但要拥有这个王位，他就必须娶自己的亲生女儿。但后来，出现了塔穆兹，如果塔穆兹确实不是辛尼拉斯的女婿，而是他的儿子的话，那他就取代父亲，通过自己的姐妹，成为女神的情人。但这里是否曾经发生过弑父的事呢？弗雷泽没有提及。在两次继承之间，一定有新王与老王

---

① 弗雷泽，《金枝》，第321—323页。

之间的残酷竞争，是没有问题的。弗雷泽之所以构建这个谱系，就是要理解弑君继承的意义。皮格马利翁、辛尼拉斯、塔穆兹作为三代国王，就是三代最优秀的男人，是女神的三个情人，是三个阿多尼斯。阿多尼斯的每次死亡，应该就是被新的阿多尼斯击败了；他的每一次死而复生，就是一次王位继承的完成。

但这个故事里还有一个重要情节：皮格马利翁是一个雕刻家，他爱上了自己雕刻的阿芙洛狄忒，把它当作妻子来看待，甚至与之同睡，后来阿芙洛狄忒将这尊雕像变成了活人，嫁给皮格马利翁。弗雷泽认为，这个故事讲的是一种神婚仪式，国王与女神的偶像成婚。"如果是这样，这个故事在某种意义上就不只是对某一个人来说是真实的，而是对整整一串人来说都是真实的。"[①] 皮格马利翁从石头中雕刻出了女神和自己的妻子，这一点象征着国王和女神的关系。雕刻乃是希腊思想中对形质论的标准意象。国王和他所娶的女神的偶像之间的关系，正是这样一种制造的关系：国王和女神结合，就是国王在女神身上制造出一个城邦、一个民族。对王位的争夺，既是对雕刻家地位的争夺，也是对所雕刻的女神的争夺。

这样，西亚各地哀悼塔穆兹—阿多尼斯的仪式的意义也就清楚了。阿多尼斯作为国王和女神的情人，是谷精的身份。所有那些哀悼阿多尼斯的仪式，都是为了促进生命的生

---

① 弗雷泽,《金枝》, 第 322 页。

长和再生。① 在这种哀悼仪式中，有时还会有活人来代表阿多尼斯，以神的身份被杀，就像由人代表谷精被杀一样。② 阿多尼斯园圃则成为促进植物生长的巫术。③

弗雷泽总结说，在古典神话中，阿芙洛狄忒与阿多尼斯、库伯勒与阿蒂斯、埃及的欧西里斯与伊西斯这些神话，遵循的都是类似的模式："一个女神哀悼她心爱的神的死亡，这个心爱的神是植物的化身，特别是冬死春生的五谷的化身。"④

4 从阿多尼斯到耶稣

弗雷泽又认为，基督徒纪念耶稣受难和复活的仪式也来自纪念阿多尼斯死亡与再生的仪式。基督徒对耶稣之死的哀悼，和异教徒对阿多尼斯的哀悼非常相似；而哀悼之后对基督复活的赞美，也和异教徒对阿多尼斯复活的赞美如出一辙；复活节的日期，也正是哀悼阿多尼斯的日期，即万物复苏的春天。圣母怀抱死去的耶稣的形象，甚至可能就来自阿芙洛狄忒怀抱死去的阿多尼斯的形象。哲罗姆甚至谈到："耶稣的降生地伯利恒荫盖着叙利亚的更古老的主阿多尼斯的圣林。又说在耶稣小时哭过的地方，人们哀悼过维纳斯的爱人。"⑤

---

① 弗雷泽，《金枝》，第330页。
② 同上书，第328页。
③ 同上书，第331页。
④ 同上书，第383页。
⑤ 同上书，第304页。

不仅阿多尼斯,很多异教的类似节日似乎都与基督教的节日有关。本来,阿多尼斯只是这类神话中的一个典型。其他再如阿蒂斯,也是和阿多尼斯非常像的一个惨死的植物神。①罗马官方纪念阿蒂斯神复活的日子是3月25日,一个古老的春分节的日子。在古代弗里吉亚、卡帕多契亚、高卢等地,很多基督徒把耶稣被钉死的日子也确定为3月25日,而不管月亮如何。这个传统应该就来自纪念阿蒂斯的节日。这是神被杀的一天,但也是世界被造和再生的一天。温带的春分日正是万物复苏、表现出新活力的时候。②

基督教的节日与异教的神死亡和复活的节日重合,这样的情况有很多。像4月的圣乔治节来自古老异教的帕里里亚节,6月的施洗约翰节继承了异教之仲夏水节,8月的圣母升天节来自狄安娜节,11月的万灵节继承了异教死人节,而基督自己的圣诞节在冬至附近,恰是异教的太阳诞生节。这应该不是偶然的,基督教不仅向他所战胜的异教做了许多妥协,而且也吸收了对方理解神的方式。③其中最重要的当然是复活节。

阿多尼斯之死、阿蒂斯之死,以及异教其他的神王之死与耶稣之死的相似之处,在弗雷泽的这项研究中虽然占的比重不大,但也是一个值得关注的主题,而且可以和弗洛伊德对犹太—基督教的诠释对比。两位学者都认为,犹太—基

---

① 弗雷泽,《金枝》,第336页。
② 同上书,第350页。
③ 同上。

督教的一些根本之处与希腊神话一脉相承，两者都是古代文明中一些极为根本的现象的进一步发展。

基督教的根本目的在于灵魂的拯救，但"一则在幸福的永恒中求救，一则在毁灭中寻求最后解脱从而得救"。这正是基督的故事与阿多尼斯神话相似的地方。阿多尼斯明明是人类的王和精神领袖，人类为什么要杀死他呢？根据弗雷泽的解释，正是为了保留他的精神力量，才需要把国王杀死，所杀的并不是精神，而是承载着永恒精神的自然身体。基督也是神，但被杀的不是作为上帝的基督，而是作为肉身的耶稣。杀死耶稣也是为了更好地保留他的精神，以免这精神被软弱和易朽的肉身所败坏吗？初看上去，基督教中没有什么理论直接倾向于这种解释；但是，耶稣之死是人类获得拯救的必要环节，而拯救必须在耶稣复活之后才能真正实现，却也和阿多尼斯的故事非常相似。

弗雷泽意识到，基督的教导"不仅与人类的脆弱相对立，而且与人类的自然本能也相反"[①]。在阿多尼斯的故事当中，最根本的问题在于，一个必朽之人承载了一个不朽的灵魂，在他的身体和伟大灵魂之间，必然会有极大、极尖锐的张力。在基督教中，"道成肉身"这件事就已经将这对张力放置在了耶稣的血肉之躯中，这个血肉之躯既要承担神的拯救使命，却又必然在尘世中毁灭。这对根本的矛盾导致了耶稣的死和复活。这不仅是国王或人神的命运，也是每个人

---

① 弗雷泽，《金枝》，第351页。

的命运。既然每个人的灵魂都是不朽的,肉身又都是必朽的,在他的灵魂与肉身之间,都存在这样一个内在张力。国王和人神是最优秀、最强壮的人,因而也把人的根本矛盾发展到最尖锐、最血腥的极端。相对而言,古代神话中的国王和人神都有一个王后作为这种冲突的中介。如果说基督教带来了变化,那就在于,它取消了王后的位置,将这种冲突直接安放在人神的体内,使它更进一步成为内在的冲突。

古典神话与基督教之间的关联,还有两个重要的方面:圣餐和替罪羊。

杀死谷精之后往往会有圣餐,即吃掉所杀的植物、动物,甚至人或人形的面包。弗雷泽对此的解释是:"认为某生物是有灵性的,我们简单的野蛮人自然希望吸收它的体质的特性同时也吸收它的一部分灵性。"[①] 弗雷泽将圣餐理解成一种顺势巫术,人们吃掉神灵的肉,就可以分得神的特性与权力。国王与人神掌握了他所领导的群体的精神和形式,臣民吃掉神的肉,就吸收了这种精神。基督教中的圣餐与教会群体的关系,其实质也是同样的,只不过更加精致和抽象而已。

古代希腊罗马有很多关于公众替罪羊的仪式,他们会把全民的罪过、灾难和忧愁带走;替罪羊在被杀之前,往往要装扮成国王或神,放纵一段时间。比如罗马的农神节,节前三十天,要抽签选中一个英俊的小伙子,让他穿上农神的

---

① 弗雷泽,《金枝》,第472页。

服装，然后由一群士兵带他上街游逛，放纵情欲。等农神节到了，他就要在祭坛上刎颈自杀。① 这类杀死假王或假神的做法非常流行。弗雷泽认为，他们扮演的其实是王或神真正的故事。因此可以断定，内米的森林之王以一个树林之神的化身而生，并以此身份而死；但在古代罗马，就应该有一个和他类似的人物，年年以农神的身份被杀。②

在替罪羊的理论中，两种完全不同的风俗结合到了一起：一方面，是杀掉人神或动物神，以避免他的神灵生命因上了年纪而衰老；另一方面，是一年一度地清除邪恶与罪过。③ 弗雷泽认为前者是更重要的，但这两方面可以在同一个原则中得到理解：群体的精神虽是神圣而不朽的，承担这种精神的那个人却是必朽的血肉之躯。之所以需要杀死即将衰老的国王或神人，就是为了解决血肉之躯与不朽精神之间的矛盾；之所以有必要让他做替罪羊承担人群的罪，也是因为不朽精神所统领的人群毕竟不是必朽精神，而是充满了自然身体的罪恶与缺陷。在替罪羊的理论中，人神的身心张力与他和整个人群的张力，归根结底是同一种张力。

耶稣以自己的肉身承担了所有人的罪，做了他们的替罪羊，因为他是所有罪人的神；众人在吃了他的血肉之后，就与耶稣结为一体，加入到了大的基督当中。这不仅是西方古典的国王、人神理论的进一步发展，而且在以后的政治和

---

① 弗雷泽，《金枝》，第549页。
② 同上书，第552页。
③ 同上书，第542页。

社会理论中都有进一步的体现。在"国王的两个身体"的命题中,国王作为小的基督,其身体由所有臣民组成,他作为上帝的尘世代理,既体现了整个王国的神圣精神,也承担了所有臣民的罪。他越是神圣,就要承担越大的罪。正像亨利五世所说:"你究竟算是什么神呢?你比你的崇拜者承受了更多的必朽者的烦恼。"①

在弗雷泽如同百科全书般的巨著中,我们看到了很多层次的张力,归结起来,大体包括:国王与人民的张力,男人/男神与女人/女神的张力,国王自己的灵魂与身体的张力。这三对张力各自呈现出不同的面貌,错综复杂地交织在一起,但其根本关系模式都在于,前者(国王,男人/神,灵魂)代表了形式,后者(人民,女人/神,身体)代表了质料。形式与质料的结合才会有生殖繁衍,尤其体现在国王与女神的婚配当中。国王之所以必须被杀,是因为他既体现出国王和人民之间的张力,又有其灵魂与身体之间的张力,即最伟大和最强壮的男人,毕竟还是必朽之人。两对关系虽然相互支撑,但又会呈现出尖锐的矛盾。

弗雷泽与弗洛伊德的写作方式和关心的问题很不同,但他们有个重要的共同点,即最后都归结到了弑神,都认为自己的诠释可以解释基督教的核心信仰。之所以如此,是因为弗洛伊德将上帝看作一个天上的父,而且是一个已经被杀

---

① 莎士比亚,《亨利五世》, 4.1.238—239: "What kind of god art thou, that suffer'st more/Of mortal griefs than do thy worshippers?"

掉的父；弗雷泽把国王看作一个人间的神，是一个在不断被杀之后复活并成为神的超人。

在基督教以来的西方思想中，耶稣基督所讲出的上帝是人类生活的形式和精神所在，但这种形式与尘世制度的关联在哪里？他究竟是一个远古父亲的影子，还是一个不断被杀死和复活的王？在弗洛伊德的思路中，人类集体生活的形式是靠性本能和性嫉妒建构起来的，有着最大权威和超强性能的父代表了这个形式。这个父必须被杀死，是因为父子之间必然会有性嫉妒。在弗雷泽的思路中，最强壮、最优秀的男人承载着人类集体生活的形式，娶到最优秀的公主。之所以会发生弑君的事情，是因为永恒的精神与必朽的身体之间的必然张力，使主导人类的神始终栖居在最优秀的男人身上。

无论在弗雷泽还是弗洛伊德看来，人类都必须有一个形式。由血肉之躯来承担这个形式，必然会发生血腥的争斗和残杀。将这个形式尽可能地抽象化和精神化，是解决问题的必由之路。基督教的上帝就成为这个充分精神化的形式。在这个绝对精神的形式之下，父和君所代表的形式就可以让位了。这就是阿特金森和弗洛伊德对民主制起源的理解。他们这种理解的根源，则在亚里士多德关于父权和君主制的讨论当中。

四　家父与君主

关于弑父弑君的讨论，都归结到这样一个问题：父和君是人类集体生活的领袖，承载着人类集体生活的形式与精神。

在一个君主国中，一个有继承权的成熟男人，或者说作为家父长的男人，如果他有足够的德性，就有资格得到这个君权，而旧君又不肯放弃权力，因此弑君似乎就成为必然；同样，在一个家庭中，一个成年的儿子，和他父亲一样，有资格成为一个成熟的自由公民，可以成为一个家父长，在父子这两个成年男人之间，就可能发生激烈的冲突。弑父、弑君的困境，正是因为成熟的男人承载着形式和精神——亚里士多德性别哲学的一个核心命题。

19世纪末20世纪初的西方人类学，乃是古典学的延伸。人类学家虽然运用了许多民族志的研究材料，却始终以希腊罗马为早期人类文明的标准模式，所以他们给出的理论，最适合的还是解释西方古代文明；而他们所运用的理论，也都是西方文化的产物，有着深深的西方烙印。

他们的理论所建构出来的，正是古代希腊罗马的父家长社会中的普遍状况，虽然略有差异。在古希腊，特别是雅典的文献当中，家庭与城邦的类比随处可见。雅典人是雅典娜的孩子，是忒修斯的孩子；而雅典家庭中的父亲，则是他的儿子的国王。[1]但是，古代雅典的父子冲突非常频繁，无论是在历史、法律文献中，还是在诗歌、戏剧中，我们都可以看到父子关系的危机。其根本原因即在于："一个理想的雅典男人，要成为自由的、骄傲的、独立的甚至独裁的；富

---

[1] Barry S. Strauss, *Fathers and Sons in Athens: Ideology and Society in the Era of Peloponnesian War*, London: Routledge, 1993, p.10.

有攻击性甚至残忍地拒绝别的男人做主;热爱祖国、野心勃勃、富有活力甚至咄咄逼人。总之,每个雅典公民是他自己的主人。"[1] 雅典的男孩在没有成年之前,父亲就是他的主人;但一旦到了十八岁,他在法律上就已经成为自己的主人、雅典的公民。如果他的父亲还在世,父子冲突几乎是不可避免的:"父亲越是成功地完成了对孩子的教育,他就越可能培养出一个未来的主人;他越是使儿子成为优秀的主人,儿子就越不可能服从父亲。父亲处在一个很尴尬的位置,因为他在使儿子逐渐取代自己。"[2] 罗马家庭中的父家长制更加严格,儿子即使成年之后,他的家父长还是父亲,这就在法律上避免了雅典那么多的父子冲突,但这样的父家长制更像独眼巨人式的父君主国,其实更强化了父亲的政治权力,父子这两代男人之间的潜在敌意也就更加尖锐了。

父家长制是古典西方的基本家庭制度,而且家政自始至终就与更大范围的政治生活有密切关联。另一方面,由于父子之间很难避免的对立,若将这种父家长制真的变成城邦的政治模式,就很难避免弑君之事。古希腊的许多悲剧故事都表现了这个主题。俄狄浦斯既弑父又弑君,而且因为杰出的德性而成为国王,无论用弗洛伊德的解释,还是弗雷泽的理论,都可以讲得通;阿伽门农被妻子及其情人所杀,是因性嫉妒而弑君的典型案例;雅典的国父、英雄忒修斯无意中

---

[1] Barry S. Strauss, *Fathers and Sons in Athens: Ideology and Society in the Era of Peloponnesian War*, p.215.
[2] Ibid., p.216.

导致了父亲的死,其微妙心态耐人寻味;忒修斯又和自己的儿子希波利特发生冲突,导致希波利特的惨死,成为内米祭司的来源之一;众神之父宙斯本身就从自己父亲的手中夺得了王位,可以看作这些弑父弑君故事的最好概括。

这些俯拾皆是的弑父、弑君故事表明,父子关系本来具有非常强的政治性,父子冲突非常容易转化成君臣冲突;无论弗洛伊德还是弗雷泽的理论,都可以很好地解释古希腊君主制的政治危机。但在古代西方,最好地诠释了这种政治危机的,当然是亚里士多德。

1 家与城

在《政治学》一开篇,亚里士多德就批评了对家庭和城邦关系的一种理解:

> 有人说,政治家、君王、家长和主人意思相同,这种说法并不正确。主张这种说法的人认为,这类人只是在他们治理的人数多寡上有所不同而已,在性质上并无差别,例如治理少数几个人的就叫作主人,治理较多一些人的就叫作家长,治理很多人的叫作政治家或国王,仿佛一个大家庭与一个小城邦没有什么差别似的。政治家和君王的区别似乎就在于,君王是以一己的权威实行其统治,而依据政治科学的原则轮流统治的便是政治家。这些说法都不正确。(《政治学》1252a7—16)

认为城邦只不过是个大家庭，家庭只不过是个小城邦，二者仅在人数上有差别，这是亚里士多德时代通行的一种理解方式。这里说了四种人，但其实质只是一对差别。纽维尔认为，这对差别就是轮流执政与一人专制的差别，因为政治家之外的那三种统治者，只不过是三种不同的一人专制而已。因此，要弄清楚政治共同体与君主制的差别，就要厘清城邦与家庭的区别，而亚里士多德认为，柏拉图在《理想国》中所犯的一个错误，就是认为城邦和家庭的统治是一样的（1261a10—22）。①

《政治学》至关重要的第一卷，主要内容就是区分家庭和城邦，区分家政学和政治学。关于这个问题，有很多不同的观点，但我还是坚持纽曼以来的经典观点：强调城邦的自然性。②

亚里士多德说："正如在其他方式下一样，我们必须将组合物分解为非组合物（它是全体中的最小部分），所以我们必须找出城邦所由以构成的简单要素。"（1252a17—21）后面对城邦形成的考察，就遵循了从简单物来看组合物的模式。

亚里士多德关于城邦产生的著名段落不在于描述城邦

---

① W. R. Newell, "Superlative Virtue: The Problem of Monarchy in Aristotle's Politics," *The Western Political Quarterly*, Vol. 40, No. 1 (Mar., 1987), pp. 159-178.
② W. L. Newman, *The Politics of Aristotle*, Vol. 1, Oxford: Oxford University Press, 2000, p.25.

产生的历史过程,而在于强调城邦构成的独特性。是为了强调城邦出于自然这个特点,他才梳理了从家庭到城邦的演化。

家庭是城邦的构成部分,众多的家庭组合成了城邦;但家庭本身也是组合物,也可以分解为部分,这使得家庭的问题尤其复杂。[①]家庭是由夫妻、主奴、父子关系组成的,而所有这些关系都是自然关系。

首先,人们为了种族的延续,和所有动物一样,都要有男女的结合,"人们并不是特意如此",而是出于和动物一样的本能欲望,是一种自然的必需。[②]此外,还要有"天生的统治者和被统治者为了得以保存而建立了联合体"(1251b30)。适于做体力劳动的人就是天生的奴隶,适于思考的人就是天生的主人。对这个问题,现代人有很多争议,但亚里士多德此处的观点应该是非常明确的。[③]夫妻和主奴关系,是最早的家庭关系,都出于纯粹的自然需要。有了这两种自然的关系,也必然会产生第三种家庭关系,即父子关系,这也是一种自然关系。所以他说:"家庭是为了满足人

[①] Judith A. Swanson & C. David Corbin, *Aristotle's Politics: A Reader's Guide*, London: Continuum International Publishing Group, 2009, p.26.

[②] Thomas Pangle, *Aristotle's Teaching in the Politics*, Chicago: The University of Chicago Press, 2013, p.40.

[③] Maria Luisa Femenias, "Woman and Natural Hierarchy in Aristotle", *Hypatia*, Vol. 9, No., 1, 1994; Dana Jalbert Stauffer, "Aristotle's Account of the Subjection of Women," The Journal of Politics, Vol. 70, No. 4 (Oct., 2008), pp. 929-941.

们日常生活需要自然形成的共同体。"（1252b13）

随后是第二个阶段，即由家庭发展为村落。

> 当多个家庭为着比生活必需品更多的东西而联合起来时村落便产生了。村落最自然的形式是由一个家庭繁衍而来的，其中包括孩子和孩子的孩子，所以有人说他们是同乳所哺。所以希腊人最早的城邦由国王治理，现在一些民族仍然由君主统治。所有的家庭都是由年长者治理，所以在同一家庭繁衍而来的成员的集聚地，情况也是这样，因为他们都属于同一家族。正如荷马所说："每个人给自己的妻儿立法。"他们居住分散，古代的情况就是这样。所以人们说神也由君主统治，因为现代和古代的人都受君主统治，他们想象不但神的形象和他们一样，生活方式也和他们一样。（1252b15—28）

这个段落非常值得我们玩味。家庭可以满足人们的日常需要，但为了那些非日常的需要，就要有村落了。因此，村落的产生也是由于自然。他也特别谈到，最自然的村落，就是由家庭不断繁衍扩大而形成的血缘共同体，不仅包括夫妻、主奴、父子等关系，而且包括祖孙关系，因为其中有了"孩子的孩子"，这就是由若干代的父子关系累加起来的大家族，是聚族而居的村落。如果进一步繁衍，不仅有了孩子的孩子，而且还有下一代和再下一代的孩子，即曾孙和玄孙，这种成百上千人的大家族和村落，不就应该是小城邦吗？祖父、曾祖、高祖，或其嫡长子，是这个家族的族长，也是村落的村长，甚至是一个小城的国王，此处岂不是又回到了亚里士多德所批评的那种观点了吗？

正是在这个地方，亚里士多德谈到了国王制度："所以希腊人最早的城邦由国王治理。"他的意思是，最早那些君主制城邦的国王就是家长，而野蛮民族仍然是君主制，甚至希腊人早期的城邦，也是君父合一的制度。这种制度，正是荷马在《奥德赛》中所描述的独眼巨人王朝。他此处没有否认，最初的城邦是由村落进一步发展而来的。而神作为父的观念，也是由此发展而来的。①

在此，亚里士多德是在写城邦的构成及其实质，而不是在认真描写城邦的发展史。但如果将他在这里所透露出来的城邦发展史做一梳理的话，就应该是这样的：家庭通过繁衍，逐渐扩大，成为聚族而居的村落；再繁衍几代，人口进一步增加，就形成了君主制的城邦。早期的希腊城邦、当时野蛮人的王国，都是这样的君主制。君主制下的人们认为，神也应该像他们这样生活，于是就创造出了众神之父的概念。这个过程，与阿特金森、弗洛伊德和弗雷泽对原始制度的描述非常接近。随后，这种独眼巨人式的君主制城邦因为某种原因而瓦解，进入到共和制的城邦，这也正是阿特金森

---

① Judith A. Swanson & C. David Corbin, *Aristotle's Politics: A Reader's Guide*, pp.18–19.

和弗洛伊德所描述的过程。亚里士多德没有详细写出这个过程，但这应该是不可避免的。

亚里士多德非常明确地指出，那种由独眼巨人式的国王统治的君主制城邦，都是非常原始的城邦形式，文明的希腊城邦即使有君主制，也不再以独眼巨人的模式存在。这种由家庭经由村落繁衍而成的父君主制的城邦，似乎还不是真正意义上的城邦。它必须再演变为文明的城邦。

2　城邦的自然

我们前面讨论过的主要人物，都不同程度地谈到了这个问题。在梅因和古朗士对古代城邦的解释中，从家庭到氏族和胞族的同心圆结构是非常清楚的，但如何形成最终的城邦，却是一个含混不清的问题；麦克伦南对梅因的主要批评就在于，梅因无法解释没有血缘关系的不同家族之间怎样联合而成为城邦；麦克伦南、摩尔根和恩格斯社会发展史理论的核心，就在于解释非血缘、民主制的国家的产生，他们都认为那就是从母系社会向父系社会最关键的转折点；达尔文和韦斯特马克都认为，家庭道德是社会情感的起点，但他们没有谈到为什么这种道德会从家庭当中扩展到家庭之外的共同体；涂尔干对乱伦禁忌的理解和他们很不一样，但他也认为，家庭是一切道德共同体的原型，至于家庭以外的道德共同体，他认为是通过更复杂的社会互动形成的，后来的列维-施特劳斯所建构的亲属结构，就是这种社会互动的一个复杂版本；阿特金森和弗洛伊德都接受了达尔文的判断，认为最初存在一个父君主制的独眼巨人式家族,这种家族必然会导致父子之间的仇杀,要么是这种仇杀本身,要么是其他因素,导致了父君主制向兄弟民主制的转变;弗雷泽没有明确讲这种独眼巨人式家族怎样演化为民主制,但他对上古时期的君主制和弑君现象做了非常深入的研究。

亚里士多德是这些现代学者的深层根源;他们的解释是对亚里士多德的政治理论的现代诠释。在所有这些诠释当中,最后几位所讨论的弑君弑父问题,最接近于亚里士多德本来的解释。这里的根本问题就在于:为什么父君主制终将被民主制所取代?在考察了对相关问题的那么多解释之后,我们应该从亚里士多德自己这里寻求一种理解的可能性。亚里士多德自己这样描述此一历史进程:

> 多个村落最终组合成了城邦,它几乎达到了完全自足的界限。城邦本是人们为了生活而形成的,却为了美好的生活而存在。如果早期的共同体形式是自然的,那么城邦也是自然的,因为这就是它们的目的,事物的自然就是目的;每一个事物是什么,只有当其完全生成时,我们才能说出它们每一个的自然,比如人的、马的以及房屋的本性。终极因和目的因是至善,自足便是目的和至善。由此可见,城邦显然是自然的产物,人天生是一种政治动物,从自然上而非偶然地不生活在城邦中的人,他要么是一位超人,要么是一个野兽。(1252b28—1253a3)

亚里士多德不是在写历史，所以不会写出阿特金森或弗洛伊德笔下的那种弑父故事；他没有生动地告诉我们，父君主制的希腊城邦怎么变成了文明的城邦。他的目的还是讲城邦的构成和本质；但从他对城邦本身的讨论，我们可以推测出他对父君主制的态度。他只是说，多个村落联合结成一个共同体，就出现了城邦。相互联合的村落，往往就是一个大的家族，其中或许还包括很大的家族，也就是独眼巨人式的王朝。这种联合，或许是因为阿特金森描述的，那种因为婚姻纽带，缓慢演进而导致的，仅在希腊的文明城邦中才得以完成；也或许是因为弗洛伊德所描述的，那种兄弟联合弑父的事件，最终导致了兄弟民主制的出现；当然，它也很可能就是梅因和古朗士所描述的，平静的联合与过渡。总之，村落形成城邦，已经不能靠家庭形成村落那种自然繁衍的方式完成。在血缘群体和城邦之间，必然有一个巨大的断裂；因为同样的原因，城邦通常不是君主制的。亚里士多德却说，这种与血缘群体已经非常不同的城邦，实现了人的自然。

这是讨论城邦构成的最后一段，也是批驳城邦就是大家族的说法最关键的一段。其基本用意是告诉我们，城邦是自然的，人天生是一种城邦动物，因而城邦不是习俗或契约可以缔造的。[①] 但城邦在什么意义上是自然的呢？是像植物或动物那样，可以自我繁衍与生长的自然物吗？"就像有生

---

① W. L. Newman, *The Politics of Aristotle*, Vol. 1, p.27.

命的有机体,比如橡子或小狗一样,城邦也有其自然的目的,这个目的,也正如橡子或小狗的目的一样,就是其最完善的、成熟的、自足的形式。"[1]人类的集体生活从家庭开始发展,经过村落的阶段,直到最后出现了城邦,才算获得了完美的形式,因而它的自然才得以成全。这个生长过程,就和植物的种子长成大树、动物的幼崽长成成兽、婴儿长大成人一样,因而"城邦显然是自然生长出来的",人只有在城邦中生活才算过上了自然的生活,所以,人天生就是城邦的动物。

与在家庭与村落中的生活相比,城邦生活是一种"美好的"生活,而早期共同体中的生活只能算是生活。于是亚里士多德写下了他的名言:"它本是为了生活而形成的,却为了美好的生活而存在。"我们需要看到这句话里的两层含义:第一,城邦之为自然,和家庭、村落之为自然,是不同的;第二,城邦的自然,正是家庭和村落的自然发展的一个结果。

家庭之所以是自然的,是因为它满足了生育的自然欲望,也实现了主奴之间的自然统治,这都是自然的必需所致;村落之所以是自然的,一方面是因为它是家庭自然繁衍形成的,另外则是因为它满足了非日常的那些自然需求,比如贸易和战争等[2];但城邦之所以是自然的,是因为它是一

---

[1] Judith A. Swanson & C. David Corbin, *Aristotle's Politics: A Reader's Guide*, p.6.
[2] Thomas Pangle, *Aristotle's Teaching in the Politics*, p.43.

个自足的共同体，使人们实现了美好的生活。人们在城邦里面实现的，并不是他的自然需求的满足，而是美好生活的完成。城邦是由家庭一步步发展而来的，但城邦之所以是自然的，并不是因为它是由自然的家庭发展而来的①，虽然最自然的村落之所以最自然是因为它是由家庭繁衍而成的。在此，亚里士多德的"自然"概念呈现出一对张力。如果这些村庄之所以自然是因为它是家庭的繁衍扩大而成的，那么，那些由父君主统治的独眼巨人式城邦岂不也是更自然的城邦吗？② 但他为什么又说"如果早期的共同体形式是自然的，那么城邦也是自然的"呢？

亚里士多德随后对人作为政治的动物有进一步的解说。人之所以是政治的动物，并不仅仅在群居这一点上，否则，蚂蚁和蜜蜂等就是更具政治性的动物了。人之所以是政治的动物，是因为人有语言，具有理性能力，可以判断好坏善恶，"这类事物的共同体造就了家庭和城邦"（1253a18）。理性和道德能力使人类区别于别的动物，因而也是人的自然中非常重要的部分。当亚里士多德说人在城邦中实现了其自然、过上美好的生活时，他强调的是，人只有在城邦里才能充分实现理性和道德的自然，否则"就会堕落成为最恶劣的动物"（1253a32）。说城邦是人的自然的实现，当然不是指更接近生物性的自然欲望和生殖活动。

---

① W. L. Newman, *The Politics of Aristotle*, Vol. 1, p.30.
② Thomas Pangle, *Aristotle's Teaching in the Politics*, p.43.

在第一层含义中，我们看到的是，作为自然欲望的自然和人性完美实现的自然之间，存在着一定的张力。

第二层含义却是对这种张力的化解，也是他之所以称城邦为自然的实质原因。生存繁衍这些自然欲望，与城邦中所实现的人的自然虽然有很大的不同，却仍然有着本质的关联，二者并不是截然分开的。人们可以凭着自然欲望的满足方式，逐渐过渡到好的生活，达到自然的充分实现。这就是"生活"与"美好生活"之间的关联。正是因为有了这种关联，才可以说城邦是个自然物。它并不是人按照某种外在的或者凭空想象出来的形式造出来的，而是其形式可以从自然中生长出来，因而说"城邦是一种自然的生长"。亚里士多德在《物理学》中说："所谓自然，就是一种由于自身而不是由于偶性地存在于事物之中的运动和静止的最初本源和原因。"（192b21—24）人的自然必然地要发展出城邦。

另一方面，虽然说生育繁衍等欲望都是自然的，即都指向了生活的形式，但其自然并没有在家庭中得以成全，而仅仅是指向了成全的方向和路径。只有到了城邦之中，人的自然才真正成全，家庭和村落只是人的形式逐渐成全的阶段。因此，在谈到城邦时，先前讨论家庭和村落时的自然概念，已经被彻底成全了。在现在的语境之下，家庭和村落之所以是自然的，乃是因为它们是城邦的组成部分，不是因为它们来自自然的需要。正是出于这样的理由，亚里士多德说："城邦在自然上先于家庭和个人，因为整体必然优于部分。"（1253a20）

人伦的"解体"

他之所以说城邦和家庭有本质的区别，城邦不是大的家庭，家庭不是小的城邦，并不是因为家庭的统治方式与城邦不同，而是因为，城邦是人的自然的充分成全，家庭只是这种充分成全的阶段。但为什么人的自然的充分实现不能发生在君主制的城邦中呢？特别是独眼巨人式的父君主制，为什么无论多大都只能算是大的村落，或最原始的城邦呢？要解决这个问题，我们必须来看亚里士多德对家政和政体问题更深入的讨论。

3 君主制的辩证法

对各种政体的讨论，是《政治学》随后数卷中最主要的内容。但其中呈现出一种非常耐人寻味的矛盾。一方面，亚里士多德几乎将城邦政治等同于众人统治的共和制："当执政者是多数人时，我们就给这种为被治理者的利益着想的政体冠以为一切政体所共有的名称，共和制（πολιτείας）"（1279a39）[1]；另一方面他又说，由优秀的君主统治的政体是最优秀的政体（1288a34）。[2] 如何理解这种明显的矛盾呢？

在亚里士多德看来，城邦的目的是为了人们共同达致有德性的生活。这种共同体为什么就不能是君主制的呢？

---

[1] 亚里士多德用 πολιτείας 来指众人统治的政体，我们译为共和制；相对而言，民主制是由众多平民统治的制度。
[2] 关于这个问题的详细讨论，可参考 W. L. Newman, *The Politics of Aristotle*, Vol. 1, p.218。

亚里士多德并没有在理论上否定君主制,相反,他认为,如果能有一种理想的君主制,那就可以使城邦成为最优秀的城邦。

亚里士多德区分了五种不同的君主制,但只着重谈了居于两端的君主制:斯巴达的君主只是一种统帅的职位,并没有多大的权力;独揽大权的君主则处于另外一端。其他各种形态的君主制,都处于这二者之间。所有问题的焦点,还是集中于大权独揽的君主,这是最值得讨论的君主制形态。他自己对这个问题的表述是:"由最优秀的人来统治和由最良好的法律来统治,究竟哪种更为有利?"(1286a9)

他列举了支持和反对君主制双方的各种理由。支持者认为,法律只是普遍的规定,会导致墨守成规,而君主有可能达到卓越;反对者认为,法律不会受激情支配,个人难免激情的影响(1286a10—20)。支持者认为,在个别情况下,优秀的个人的意见更加妥帖;反对者认为,众人的判断优于一个人(1286a21—31)。支持者认为,人多了就容易结成党派;反对者认为,人多了更不容易腐败(1286a32—1286b7)。

从这些方面来看,法律和多数人的统治有可能更加符合理性,可以使城邦的美好生活得到更大的保障。在亚里士多德看来,城邦不仅要使人们共同生活,而且要让人们一起过高尚而有德性的生活。法律虽然有可能变得墨守成规,却是这种高尚生活的体现。所以他说:"崇尚法治的人可以说是唯独崇尚神和理智的统治的人,而崇尚人治的人则在其中掺入了几分兽性。因为欲望就带有兽性，而生命激情会扭曲统治者的心灵，哪怕是最优秀的人。法律即是弃绝了欲望的理智。"（1287a29—31）从种种制度安排来看，亚里士多德是倾向于多数人的法制的，因为最优秀的法律比最优秀的人更可靠，可以在最大程度上避免情感的干扰，减少种种不确定因素。

但他又谈到，上述只是在一般情况下适用，并不是任何时候都这样。在极特殊的情况下，"倘若某一家族全体或别的某个人正好才德超群，远在其他所有人之上，那么以这一家族为王族或以这人为君王来统治所有的人，也没有什么不公道的地方"（1288a16—18）。他虽然极其审慎地只是把这限制在非常特殊的情况下，但毕竟还是承认独揽大权的君主制有其合法性。

他强调，这个人不应该是一般的德性超群，而必须是他的能力超过了所有公民能力的总和①；优秀的贵族制也是这样，少数人的能力超过了城邦内所有其他人能力的总和，否则就不应该实行（1283b25—28）。因为，如果有这样的一个人或一些人存在：

> 就不能再把这样的人当作城邦的一部分了。若是

---

① Mulgan 认为，亚里士多德此处所指的不是所有人的能力的总和，而是所有人的能力。见 R. G. Mulgan, "A Note on Aristotle's Absolute Ruler," in *Phronesis*, Vol. 19, No. 1 (1974), pp. 66-69。但如果只是超出所有人，则这样的人就并不是那么难找出。亚里士多德的意思，还应该是超出所有人的总和。

将他们同其他人平等对待,未免有失公平;他们在政治方面的德性和能力如此之杰出,很可以把他们比作人群中的神。有鉴于此,法律只应该涉及在能力和族类上彼此平等的人,而对于这类超凡绝世之人是没有法律可言的,这些人自己就是法律。谁想要为他们立法就会闹出笑话。(1284a8—10)

亚里士多德说人的自然在城邦里得到了成全,是因为只有在城邦中,人最优秀和最高贵的德性才能实现。城邦的法律就是人性的形式;但如果有一个人本身就有最优秀的德性,如同神一样,他自身就可以代表人性的形式,他自身就是法律,那就不再需要法律了。让这样的人来统治,并不是将兽性带入到城邦当中,因为他们就是神和法律。那些崇拜神和理性的人,并没有理由拒绝他们的统治。

在希腊一些民主制城邦里曾经有一种陶片放逐法。"在这些城邦中,平等被奉为至高无上的原则,所以他们过一定的时期就要放逐一批由于财富或广受爱戴或其他因代表政治势力而显得能力出众的人。"(1284a19—22)阿尔戈斯人放逐赫拉克勒斯就是出于这一理由;希腊很多城邦曾经放逐最杰出的人,而且在许多政体之下都有过这样的事。蜕变了的政体这样做是因为统治者的私利,正确的政体这样做是为了全体公民的共同利益。

城邦的目的是为了德性的生活,而不是平等的生活。为了平等而将德性出众的人放逐,亚里士多德纵然承认陶片放逐法的道理所在，特别是在蜕化的政体中有其正当性，但还是认为这不是好的做法，特别是在最优秀的政体中不该采取这一做法。但如果出现了这种德性超绝的人，那该怎么办呢？

> 我们既不能主张驱逐或流放这类人，又不能将其纳为臣民。后一种做法无异于认为宙斯也可以成为人的臣民，而人却逍遥自在地分任各种官职。剩下的唯一办法就是，顺应自然的意旨，所有人都心悦诚服地服从这类人，从而他们就成为各城邦的终生君主。（1284b29—34）

他正是从这段话进入了对君主制的讨论，在后文又回到了这个主题，指出在极少数的情况下，如果出现了如此超群的人才，就既不能杀掉，也不能流放，更不能使他们接受统治，那么剩下的唯一选择就是："部分超过全体并不是一件自然的事情，但是这种卓越非凡的人正巧做到了这一点，在这种情况下，唯一的办法就是心悦诚服地奉其为主宰，不是在轮流当权的意义上，而是在单纯或无条件的意义上的主宰。"（1288a26—29）

亚里士多德在同一卷中两次谈到他对陶片放逐法的不以为然，以及要让这样杰出的人物成为国王。虽然这种人物出现的概率很低，但亚里士多德绝不是出于不得已才让这样的人做国王。他很明确地说："正确的政体有三类，其中最优秀的政体必定是由最优秀的人来治理的政体,在这样的政体中,某一人或某一家族或许多人在德性方面超过其他所有人,为了最值得选取的升华,一些人能够胜任统治,另一些人能够受治于人。"(1288a33—36)虽然这种情况在现实中很少发生,似乎是一种例外,它却是最优秀的政体。

所以他说:"在最好的城邦里,好人的德性和好公民的德性一定是一致的,显然,一个人做好人的方式,和他建立贵族制或君主制的方式是一样的,所以,造就一个好人的教育和习俗,也会使他成为一个政治家和国王。"(1288a38—1288b3)这段话也颇值得玩味。在亚里士多德看来,城邦的目的就是使人们过上有德性的生活,城邦的教育不仅可能不断地培养出合格的政治家,而且很有可能造就出德性极为高超的公民,也就是那种足以成为最优秀的君主的公民,从而使这个城邦成为最优秀的城邦。

出于哲学的诚实,亚里士多德无法否认全权君主制的合理性,因为它最完美地体现了建立城邦的目的。但在实践中,不仅这样极为优秀的人很难产生,而且即使有了这样出类拔萃的人做君主,前面所说的那些君主制的缺点,仍然可能暴露出来。[①]亚历山大的父亲菲力就非常清楚,神一样的国王也只是一个人。[②]

亚里士多德此处表现出的,正是这一矛盾态度最理性

[①] W. L. Newman, *The Politics of Aristotle*, Vol. 1, p.273.
[②] Ibid., pp.278–279.

的形态。他显然明白，无论是将这样的英雄推举为王，还是将这样的伟人驱逐甚至处死，都有其内在的道理。这个问题的理论根源，正在于亚里士多德对城邦生活的理解：人们在城邦中要实现高尚而有德性的共同生活，这是人的自然，是人类集体生活的最高形式——人们在城邦中，绝对不只是为了形成一个稳定和安全的制度而已。众人的意见、成文的法律都可以代表这种形式，但只有活生生的人的德性，才是美好生活最理想的代表，因此，由一个像神一样的人来代表这种形式，是最好的办法。但可惜的是，人毕竟不是神，总会有种种难以克服的弱点。由众人轮流执政的制度，可以在比较低的限度上避免一些危险，但也很难使城邦变得真正伟大起来。到了基督教的时代，由上帝来承担最高的形式，人间政治已经没有什么德性可言，最多只不过达到平庸的稳定而已，亚里士多德的问题似乎被化解了，最神圣的君主成了像理查二世那样的庸弱之主；但是当亨利五世这样的英雄帝王出现时，还是会产生同样的问题。国王的两个身体，只不过是这种君主辩证法在中世纪的一种表现形态而已。

4 形质论中的家与国

在《政治学》中，亚里士多德直接使用形质论术语的地方并不多[①]，但他理解政治问题时的形质论色彩仍然非

---

① Robert Mayhew, "Part and Whole in Aristotle's Political Philosophy," in *The Journal of Ethics*, Vol.1, No.4 (1997), pp.325-340.

常明显。正因为他很少明确地用形质论概念来分析政治现象，他怎样看待家政和政治中的形式与质料，在研究者当中就会形成相当微妙但影响巨大的不同理解。毕竟，像家庭和城邦这种"物"与一般的物是非常不同的，怎样以形式质料的概念来诠释这些抽象"物"，就成为一个很费思量的问题。

前文谈到，亚里士多德认为灵魂和身体分别是人的形式和质料，父亲和母亲分别为婴儿提供形式和质料，因而男人更接近形式，女人更接近质料，但男人并不就是形式，女人并不就是质料。在家庭和城邦中，什么是形式，什么是质料呢？梅修（Robert Mayhew）注意到亚里士多德很少直接使用形式、质料的概念来讨论政治现象，因而也更审慎地以"部分"和"全体"来分析一系列问题。即便以部分和全体来看待家国中的诸问题，这种人造物与物理物的差别也是非常明显的。物的全体在于实体的连续性，但怎样来谈人类共同体的整体与部分呢？毕竟每个人都是物理意义上的自足实体。但亚里士多德在《物理学》中谈到，把物的不同部分整合起来，就是它作为整体的方式（227a15—16）。梅修将这个观念运用到对人类共同体的理解上，那么，其中的关键应该是什么把不同的人聚合到一起。对于家庭而言，就是一个共同的家长将不同的人整合成一个家庭。在一个家庭中，奴隶缺乏理性，本身不能作为一个自足的整体，尚未长大的孩子虽然最终会成为自足的整体，此时却不是。妻子虽然不像孩子那样明显，但从前面的分析可以看出，她们也是作为不自足的人存在的。①

一个完整的家庭，是以家长为领袖，包括了妻子、儿女、奴隶的共同体。亚里士多德没有用形式、质料的概念分析过家庭，家庭自身则作为城邦的部分存在，相对而言，家庭处于比较尴尬的位置。个体是由灵魂与身体组成的生物个体；城邦是人的自然的充分实现，不生活在城邦中的人要么是神，要么是野兽；但家庭仅仅作为满足人的生活必需的过渡形态而存在，是城邦的部分，本身却不是由形式与质料组成的真正实体。在亚里士多德看来，人的自然只有在城邦中才能真正实现，城邦才是人的目的，人只有在城邦中才能追求有德性的生活，家庭只是城邦形成过程中的一个中间环节。甚至可以说，完全脱离于城邦之外的个体，其灵魂的特质都不能得到充分的成全，即只有城邦中的灵魂，才是人的形式。人性必须在城邦中才能实现。但为什么这种实现一定要在城邦之中，而不能在家庭中完成呢？亚里士多德给出的表面理由是，因为家庭和村落只能满足人的生活必需，但只有在城邦中才能实现美好的生活，而这种美好的生活又是人自然发展而来的。既然如此，为什么人类不能通过自然繁衍，先从家庭发展到城邦，再由城邦繁衍而成绝对君主制的城邦呢？换言之，城邦与家庭的差别究竟在哪里？亚里士多德为什么认为只有在城邦中才能实现好的生活，却又认为绝对君主制可以成为最好的城邦？

---

① 可参考 Robert Mayhew 前引文。

纽维尔（W.R.Newell）敏锐地指出，亚里士多德强调，家政不是一种制造的技艺，而是一种行动的技艺，这是解决此一问题的关键。①家庭是满足日常需要的团体，而要满足日常需要，就要获取各种必需的物品。"正如为了完成工作，专门的技艺必须靠趁手的工具来进行，精通家政的人士也必须有趁手的工具。"工具包括无生命的工具和有生命的工具，奴隶就是获取这些必需品时有生命的工具。但这种工具和其他技艺中的工具不同，因为它的目的不是生产，而是使用。正如床作为工具，其目的不是制造而是使用一样，生活不是制造，而是一种行动，因此，奴隶是一种行动的工具，而家政是一种行动的技艺（1254a7）。

随后，亚里士多德花了较大的篇幅来论证自然奴隶的合理性。他指出，主人与奴隶的差别就如同灵魂与身体、人与野兽的差别一样。对于这样极度缺乏理智能力的人来说，被统治是更好的状态，他就是自然上的奴隶，他应该属于另一个人，作为他的工具而存在（1254b15—23）。

作为主人的家长，其技艺不在于如何获得奴隶，而在于如何使用奴隶，而这种使用奴隶的技艺也没有什么光荣伟大之处，仅仅在于很好地命令奴隶去做他应该并且能够做的事。正是因为这种技艺没有什么伟大之处，所以更有智慧的人不屑于从事家政，而是让别人去管理家政，自己则去从事

---

① W. R. Newell, "Superlative Virtue: The Problem of Monarchy in Aristotle's Politics."

政治与哲学这些更加高尚的技艺（1255b30—37）。

亚里士多德也花了很多篇幅讨论获取财富的技艺，但这些讨论的目的却是指出，这种技艺是比家政还低的，因为这些是生产和获得的技艺，而不是行动的技艺。

对于家政中的另外两对关系，即父子与夫妻关系，他比较简略地谈到，夫妻之间类似一种共和关系，但男人有更明确的统治权[①]；而父子之间的关系，更像君主制的统治。家长与妻子和子女的关系，是自由人之间的关系，但他与奴隶的关系，却是与生活工具的关系，两者之间显然有着本质的差别。虽然妻子和子女在家庭中有更高一些的地位，我们却不大能看出，他们在家政的技艺中处在什么位置上。家政似乎是主人使用包括奴隶在内的各种工具的技艺，而妻子和子女既非使用工具的主体，也不是工具，因而其角色和地位就超出了家政本身。亚里士多德也明确地说：

> 至于丈夫和妻子，子女和父亲，以及与此相关的德性，他们彼此的关系当中什么是好的，什么是不好的，怎样追求好的，避免坏的，我们必须在讨论整体的时候谈。因为，由于家庭是城邦的一部分，家庭中的这些事情也是城邦的事情，部分的德性必须从整体的德性的角度来看，对妇女和儿童的教育必须在整体

---

① 应该正是由于夫妻之间和一般的共和关系略有差别，他在《尼各马科伦理学》中谈到同一问题时，又说夫妻之间是贵族制。

的视野中看待。(1260a8—15)

这是一段至关重要的话,对于理解亚里士多德的家政观非常关键。严格说来,只有主奴关系才是完全属于家政的。夫妻关系和父子关系,以及对妇女儿童的教育,是城邦政治的一部分,所以他在后文讲最佳政体的时候,花了大量的篇幅来谈教育,因为夫妻和父子关系在本质上是自由人之间的关系。父亲对儿女的统治本身就包含着很强的教育成分,这只是发生在家庭中的政治关系而已;夫妻关系略有不同,基于亚里士多德对性别差异的理解,这虽然是自由人之间的关系,却有着更加不可改变的统治与被统治的关系。

主奴之间,最像形式与质料的关系,因为奴隶就是主人的工具;夫妻之间很接近形式与质料的关系,因为男人更接近形式,女人更接近质料;父子之间,是成熟的自由人与未成熟的自由人之间的关系,也类似于形式与质料的关系,虽然最终将完全变成平等的自由人之间的关系。可见,家庭中的三种关系都和形式与质料的关系有关,但严格说来又都不是形式与质料的关系。亚里士多德说家庭是君主制的,因为家长一人是家庭的领袖,但由于家长与其他三种人的关系各不相同,很难在形质论中给家庭关系一个确切的定位。

亚里士多德说家政是一种行动的技艺,但这种技艺的目的却不在家庭之中。人们是不可能仅仅通过家政形成好的家庭的,而必须在城邦中成就好的家庭,从而也成就有德性的自由人。管理家庭财产的目的是让家长们进入城邦,追求公共事务和哲学,如果谁把财产的生产和获得当作目的,他就不仅会在家中聚敛钱财,而且把整个城邦当作自己的钱财,最终变成僭主。[①]僭主与君主的区别,在于他为了自己的利益而统治,君主是为了整个城邦的利益而统治。这个僭主不仅没有掌握真正的政治技艺,而且连家政的技艺也没有掌握好,因为家政本身就不是以生产和聚敛财货为目的的,僭主却把这种聚敛财货的做法运用到了城邦政治当中。可见,亚里士多德认为,正确的家政既然不以聚敛财货为目的,它就必然会指向家庭之外的生活,那就必然会发展到城邦的阶段,因为只有在城邦当中,家政作为行动的技艺的目的才真正实现。我们这样也就可以理解,虽然女人和儿童都是家庭中的被统治者,但他们的生活也只有对于城邦而言才能得到真正的实现。奴隶的工作也应该以城邦中的美好生活为目的,但他们本身却与这种生活没有关系。因此,只有奴隶被严格地限制在家庭之中,而妇女、儿童,乃至家政本身,都不可能以自身为目的,因而不可能自足,只能作为城邦的一部分而存在。

亚里士多德在《政治学》第二卷批评了柏拉图的理想国,认为柏拉图将城邦变成了一个大家庭。他在什么意义上这样认为呢?他说:"城邦的本质就是许多分子的集合,倘

[①] W. R. Newell, "Superlative Virtue: The Problem of Monarchy in Aristotle's Politics."

使以'单一'为归趋,即它将先成为一个家庭,继而成为一个个人;就单一论,则显然家庭胜于城邦,个人又胜于家庭。"(1261a16 以下)萨克森豪斯(Arlene W. Saxonhouse)指出,所谓家庭的单一性,恰恰以家庭中的异质性为基础。夫为男,妻为女,夫妻之间永远不会相同,但任何家庭中的夫妻关系是类似的。因此,苏格拉底所谓的妇女儿童公有,是将所有男人和所有女人之间的关系当成了夫妻关系,所有男人与所有儿童的关系当成了父子关系,在这个意义上,整个城邦成了一个大家庭。[1] 这样的安排使父母子女之间不能相认,使家庭中的亲情被稀释和取消,而这是违背自然的(1262a5—10)。由于亲属不能相认,他们之间自觉不自觉的伤害和乱伦就会成为不可避免的事,而这是不虔敬的(1262a25—39)。这种安排既会取消家庭中的亲情,也会颠覆伦常,因此是不可取的。

亚里士多德比柏拉图更重视个体家庭中的亲情和伦常[2],因而完全不能同意妇女儿童公有的设想;同时,他也坚持认为,城邦比家庭有更大的复杂性,因而人们不能仅限于家庭中的生活,而必须在城邦中追求美好的生活。但所有这些讨论并没有使他彻底放弃城邦中的君主制,只是因为德性超群

---

[1] Arlene W. Saxonhouse, "Family, Polity & Unity: Aristotle on Socrates' Community of Wives," *Polity*, Vol. 15, No. 2 (Winter, 1982), pp. 202-219.

[2] Darrell Dobbs, "Family Matters: Aristotle's Appreciation of Women and the Plural Structure of Society," *The American Political Science Review*, Vol. 90, No. 1 (Mar., 1996), pp. 74-89.

的人很难寻找，他才认为绝对君主制不容易实行，因此，他对柏拉图的批评并没有构成对君主制的批评。

在第三卷谈绝对君主制时，亚里士多德又说："这是一种绝对的君主制，由一个人掌管所有事务，就像一个民族或城邦掌管所有的事务一样。如同家政的管理一般，这种君主制与家中的家长制是一样的，国王把一个城邦、部落或若干个当成家庭来治理。"（1285b29—34）在此处，他似乎不再认为家政和城邦是截然不同的。在这样的语境下，第一卷中所说的那种由大家族繁衍形成的父君主国是完全可能成立的。

如果进一步细究，这种君主制到底应该在哪些方面像家长制呢？首先，它不会像《理想国》中那样要求妇女儿童公有，即并不是所有臣民之间都是夫妻和亲子的关系，而应该仍然是相当多样化的，人们有着各自的独立家庭。那么，国王本人与作为自由人的臣民之间应该是一种什么关系？既然它是一种正确的政体，国王就不应该只是为了自己的利益而统治，否则就成了僭主制。而且他在前面列举五种君主制类型的时候，谈到第二种时曾经说过，在一些野蛮民族当中，由于人民更具有奴性，所以有一种类似僭主制的君主制（1285a20）。这句话暗示了，在僭主制中，臣民处在近乎奴隶的处境，因为僭主将人民当成了工具，服务于自己的利益。但在绝对君主制当中，君主是不该以这种方式来对待臣民的。这样，所谓以家政的方式治理城邦，就既不是按照夫妻关系，也不是按照主奴关系。那么，最有可能的就是，以

下篇　资于事父以事君——"弑父情结"的政治意义

父子关系的方式来建构君臣关系。

亚里士多德在第三卷中还提到,在主奴之间,主人的权力服务于主人的利益;但丈夫和父亲的权力却服务于被统治者的利益。而服务于被统治者的利益(1278b32—40)①,正是君主制区别于僭主制的主要特征。这一条也证明了,君主的权力与父亲的权力是更相似的。

当一个人的德性超出于城邦中所有人德性的总和时,就不能再与他讲平等,就像不可能让兔子和雄狮讲平等一样;不能把他再当作城邦的一部分,就像不能让宙斯在城邦中与人们一起轮流执政一样。这个德性超群的人本身就是神和法律,人们自愿地服从他,这是最自然的。若与家庭中的三种关系相比,这种关系确实最像父子关系。父子都是理性健全的自由人,但是儿子还没有长大,他的理性还不能得到成熟的运用;或者说,儿子与父亲之间,在理性的运用上有着巨大的距离,不可能和父亲讲平等。而为了儿子的教育和成长,就必须让父亲像君主一样来统治儿子。同样,在这种君主制度之下,德性超群的君主就像父亲一样,靠他的德性来统治整个城邦。既然他的理性超出了全体臣民的总和,那么,臣民加在一起都不可能制定出比他的命令更好的法律,因而他的命令自然就成了法律。

在臣民和儿子之间还有一个不容忽视的差别:孩子处于理智不健全的未成年状态,一旦他长大成人,就会成为和

---

① 感谢李涛提醒我注意到这一条。

父亲一样的公民；而君主制下的臣民都是成年人。但人人都有各种缺陷，成年人虽然不再像孩子，他们在运用理性的时候仍然会有各种各样的犯错可能；那个德性超群的君主虽然也会犯错，但因为他是一个近乎完美的人，他的臣民在君主面前，就像永远长不大的孩子，一方面必须接受君主的管理和教育，另一方面又几乎没有可能成长为和君主一样有德性的人。虽然从理论上说，君主自身也会有各种缺陷，发布命令时难免受到情感和个人利益的影响，但因为所有人都是有缺陷的，众人制定出的法律不仅不会等同于神的法，而且必然比这个国王的缺陷更大，所以如果在这种情况下追求平等，那必将是一种平庸的平等。[1]这位伟大的君王，应该不只是具有明智的德性，而且具有雍容的最高德性。[2] 瓦尔特（P.A.Vander Waerdt）提出，在这种最佳的君主制城邦中，国王过着政治生活，而其他人都可以免于政治生活，去从事哲学的思考。[3]但在这样的城邦中，国王将不折不扣成为所有臣民的公仆，谈不上比其他人的德性都高。这与亚里士多德所谓的类似家长的统治相矛盾。

---

[1] Thomas K. Lindsay, "The 'God-Like Man' versus the 'Best Laws': Politics and Religion in Aristotle's Politics," *The Review of Politics*, Vol. 53, No. 3 (Summer, 1991), pp. 488-509.

[2] 参见 Newell 关于明智的讨论（见 Newell 前引文）以及 Bates 对他的批评，Clifford Angell Bates, *Aristotle's "Best Regime": Kingship, Democracy, and the Rule of Law*, Baton Rouge: Louisana State University Press, 2003, p.199.

[3] P. A. Vander Waerdt, "Kingship and Philosophy in Aristotle's Best Regime," *Phronesis*, Vol. 30, No. 3 (1985), pp. 249-273.

对绝对君主制的分析可以帮助我们回过头来理解家政和政治的技艺。诚然，无论家政还是政治，都不是生产的技艺，因而家长和政治家都不应该以利用别人来聚敛财富为目的，他们的家庭治理和生活，是为了使自己和别人都过上有德性的美好生活。要实现这种生活，就需要政治的技艺；政治的技艺同样是一种行动的技艺，不是制造的技艺。不过，所有这一切，都是亚里士多德对他的"人天生是城邦的动物"的观念的进一步阐发。人的自然要在城邦当中才能实现，即人只有在城邦中，才能使自己的理性灵魂得到成全，才能实现有德性的美好生活。这种成全不在于制造或获得什么财富，而在于德性的行动。联系《物理学》和《形而上学》中对自然的讨论，这正是人作为一种自然物的成全。人这种由身体和灵魂组成的理性动物，要生活在家庭中以满足其日常的需求，在村落中满足其非日常的需求，最后在城邦中超越这些需求，以实现美好的德性生活，将他的理性能力充分展现出来。人们只有不停留于对财富的获取，按照自然的目的来安排家庭和政治生活，才能充分实现其自然。如果真的出现一个德性超群的人，或是家长同时就是一个德性超群的君主，不仅不妨碍人性自然的充分成全，而且有助于这种成全，因此君主制可以成为最佳政体。因为这种情况很难出现，找出一群有智慧的人的概率就更大一些，因此贵族制也可以实现绝对君主制的优点，且可操作性又比较大，因而也可以成为最佳政体。

人伦的"解体"

5 最佳政体的缺陷

既然君主制和贵族制是最佳政体,亚里士多德又为什么那么偏爱共和制,甚至以对政体的总名来称呼这种政体呢?君主制一个最表面的问题是,无法使每个人都成为有德性的公民,甚至除了国王之外就没有真正意义上的公民。但在最根本的人性论上,亚里士多德并不相信人人生而平等,这从他对奴隶和女人的观念中就看得很清楚。因此这一点还不足以构成对君主制的否定。那么,到底是什么使那种最佳政体存在致命的危险呢?

亚里士多德说得很清楚,真正满足条件的德性超群的人很难找到。这一判断并不只是说,形成最佳的君主制政体的概率很小,而且这种家长式的君主制有着不可化解的问题,因为,首先,作为君主制基础的父子关系存在着重大隐患。

家庭中的三种关系都具有天然的等级,而主奴关系和夫妻关系都是永远不可改变的等级关系,与形式／灵魂和质料／身体的关系更加密切,父子关系却是最不稳定的,因为在儿子长大成人、可以充分运用自己的理性之后,父亲已经无权再统治他,他们已经成为平等的自由人和公民。可是,父子之间的年龄差异和亲子关系仍然存在,甚至父亲统治儿子的习惯仍然保留着。这二者之间就会出现巨大矛盾。

亚里士多德在《政治学》第一卷中说,父君主国是由年龄最长的人统治的君主制,但在第三卷又说,绝对君主制和贵族制的原则都是由德性高的人来统治。年龄最长和德性最高并不是完全重合的。在孩子还是幼儿的时候，年长者同时也是德性和理性能力更高的人，所以可以领导儿童，自然形成了父君主国的架构；但在儿童长大成人之后，年龄最长就不再意味着德性和理性更高，这就是父子冲突的内在原因。

将父子关系变成政治关系，问题也是类似的。前面说了，君主和臣民之间就如同父亲和永远长不大的孩子之间的关系一样。君主的一个重要任务，是帮助臣民实现有德性的美好生活，不断教育他们。如果他的教育非常成功，就有可能出现一个可以和他相媲美的优秀人才，那就像儿子长大成人了一样，他就无法再统治这个人，而要让位给他，不论这个人是自己的儿子还是其他人；但如果他教育不出像他自己一样伟大的人来，则在他之后无人可以接替他的位置，这样一个父君主制的王朝就无法继续下去。如果不考虑德性的因素，而直接按照世袭制父死子继，那么他的直系后代如果不再具有如此高超的德性，他的王朝就会蜕变。君主制的一个巨大问题是王位的继承，这一点，亚里士多德在论述君主制的缺陷时已经谈到了。现在，就算那位德性高超的君主不会受到情感和私利的左右，像神一样公正无私，没有一般君主制中任何的缺点，但在继承人这一点上，则无论如何也不可能避免这一问题了。

这个问题的根源，就是亚里士多德自然概念中的双重含义。一方面，按照人类生育繁衍的自然，家庭、村落和最初的君主国是由家长来统治的；但另一方面，如果按照自然作为目的的角度来理解，则最好的城邦应该实现人的德性，即作为目的的自然。当这两方面重合时，家长也是最有德性的人，那就是最完美的绝对君主制；但由于这两方面往往不能统一，而导致了好的君主制很难实现或维持下去。所以，要实现人的自然，往往必须抛弃最自然的方式，而要靠人为制定的法律。

贝茨（Clifford Angell Bates）谈到，亚里士多德虽然认为君主制和贵族制是理论上的最佳政体，但还是将共和制甚至民主制当作实践中的最好政体，其根本原因在于，人不是完美的。[①]这一点是亚里士多德讨论政治问题时一直在考虑的非常重要的因素。

首先，亚里士多德在《尼各马可伦理学》结尾向政治学过渡的时候就一再强调，如果每个人都可以靠着理性的努力来生活，仅有伦理学就够了。之所以还需要政治学，是因为并非每个人都能充分运用理性去追求美好生活，因而必须靠政治和法律的力量来强迫（1179b7）。所以，正是因为人性有缺陷，才有了政治学的必要。当亚里士多德强调人天生是政治的动物时，他的一个潜在假定是，人天生就是不完美的，完美的神不会生活在城邦中。一个人的理性若达到最充分的成全，那他就要成为一个神，从而不再生活在城邦当中。凡是生活在城邦中的人，都有各种各样的缺陷，这也就

---

① Clifford Angell Bates, *Aristotle's "Best Regime": Kingship, Democracy, and the Rule of Law*, p.214.

决定了,他们所制定出来的法律也必然有各种各样的缺陷;但众人一同制定出来的法律,毕竟比个人制定的要完美很多。如果有一个德性超绝的人,他的能力超过了所有人的总和,他的命令就可以成为法律,那么他也就是接近神的完美之人了。这样的城邦当然是最佳的城邦。

若要绝对君主制维持下去,就必须永远能找到德性超群、接近于神的人,但在有着固有缺陷的人群当中,这是几乎不可能做到的。于是,绝对君主制即使能存在,也只会维持一两代,而不可能永远以这样完美的方式延续下去。绝对君主制无法确立一个长治久安的王朝,贵族制要比君主制安全很多,因而更有实现的可能,但共和制完全避免了这样的问题;而在僭主制、寡头制、民主制这三种败坏的政体中,民主制成为最不坏的制度,其中一个重要的原因,应该也是民主制比较稳定。

事实上,在亚里士多德比较人治与法治的时候,法治呈现出的一个主要优势,正在于它的稳定和安全。但这样的法律会变得僵化、死板,缺乏灵活性。所以,后来霍布斯在批评亚里士多德的时候说,在亚里士多德的城邦里,只有法律的统治,而没有人的统治。亚里士多德绝不是没有意识到这个问题,但在比较了各种政治体制之后,他会将贵族制和共和制当作现实政治实践中更可行的选择。人类的政治生活,本来就不可能完美。

6 君主制的起源和演变

在《政治学》第一卷,亚里士多德给出了关于城邦起源最标准的表述,他将君主制城邦的产生当作相当重要的一部分来描述。但随着论述的展开,由于对君主制政体看法的复杂性逐渐透露出来,他对城邦起源与演变的描述也越来越不同。在第三卷讨论绝对君主制的段落,他又一次谈到了君主制的起源及政体的演化:

> 古时候很难发现德性超群之人,特别是人们住的城邦非常小,所以君主制的起源更为久远;而且,成为君主的人一般都凭借其光辉业绩,而只有优秀的人才能做出光辉业绩。然而随着在德性方面堪与王者相媲美的人不断增多,他们就不再甘居王权之下,转而谋求其他的共同体形式,于是建立了共和政体。但是人们很快就堕落了,开始以公共财产中饱私囊,可以想象,某种这类原因导致了寡头制的兴起,因为财产代表了荣誉。而寡头制又变为僭主制,僭主制又变为平民制。因为当权者贪婪成性,导致权力集团的人数不断减少,相应地扶植了平民的力量,以致最终平民大众推翻了寡头制,平民制就出现了。(1286b9—19)

这里勾勒了城邦各种政体的演变顺序。其中,君主制和共和制都是所谓正确的政体,而后面三种都是蜕化了的政体。在前面的讨论中,亚里士多德往往把德性超群的一个人或几个人放在一起来说,所以此处说君主制时,应该是包括贵族制的。六种政体的演变顺序应该是:君主制(或贵族制）——共和制——寡头制——僭主制——平民制。在这六种政体中，君主制或贵族制是最原始的制度，共和制已经是有所变化之后的形态了；而从共和制开始，城邦就可能变成各种蜕化的政体。

此处的君主制起源，可以和第一卷中所写的君主制起源做对比。他在第一卷说，君主制是由家庭不断繁衍，经过村落之后，进一步发展而来的，因而人类最早的城邦大多是君主制的；现在却说，君主制是由于最初有德性的人很少，所以一个人（或几个人）在德性上超越所有其他人是很可能发生的。这两处表述的矛盾，正是家长式的君主必然存在的一对矛盾：究竟是根据出身和辈分还是根据德性来确立君主？按照这里的描述，君主制和贵族制都是相当成功的，因为教育出了越来越多有德性的人，这就导致了君主制和贵族制被共和制所取代。这种取代是如何发生的，他并没有说。

亚里士多德在第七卷再次谈到了君主制的起源：当人们之间的差距大得如同神和人之间的差距时，君主制就产生了（1332b16以下）。纽曼说，亚里士多德在《政治学》中讨论一个问题时，常常并不考虑自己前面的说法。[①]但关于君主制起源的第二和第三种说法明显是相互呼应的；而且，他在谈到绝对君主制的时候，特别指出这种君主与家长的权力是非常接近的。若是这样，有没有可能最开始的君主就是独眼巨人式家庭中的家长呢？那么，最开始的君主制国家，

---

① W. L. Newman, *The Politics of Aristotle*, Vol. 2, p.115, n.20.

人伦的"解体"

就是独眼巨人式的王朝。

如果独眼巨人式的父君主同时也是德性超群之人，这当然是有可能的。但问题是，亚里士多德关于君主资格的两种表述不大一样。在第一卷的表述中，这种自然的君主并非由于德性，而是由于在血缘团体中的地位以及年龄关系，而成为家长、村长（族长）、国王的；但在第三卷和第七卷的两处表述中，国王是因为德性超过了所有其他人的总和，而获得这种地位，但在获得了国王的地位之后，又以父君主的形式来统治整个城邦。这个差别使关于君主制起源的三个表述只能在极偶然的情况下才能一致。

两个标准一致时，就成了达尔文、阿特金森所描述的那种状况：独眼巨人式的家长就是德性（性欲和武力）最强的男人，不仅可以驱逐他所有的儿子，使他们不敢染指自己的女人，而且可以战胜或杀死自己所有的兄弟，独霸所有的女人。在很长的一段时间里，那些被他战胜的兄弟与儿子们，即使联合起来，也不可能战胜他；直到他年老体衰，他的兄弟们可能也年老体衰了，但他的儿子们都已经长大成人，年富力强，又要靠联合起来的力量，才能够最终杀掉他；随之，是新一轮的争霸战争，在兄弟们当中再次决出一个足以战胜所有其他男人的领袖，建立新的独眼巨人王国。

如果《政治学》第一卷中所描述的君主制确实曾经维持了几代，那就应该是独眼巨人式的王朝，其君主德性超群，既是大家族的家长，也是小城邦的君主，而亚里士多德所批判的那种把家长和国王混同起来的形式，虽然在理论上是不对的，但在这个历史阶段，却是一个曾经存在过的事实；当然，这个王朝是否通过弑父继承法来传承，是否发生过诸子联合弑父的情况，从亚里士多德的描述中是不易推出来的，但从希腊的种种神话中，比如宙斯对待父亲的态度，以及忒修斯和俄狄浦斯的故事中，却可以找到一些痕迹。

当然，也有可能独眼巨人式的王朝仅出现一代就终结了，或是独眼巨人式的家庭并未发展为城邦，就进入了共和制。之所以如此，是因为独眼巨人式的家长并没有那么出类拔萃的德性，不足以成为神一样的君主。可是由于家庭又必然是君主制的，家长本来是有君主般的权力的，在从家庭发展为城邦的过程中，就必须使他的权力仅仅限制在家庭当中。按照亚里士多德在第一卷中的描述，这应该是通过不同的家庭联合起来实现的。而这种联合正是梅因后来主张、又遭到麦克伦南质疑的过程。麦克伦南的母系论不能成立，于是阿特金森又提出了他的解释，即这种联合是通过婚姻完成的，后来列维-施特劳斯进一步发展了这种解释。但即便在阿特金森的思路中，从独眼巨人式家庭到这种联合政府，还是会有非常巨大的变化，只不过是一个不那么暴力的弑父而已。当然，还有一种可能是，并非大的家族之间联合起来，而是一个大的家族在繁衍数代之后，在不同的分支之间形成一种联合制度，这就是弗洛伊德所理解的那种兄弟民主制。这种制度之所以形成，是因为众兄弟联合弑父。不论哪种情况，在从家族发展到非君主制城邦的过程中，一定有一个非常大的变故，使人类群体与以前的生活方式决裂，走出独眼巨人式血缘共同体的时代。这个变故或许没有达到诸子弑父这么极端，但它必然是对父权制的激烈否定。在这个问题上，古朗士没有完全遵循梅因的思路，而是专门辟出一卷来谈古代城邦的革命，以描述君主制的颠覆。虽然他并没有非常充分的史料，但他显然理解了从父君主制的开端到民主制城邦之间的断裂。①

我们也可以这样理解亚里士多德关于君主制起源的第三种描述：人类并非一开始就实行绝对君主制，而是采取了其他的城邦制度。但在某次大的灾难之后，或是出于别的什么原因，出现了一位德性超群的人物，他成为了绝对君主。如此，这种理解就和前面两种都很不一样，因为前两种都明确认为君主制是城邦最早的制度。但这样的第三种理解却可以回避独眼巨人的问题：这位德性出众的君王并不一定是由家长演变而来，虽然他以类似于家长的方式治理城邦。这样，我们似乎就不必追问，独眼巨人式家长的权力与绝对君主的德性之间是什么关系。但前面所说的君主制的其他问题又都会出现，特别是君主制是否世袭、如何处理君主的继承等问题。当一个德性超群的君主去世或衰老之时，是应该寻求一个像他一样德性超群的人呢，还是让他的儿子直接继位，或是干脆废除君主制？弗雷泽笔下那些弑君继承的事情，就可能在这个时候发生。按照定义，君主应该是最有德性的人，但怎样判断谁最有德性呢？竞技或决斗就是最能让

---

① 古朗士，《古代城市》卷四，第253页以下。

人心服口服的方式。而由于前任国王曾被公认是最有德性的人，谁若击败或杀死这个国王，就应该是又一个最有德性的人，他就理所当然地成为下一任国王。但这一模式使国王处在最大的威胁当中，国家最重大的制度要由最血腥的方式来决定，必然无法稳定下来。罗马帝国的养子制度、中世纪的世袭制度，都成为西方君主制实际实行的制度。但由于养子和亲子都未必是德性最优秀的人，高贵的血统并不能保证他成为一个真正伟大的国王，君主的人选就再次成为一个敏感问题。

在德性超群的君主很难出现，或不便实行这种最优秀的制度的时候，城邦会退而求其次，实行贵族制甚或共和制。在这些制度中，德性生活的形式不是靠一个伟大的人物来代表，而是靠法律。当然，到了基督教中，真正最伟大的生活形式交给了上帝。天上的父才是绝对君主，也是整个宇宙的大家长。面对这个绝对的形式，人类也就不会再有真正德性超群的伟大君主出现了，因为人无论怎样做，都不可能实现真正的高贵德性。同时，人类也不可能去弑这位绝对的父君主，因为所有人加起来都不可能达到他的德性。英国在实现立宪君主制之后，再也不可能出现弑君的事情，因为国王的神圣性被无限抬高，他既不屑于干涉城邦的管理，也不可能遭到臣民的反叛，因而真的成为一个小的上帝了。于是，亚里士多德面对君主制度时的那种模棱两可和含糊性也被取消了，君主制的问题似乎得到了一个最好的解决；但是，形式与质料之间的辩证关系也随之被取消了，绝对的安全往往意味着绝对的平庸。

现代学者面对的矛盾，早已包含在亚里士多德的政治理论当中。但由于亚里士多德还没有将父和君绝对等同于形式，矛盾还没有那么尖锐。随着基督教的产生，形式与质料之间的距离越来越绝对，父神越来越成为绝对的形式，亚里士多德哲学中的张力，就化成了弗洛伊德和弗雷泽笔下的屠刀。

结语　自然与文明之间的人伦

自从"五四"时期展开人伦批判以来，很多人在问：为什么中国会有如此压抑人性的人伦纲常？似乎西方并没有这些人伦。但在对西方的思想与历史有了更深入的了解之后，我们却发现，西方不仅同样重视人伦问题，而且无论在最经典的柏拉图、亚里士多德那里，还是最现代的弗洛伊德、列维－施特劳斯那里，人伦都是一个极其重要的问题；而人伦问题的重中之重，总是脱不开父子、夫妇、君臣这三对基本关系，对社会和政治架构的讨论，也离不开这三条最基本的线索。阅读西方的现代小说，观看美国的影视剧，我们也很容易体会到人伦问题在西方人生活中至关重要的位置。

没有哪个文明不存在家庭问题，不存在夫妇父子关系；也没有哪个国家从一开始就施行民主制。君主制是人类文明共同经历的过去，即使像美国这样完全人造的国家，虽然其政体表面上是民主制，但当初缔造国家的国父们都不认为这种体制是古典意义上的民主制。放在古典政治哲学的框架中，美国政体和罗马帝国一样，是君主制、贵族制、民主制相混杂的帝国政体，更何况它本身就是诞生于大英帝国的母体当中。不了解君主制的历史和道理，我们也就很难理解今天普遍施行的民主共和制度；不了解家国之间的人伦关联，我们也很难实现超越性的人类文明。这使我们不得不叹服张文襄公一百多年前的判断："西人礼制虽略而礼意未尝尽废，诚以天秩民彝，中外大同，人君非此不能立国，人师非此不能立教。"①因此，本节开头的那个问题并没有提对。

我们可以进一步把这个问题修正为：中国人为什么会以如此这般的方式看待人伦纲常，它为什么会变成压抑人性的？这个提问就好一些了。而要回答这个问题，我们就首先要回答：西方人是怎样看待人伦纲常的？人伦问题在西方的思想中可以有怎样的形态？

本书就循着这个问题，勾勒了从亚里士多德到梅因所描述的同心圆结构，发现它在某种程度上非常接近差序格局，而非费孝通先生所说的团体格局；中西之间所共通的普遍问题，似乎并没有我们起初认为的差距那么大。从社会现实的层面说，西方人对人伦关系的重视超乎我们想象；但从其哲学思想上看，西方文化又确实没有发展出中国思想中这样基础性的人伦学说。一方面，人伦关系渗透在人类生活的每一个角落；另一方面，西方的哲学发展经常将这至关重要的人伦关系置于理论思考之外。这两方面的作用，使西方思想传统中有着探讨人伦问题的巨大张力，所以当我们所讨论的这些现代思想家重新面对人伦问题的时候，我们看到的是

---

① 张之洞，《劝学篇·明纲第三》，收入《张之洞全集》第12册，石家庄：河北人民出版社，1998年版，第9716页。

这样一些骇人听闻的命题：母权社会、乱伦禁忌、弑父娶母。这三个命题，都使西方思想中的人伦张力以极端的方式呈现出来，甚至反映出现代人类文明语境中人伦的全面解体（但在现实生活中并未解体）。这种解体究竟是好是坏，本书不做评价，但我们更关心的是，人伦背后的实质问题是什么，西方文明对这个实质问题的回答是怎样的？

人伦问题背后的实质就是：人性自然与文明生活有什么关系？无论古代的柏拉图和亚里士多德，还是现代的达尔文、巴霍芬、摩尔根、韦斯特马克、弗雷泽、涂尔干、弗洛伊德、列维－施特劳斯等人，所关心的无不是这个问题。他们对这个问题的回答，都可纳入"形质论"的框架之下。当然，由于古今生存处境的不同，他们的形质论也有不同的形态。

一 城邦政治中的人伦生活

在古希腊和罗马的语境下，城邦是最基本的生活单位，城邦中又有部落、胞族、氏族和家庭等共同体，家庭中由家父长统治着妻子、儿女和奴隶。在古希腊人的眼中，家庭生活与城邦政治是连续的，中间并没有根本的断裂，所以，人们会想当然地认为，国王就如同整个城邦的家父长，而天神宙斯也被理解成所有神和人类的家父长。因而，维护家父长在家庭中的权威，是城邦法律的职责；家庭伦理既被当作城邦生活的伦理基础，也被当作城邦宗教的基本要求。埃涅阿斯在逃出特洛伊城，前往意大利建造一个伟大的城邦时，背着他的父亲，父亲又拿着家族宗教的圣物，这被当作"虔敬"概念的典型形象。可以说，在早期希腊罗马的观念中，对家父的孝敬、对城邦的服从、对神的虔敬，是完全一致的。

但在这一致当中也有张力。众神之父宙斯对其生身之父的反叛，就是这种危机的最集中体现。很多著名悲剧都以人伦冲突为其主要矛盾，像俄瑞斯特斯的弑母、俄狄浦斯的弑父娶母、安提戈涅在亲情与律法之间的选择、忒修斯与其父和其子之间的人伦纠葛、美狄亚的杀子，其焦点无不是人伦问题。又由于这些悲剧人物大多是国王或王子，人伦悲剧中又透露出更加复杂的家国焦虑。

兴起于这样的语境之下的自然哲学家，最初并没有过多关注人伦和政治问题；苏格拉底、柏拉图、亚里士多德也正是在这样的语境下展开了对人类美好生活的思考，苏格拉底不但继承了自然哲学家的基本思路，而且极为关心希腊人的生活状态，在这纷纷扰扰的家国焦虑中开始了哲学的次航。一般认为是柏拉图最早的对话之一的《游叙弗伦》，所面对的就是一个人伦问题。游叙弗伦状告自己的父亲因为疏忽导致一个帮工毙命，并以宙斯推翻父亲的做法为自己正名，被固守传统伦常的雅典人所不解。苏格拉底对他的做法虽不置可否，但他同样是因为被传统雅典人无法理解的行为而被告上法庭的。游叙弗伦和苏格拉底共同面临的问题是：在哲学面前，人伦和政治到底应该处在什么位置？

结语：自然与文明之间的人伦

柏拉图发明了"样式"（εἶδος）的概念，以爱智来激励人们对智慧和德性的追求。一方面，他并不认为可以完全脱离城邦去追求智慧；但另一方面，他的理想状态与尘世现状之间又确实有着巨大的差异。他设想了一个完全没有婚姻、家庭的理想城邦，关于妇女儿童公有的言论开启了西方思想中关于群婚制和消灭家庭的思考传统。在《会饮》当中，虽然对真正智慧的追求与尘世的交合繁衍本来有非常密切的关系，但最高的哲学状态中完全不存在家庭人伦的位置。而在《斐多》中，苏格拉底面对人生大限，竟然冷酷地逐走了娇妻幼子，这也塑造了哲学与人伦之间的紧张关系。

柏拉图虽然并不认为应该真正脱离城邦，但他心目中的"样式"当然是一个超越性的概念，即人们可以按照对样式的理解来安排自己在城邦和家庭中的世俗生活，却不能由家庭与城邦生活中的人伦习俗来理解智慧的生活。《会饮》中爱的阶梯虽然给人由尘世生活向超越性的生活提供了一种攀升的可能，但这种攀升也只是提供了一种超越的方便，在他的哲学中，尘世生活并没有一个实质的位置；在真正的爱的阶梯中，异性恋和家庭的繁衍甚至完全被忽视了。当然，柏拉图的辩证法使完全脱离尘世的智慧生活成为不可能，因而哲学家总要回到城邦之中；但苏格拉底被雅典人杀死这件事就已经使哲学所追求的超越与城邦的习俗之间处在了不可化解的对立当中。

总之，柏拉图给出了一种超越的生活方式，使人类追求卓越的精神生活成为可能；但超越的生活与尘世生活之间的张力,又埋下了巨大的潜在危机,因为超越往往意味着断裂。在他笔下,家庭、城邦、哲学三者之间处于非常微妙的辩证关系之中。在最理想的城邦当中,是不存在个体家庭的,那更多代表着智慧的境界;人其实只可能生活在现实的城邦中,因而不可能脱离家庭生活而存在。

柏拉图笔下的样式是制造万物的模板,亚里士多德把它转化为万物的"形式",形式必须在"质料"中成全。他比柏拉图更深地沉潜于此世生活和人伦现实。在他的形式和质料之间,并没有柏拉图的理念和此岸世界之间那么大的距离。对他而言,绝大多数事物都有形式和质料两个方面,很少独立的形式或独立的质料。特别是自然物,在亚里士多德看来,其形式是可以自我生长出来的。人当然是最重要的自然物,城邦更是使人的自然得到最充分实现的自然物。父母构精,为婴儿提供了最初的形式和质料,即灵魂和身体,人由于最基本的必需而组成家庭,再因为不那么日常的必需而组成村落,最后又发展出城邦,在城邦中实现人的真正自然,追求有德性的美好生活。这已经尽可能照顾到了人性的现实,更对家庭和城邦生活给予了充分的肯定。

样式和形式概念的原型,都是制造某种东西的蓝图或模子;质料是制造这个东西的材料。在对自然物的理解中,人为制造的痕迹被降到了尽可能的最低点,而且由于亚里士多德认为自然物的形式是可以自己生长出来的,这似乎意味着,形式就在质料的纹理当中,比如在一个婴儿的身体中,就已经有了德性生活的各种可能性。这就在很大程度上缓解了形式与质料分离和对立的危险。

不过,在亚里士多德对人伦和城邦的讨论中,形式与质料之间还是呈现出不小的张力。人的真正完美形式是神的智慧与德性,所以,人的灵魂若达到最高境界,他就应该生活在城邦之外,成为神一样的人。之所以需要城邦生活,是因为人总是有缺陷,总需要他之外的法律和制度来约束,才能过上尽可能美好的生活。严格说来,城邦中的人都是有缺陷的人,所以在人和他的形式之间,总是有一定的张力,好的公民和好人很难完全合一。亚里士多德的政治学说暴露出了形质论框架当中的可能危机,而这正是对柏拉图笔下紧张关系的继承。不过,这个问题在现实的政治实践中是可以化解的。亚里士多德的超越性虽然在根本上也意味着断裂,但已经将柏拉图那里的断裂降到了最低限度。

亚里士多德没有像柏拉图那样否定家庭生活的意义,而是把家庭当作朝向政治生活的一个自然阶段。家庭中包含了主奴、夫妻、父子三对关系,但只有主奴关系才是严格属于家政学的,家长对妻子和儿子的领导与教育,却是城邦生活的一部分。这一思路使亚里士多德有可能接受以家长式的君主统治城邦的政体形式。在此,家庭与城邦可谓你中有我,我中有你,亚里士多德已经尽可能化解了柏拉图哲学中的问题。但人性的固有缺陷却使这种政体无法延续。人性的自然需求和追求德性的自然目的之间,构成了亚里士多德政治哲学最根本的张力,使家长与国王之间仍然存在着隐秘的断裂。对共和制的肯定,正是这种断裂的一个理论结果。

希腊哲学家思考人类共同面临的根本问题，不仅充分探讨了人类的家庭人伦和政治生活，而且以非常高明的方式设想了精神生活的崇高理想。在柏拉图的理念论和亚里士多德的形质论当中，超越性的美好生活和尘世的人伦生活之间存在着必然的张力和危机，而这一张力又会进一步体现在家庭人伦与城邦生活之间。但任何哲学体系中都难免张力的存在，通过高超的辩证思考，张力恰恰成为理论的力量所在。这种必然的危机和悲剧中呈现出来的危机一样，并没有构成颠覆性的力量，没有从根本上否定人伦和城邦的生活状态，反而能让希腊人在凡俗的尘世生活中仰望卓越的美好生活。其形而上学、自然观、宇宙论、人性论、伦理学、政治哲学等几个方面相互配合，成为相当融贯的极高明而道中庸的思想体系，对于我们思考人类的生存处境和文明理想，都是非常宝贵的精神财富。

二　人伦问题的现代转化

基督教在西方思想史上带来了根本的变化。保罗、奥古斯丁、阿奎那等神学家深刻改变了西方形而上学和宇宙结构，柏拉图的样式和亚里士多德的形式演化成了绝对上帝的概念，而意志则成为基督教形质论中的重要组成部分，奥古斯丁借助新柏拉图主义创造出精神质料的概念，托马斯则把天使说成唯有形式、没有质料的精神存在物。于是，希腊哲学中已经存在的彼岸与此岸世界的断裂、形式与质料的隔绝，经过复杂的转换，变成一条无法跨越的鸿沟。上帝是完美的纯形式，所有被造物（包括精神物、物质物）都要由他来赋形，因而严格说来，每种被造物的形式都是不完美的，否则它就和上帝一样了，这正是原罪的根本原因。一个人的形式有多完美，取决于他多接近上帝，而这又是由他的意志指向决定的。因此，意志决定了每个人的形式，这与他的家庭生活和政治地位都毫无关系。在上帝面前，已经没有了夫妻、父子、君臣的差别，每个人都完全平等地面对上帝。亚伯拉罕会为了上帝而杀死自己的儿子，就是这种人伦观念的典范。

至善上帝的出现，使人们可以在政治生活之外寻求美好的生活；围绕上帝聚集起来的教会共同体，成为现代社会观念的原型。于是，希腊哲学中形式与质料之间辩证的张力，成为天国与尘世之间不可跨越的鸿沟。

基督教为人类文明贡献出了自由意志和人人平等这些重要概念，空前地张扬了人类的普世价值。进入现代社会之后，这些现代观念与复兴的希腊思想相结合，创造出了辉煌的现代文明，这是无可否认的历史事实。但也恰恰是在这种结合之中，形质论的潜在问题也空前地凸显出来。在宗教色彩慢慢淡化之后，形式逐渐被等同于文化、精神、社会制度，质料则越来越被降格为自然、物质、人类的生物性生存状态。而连接二者的则是自由意志、权力、本能等等。

牛顿的物理学打破了亚里士多德的传统世界观，将"力"当作世界运行的决定性力量，而这正是意志概念在自然科学上的体现；笛卡尔的体系是这一思路在哲学上的展现，霍布斯、洛克的政治思想则是这一思路在政治哲学上的展现；康德对形式概念和道德律令的重新厘定，成为现代自由意志论之下的形质论的完美版本。于是，以意志论支配、建立在心物二元基础上的形质论成为现代西方世界观的核心架构。随后发展起来的进化论、人类学、社会学、精神分析等，无不与此有极其根本的关联。现代学者正是在这一思路的支配之下，重新检视人类生活中至关重要的人伦问题。

比起牛顿的物理学来，达尔文的生物学看上去与亚里士多德的生物学有更多相似之处。但达尔文以自然选择和性选择来解释物种的演变，已经完全抛弃了亚里士多德生物学中的目的论，反而把所有物种都纳入霍布斯式的自然状态之下，物竞天择、适者生存，社会制度只是进化的一个结果，是人类通过自然选择和性选择为自己塑造的形式。

正是在这样的进化论范式之下，一批学者发明了母系社会的观念，认为母系社会是从最纯粹的自然状态走出时的社会状态，而父系社会则是进入文明之后的政治状态。他们把亚里士多德的性别哲学发挥到了极致，在认真肯定了男性对女性的绝对优势的同时，也为后来的性别反抗提供了思路。

在母系论被迅速颠覆之后，对乱伦禁忌的讨论又成为一个持续不断的热门话题。进化论学派和文化建构派虽然有非常大的争论，但他们都是从现代形质论的角度理解这个问题的，其最根本的文化立场并没有实质的差别。他们都认为，

结语：自然与文明之间的人伦

允许乱伦和任何性交是更纯粹的自然状态,乱伦禁忌、家庭道德和其他一切社会制度,是人类社会生活的形式。其区别仅在于,进化论派认为是自然选择和性选择为人类和其他动物赋形,但社会建构论者则认为是社会文化完成了这一赋形。

精神分析学派将这种现代形质论发展到了极致,弗洛伊德以性本能和死亡本能来解释人性的结构,以及文明和道德形式的建构。在他看来,人性的形式就是在力比多的作用之下形成的超我。亲情之爱与性爱已经完全没有了区别,但其对家庭的重视,在西方思想传统中也达到了前所未有的高度,以致被讥讽为家庭主义。

弗洛伊德著名的"俄狄浦斯情结"不仅给出了对乱伦问题最极端的解释,而且对理解人类的社会政治建构提供了重要的切入点。人类所有道德观念均可化约为力比多的作用,而这种作用就体现在父的形象上,但父的形象的提升却是通过弑父完成的。弗洛伊德将达尔文和阿特金森以来的弑父问题更发挥到了极致,认为父、君、神的观念都有同样的来源,即俄狄浦斯情结之下的父子关系。弗洛伊德所讲的弑父故事又与弗雷泽所讲的弑君故事相呼应,以弑的主题诠释了君主制在西方文化中的意义与危险。

现代西方社会科学界这三场人伦争论的焦点问题都是:怎样从自然的生活状态诞生出人类文明?这一设问已经预设了,在自然和文明之间总有巨大的断裂。不同学者的观点分歧表现在,这种断裂在哪个环节发生和怎样发生。比如母系论者就认为断裂发生在母系社会向父系社会的过渡中;

达尔文试图以进化论统一人类和动物界，却把断裂掩盖在了自然选择和性选择之间；韦斯特马克和涂尔干都认为夫妻关系与其他的家庭关系之间存在一个断裂；弗洛伊德也想以力比多来一贯解释本能与文明，但还是在性本能和文明之间设置了巨大的断裂；而对于他的弑父理论来说，父子之争更是一个极其血腥的断裂。由于这些学者关注点不同，对人伦的定位也不一样，但他们所谈论的断裂都会导致一个严重的人伦问题：要么是在男、女之间，要么在夫妻与其他家庭关系之间，要么在家庭与政治之间。但所有这些问题的产生，都是因为现代思想对意志即形式的强调，导致了亚里士多德笔下作为需求的自然与作为目的的自然之间的断裂，也即柏拉图思想中此岸与彼岸世界的更大分离。

现代西方文明的框架是基督教传统塑造的"社会"，但现代文明的繁荣，却又借助于希腊人的"政治"遗产，而社会与政治之间却存在着相当大的张力，这就体现在人伦的位置上，因而在三场争论中都反复出现。

为追求更崇高的精神生活而抛弃物质生活的意义，造成了严重的二元分裂和对立，这便是现代形质论的最大问题。很多当代思想家已经注意到了西方文明的这个问题，女性主义的激烈批评，在相当深入的层次上触及了这个问题的哲学根源，也帮助我们提出了需要进一步解决的问题：如何不使高尚的文明生活破坏人的自然处境？精心维护自然处境，就需要我们对人伦生活有更多的尊重。在一定意义上，这也正是"五四"时期的中国思想家所面对的实质问题。现在，我们有必要清理出这个问题的本来意义，在更加根本的层面上与西方最优秀的思想家开展对话，共同面对人类生存中的普遍难题。

三　人伦作为哲学问题

为什么我们会感觉，在西方的思想传统中，人伦遭到了长期的忽略呢？这并不是因为人伦不是一个重要的现实问题，无论在古希腊罗马、中世纪，还是现代的生活方式中，人伦都是西方人必须面对的一个重要问题；这也不是因为重要的思想家不涉及人伦，虽然像弗洛伊德这样的家庭主义者很少，但在大多数伦理学和政治哲学的著作中，对人伦的讨论占有相当重要的位置。很难想象，人们在思考政治和社会生活的时候，会完全抛弃家庭问题；涂尔干把家庭当作一切神圣制度的源头，更是将人伦问题上升到了最高位置。

真正原因在于，当西方思想家在回答更根本的哲学问题"人性自然与文明生活有什么关系"时，把这个问题转换成了：人有没有可能在现实的生活之上，追求一种超越的精神生活。于是，现实物质世界与超验精神世界的二元分立，成为西方哲学思考"形质论"传统的一个重要品格，而人伦问题往往就被掩盖了。

在这二者之间，人伦应该处在什么位置，是一个存在很大讨论空间的问题。一方面，人的一些基本需求，如性需求、生儿育女、延续种族等，好像属于最基本的物质需求，血缘关系也只不过是最基本的自然关系；但另一方面，人类在家庭中相互结合，家庭中的道德伦理，似乎又是迈向文明的重要步骤。在古今哲学家的诸多人伦争论中，问题的焦点就往往发生在这双重性之上。像《理想国》中所描画出来的智慧世界，就把尘世生活的诸种制度和道德拒斥在地上；基督教的柏拉图主义继承了这一思路，奥古斯丁同样将现实中的家庭当作魔鬼之城的一部分。但亚里士多德就看到了家庭生活与城邦的关联，对家庭中的道德伦理有更多肯定，托马斯·阿奎那也对家庭和国家有更多肯定。至于巴霍芬将母权社会当作更接近自然，而父权社会是精神性的，涂尔干把家庭当作最初的神圣社会，都充分肯定了人伦与精神生活的关系。不过，巴霍芬和涂尔干又都将人伦关系进行了拆解，他们所肯定的只是一部分的人伦关系，却大大降低了其他类型人伦关系的地位，这还是因为，人伦关系很难纳入他们对精神生活/物质生活的圣俗二分框架。

这种二元分立在古典希腊哲学中已经很明显，灵知派将它推到极端；基督教虽然试图以万能的上帝和意志概念来沟通二者，但在实质上却造成了更严重的分裂。① 夹在二者之间的人伦问题，也会被卷入这种对立和断裂当中。所以，到了现代思想中，我们既会看到涂尔干这样对人伦关系的高度肯定，也会看到弗洛伊德那样对人伦问题的彻底化约；既

---

① 可参考笔者在《心灵秩序与世界历史》中对奥古斯丁与摩尼教内在关联的讨论。

可以看到对精神生活更高的追求，也可以看到自然世界的空前反抗。于是，人伦关系就变得更加复杂。

这是一个文明高度发达的社会，但人类生活的一些方面却回到了混同于禽兽的状态。表面上，这是一个普遍追求平等的时代，但很多思想家告诉我们，这个时代的不平等是深入骨髓的；时代的精神要求人们走向充满爱的世界，但文明的发展却把一切都变成了冷冰冰的商业关系。难道文明的进步都只是假象，这一切带来的都仅仅是道德的堕落与人伦的解体吗？平心而论，我们无法这样彻底地否定现代文明的成就，无论是它带给全世界的还是带给中国的，进步当然应该得到肯定。其实更根本的原因是，这种进步是在文明与自然高度分裂的状态下达到的。正是由于这种高度分裂，在精神性创造达到极其崇高的境界之时，那些固守尘世生活的人们似乎显得尤其粗鄙和庸俗。本来是为了纯化道德、敦厚人情的礼节，现在却显得极其虚伪、平庸、装腔作势、俗不可耐。这是一个崇高与鄙俗同在、文明与野蛮共存的分裂时代，人伦的解体正是这种分裂的后果。但这种解体更多发生在意见中，我们毕竟仍然生活在人伦之网当中，没有一刻可以回避人伦的问题。如何为人伦生活重新找到妥当的安置，不仅是这个诡异时代的重要问题，而且牵涉对宇宙观、世界观的全面调整。这要求我们在思考崇高生活的哲学框架中，给人伦问题一个新的定位，看看有无可能使它不会随着对精神的追求而分裂和跌落。

在"五四"时期的大讨论之后，中国也被卷入现代世界的文明体系中，领略了政治生活的严厉与社会生活的美好。但无论我们对西方政法体系的接纳，还是对母系社会的思考，都处在相当被动的姿态，这种被动使我们在以西方的概念思考自己的人伦问题时捉襟见肘、漏洞百出。不过，前辈学者毕竟为我们创造了一个与西方对话的可能。我们必须采取更大的主动，要看到母权神话只是西方现代人伦三部曲中的第一部，只是西方形质论与意志论哲学传统的一个环节；要看到形质论哲学背后真正关心的问题，以及这一体系的现代版本的问题所在。

如何超越于凡俗的自然生活之上，寻求更高的文明境界，这是中西圣贤同样关心的问题。但中国的古代圣贤为什么采取了完全不同的思路？这条思路有可能造成压抑人性的后果，这是"五四"一代学人已经看到的现实。但我们应该比前辈学人看到更多的维度——因为我们有可能把握西方人伦思考中更多的层面，可以更全面地审视古今中西的关系。所以，我们对这个问题，要比"五四"学人追问得更复杂些：在自然生活与人类文明之间，有没有可能给人伦一个更好的安顿？在和西方形质论的对比中，中国传统圣贤的解决方式到底有何不同？它能否更好地处理自然和文明的关系？

面对自然与文明的关系，中国的圣贤确实没有采取形质论的思路，而是强调"文质彬彬，然后君子"。最高明的精神境界，并不是现实生活之外的另外一种生活，而要在人情的质地中，寻求人伦的纹理。缘情以制礼，是始终不能丢弃人情的本然状态的；但礼乐文明的内核，又是对质朴生活

结语：自然与文明之间的人伦

的一种提升与文饰。所以，要达到极高明之境，必本乎中庸之道。从心所欲不逾矩的圣贤，恰恰不是标新立异、素隐行怪之人，而是最能体会日常生活的道理、比一般人还要正常的人。所以孟子说："圣人，人伦之至也。"荀子说："圣也者，尽伦者也。"在这样的一套思想体系之中，天、地、人之间不会出现那种无可化解的断裂；人伦，是这个体系中极其根本的问题。说中国思想重视人伦，并不是说中国的家庭生活就比西方更重要，也不是说，中国的家庭就一定比西方的家庭更和谐美满；而是说，在中国思想中，人伦秩序是天地秩序的体现，也是家国秩序的基础。

《易》云："有天地然后有万物，有万物然后有男女，有男女然后有夫妇，有夫妇然后有父子，有父子然后有君臣。"人伦秩序与天地秩序是贯通的，夫妇关系与父子关系是贯通的，父子关系与君臣关系又是贯通的。虽然古书中也有上古之世"知母不知父"的说法，但并没有出现以乱伦为自然、以人伦为文化的思路，没有出现夫妻关系与家庭关系相对立的假设，更没有出现弑父继承、弑君继承这样的理论。因而，忠孝一体，移孝可以作忠，圣王当以孝治天下。即使是通过篡位弑君夺得帝位，也一定要褒封前代之后，以示王位继承的合法性。即使在从清朝向中华民国的演化中，我们看到的仍然是一份严肃的逊位诏书，而不是兄弟联合弑父的场景。[①]

[①] 参考章永乐，《旧邦新造：1911—1917》，北京：北京大学出版社，2011年版；高全喜，《立宪时刻：论〈清帝逊位诏书〉》，南宁：广西师范大学出版社，2011年版。

君臣之伦虽已不复存在，但对于我们仍然有极其重要的现实意义。如何理解这套贯通的道理，当为理解人伦秩序的中心问题。

但是，为什么这种思路会导致对人性的压抑呢？任何一套思想体系，都有着内在的张力。西方形质论的思路中，形与质之间的张力有可能演化为精神与自然的分离与断裂。同样，文质论的人伦架构也经常会出现"质胜文则野，文胜质则史"的情况。文、质之间任何一方的偏胜，都会导致极其严重的问题。本应缘情而来的礼文若是变得过于繁琐，失去了人情的基础，就会成为压抑与束缚人性的桎梏；反过来，若是任由人情泛滥，冲破了任何节制与礼文，就会造成人伦解纽的混乱局面。在这个框架之中，我们或许可以明白，"五四"时期对礼教的批判，之所以和魏晋玄学的论调非常相似，就是因为这两个时代都在激烈反对"文胜质则史"的状况；而现在之所以陷入人伦混乱的状态，又是因为批判太过导致了"质胜文则野"。文与质之间的辩证关系，是维护"文质彬彬"的关键。这与柏拉图和亚里士多德的辩证法有诸多可以呼应的地方。

回到本书最开始涉及的问题："五四"时期的主流论调虽然与魏晋时期非常像，但批判之后的结果却有很大不同。人伦批判对于去除僵化礼教的禁锢，确实有极其重大的意义，所以正如贺麟先生所言，这种批判其实是儒家思想新一轮建设的开始。不过，"五四"时期的人伦批判是在彻底否定了君权和宗法制度的前提之下进行的，而且在与西方思想的对话中变得越来越复杂。鲁迅名文《我们怎样做父亲》中的言论虽然与孔融有些相似,其背后却是康德的逻辑。来自西方的政治和社会,在现代中国人的生活中已经成为既有的事实;政治与社会之间的断裂,也已经成为我们同样面对的问题。在这样的情况下,我们还能否从人伦出发,重建自然与文明之间"文质彬彬"的关系呢?

只有在与西方思想更加深入的对话当中,我们才有可能比较好地消化近代以来的批判,从而开出一个新的局面。但对话的对象不能仅限于母系论,而必须向前、向后,并向纵深展开,以中西思想中最根本的观念来进行对话。我们现在已经看到,中西圣贤所关心的实质问题是一致的,对辩证法的运用也可互通,对许多人伦问题的讨论都可以相互激发,只是由于思考方式的差别,而走向了完全不同的方向。在本书中,我们只是尝试对"文质论"文明中"知母不知父"的问题略作分析,希望以后能够以更中国的方式来更好地理解人伦问题。

主要参考文献

柏拉图著作

《柏拉图对话集》，王太庆译，北京：商务印书馆，2004年版。

《蒂迈欧篇》，谢文郁译，上海：上海人民出版社，2005年版。

《柏拉图的〈会饮〉》，刘小枫译，北京：华夏出版社，2004年版。

Plato Works in Loeb Classical Library, Cambridge, Mass.: Harvard University Press, 2000.

Plato's Cosmology: The Timaeus of Plato, Francis MacDonald Cornford, Hackett Pub, 1997.

Plato's Synposium, translated by Seth Benardete, with commentaries by Allan Bloom and Seth Benardete, Chicago: The University of Chicago Press, 2001.

亚里士多德著作

《亚里士多德全集》，苗力田主编，北京：中国人民大学出版社，2003年版。

《物理学》，张竹明译，北京：商务印书馆，1996年版。

《政治学》,吴寿彭译,北京:商务印书馆,1997年版。

《尼各马可伦理学》,廖申白译,北京:商务印书馆,2003年版。

《形而上学》,吴寿彭译,北京:商务印书馆,2009年版。

《动物四篇》,吴寿彭译,北京:商务印书馆,2010年版。

《动物志》,吴寿彭译,北京:商务印书馆,2011年版。

Aristotle's Works in Loeb Classical Library, Cambridge, Mass.: Harvard University Press, 2000.

Metaphysics, translated by Hippocrates G. Apostle, Grinnell, Iowa: The Peripatetic Press, 1979.

On the Soul, translated by Hippocrates G. Apostle, Grinnell, Iowa: The Peripatetic Press, 1982.

Politics, translated by Ernest Barker, London: Oxford University Press, 1958.

The Politics, translated by Carnes Lord, Chicago: The University of Chicago Press, 1985.

The Politics of Aritote, commentary by W. L. Newman, Oxford: Oxford University Press, 2000.

其他著作

中文文献:

霭理士,《性心理学》,潘光旦译,北京:生活·读书·新知三联书店,1987年版。

安秀玲,《康有为〈大同书〉中的妇女解放思想》,《焦作大学学报》，2008年第5期。

奥古斯丁，《上帝之城》，吴飞译，上海：上海三联书店，2007—2009年版。

贝贝尔，《妇女与社会主义》，葛斯、朱霞译，北京：中央编译出版社，1995年版。

贝贝尔，《女子将来的地位》，刊于《新青年》，1920年，第八卷第一期。

曹元弼，《礼经校释》，光绪十八年（1892）吴县曹氏刻本。

陈独秀，《新文化运动是什么？》，《新青年》，1920年，第七卷第五期。

陈独秀，《一九一六年》，《青年杂志》，1916年，第一卷第五号。

陈顾远，《中国婚姻史》，上海：商务印书馆，1937年版。

陈立，《白虎通疏证》，中华书局，1994年版。

陈启修，《马克思研究：一、马克思的唯物史观与贞操问题》，《新青年》，1919年，第六卷第五期。

达尔文，《人类的由来》，潘光旦、胡寿文译，北京：商务印书馆，1983年版。

达尔文，《物种起源》，周建人、叶笃庄、方宗熙译，北京：商务印书馆，1995年版。

戴传贤，《学礼录》，正中书局，1944年版。

邓伯羔，《艺彀》，台北：台湾商务印书馆影印文渊阁四库全书本第八五六册，子部一六二册，1986年版。

丁凌华，《五服制度与传统法律》，北京：商务印书馆，2013年版。

段玉裁，《经韵楼集》，上海：上海古籍出版社，2008年版。

恩格斯，《家庭，私有制和国家的起源》，北京：人民出版社，1972年版。

方苞，《礼记析疑》，台北：台湾商务印书馆影印文渊阁四库全书第128册，经部第一二二册，1986年版。

费孝通，《乡土中国》，北京：人民出版社，2008年版。

冯汉骥，《中国亲属称谓指南》，上海：上海文艺出版社，1989年。

冯天瑜，《"封建"考论》，北京：中国社会科学出版社，2010年版。

弗雷泽，《金枝》，徐育新、汪培基、张泽石译，北京：新世界出版社，2006年版。

弗洛伊德，《超越快乐原则》，杨韶刚译，收入《弗洛伊德文集6：自我与本我》，长春：长春出版社，2004年版。

弗洛伊德，《摩西与一神教》，李展开译，北京：生活·读书·新知三联书店，1989年版。

弗洛伊德，《释梦》，孙名之译，北京：商务印书馆，2002年版。

弗洛伊德，《图腾与禁忌》，赵立玮译，上海：上海人民出版社，2005年版。

弗洛伊德，《性学三论》，宋广文译，收入《弗洛伊德文集3：性学三论与潜意识》，长春：长春出版社，2004年。

弗洛伊德，《一种幻想的未来文明及其不满》，严志军、张沫译，上海：上海人民出版社，2007年版。

弗洛伊德，《自我与本我》，收入《弗洛伊德文集6：自我与本我》，长春：长春出版社，2004年版。

高全喜，《立宪时刻：论〈清帝逊位诏书〉》，南宁：广西师范大学出版社，2011年版。

高诱注,《吕氏春秋·恃君览》,上海:上海书店影印《诸子集成》第六册,1986年版。

高中理,《〈天演论〉与原著比较研究》,北京大学哲学系博士论文,1999年。

古朗士,《古代城市:古希腊罗马宗教、法律及制度研究》,吴晓群译,上海:上海人民出版社,2012年版。

顾涛,《论百年来反礼教思潮的演生脉络》,香港《能仁学报》第13辑。

郭沫若,《中国古代社会研究》,《郭沫若全集》第一卷,北京:人民出版社,1982年版。

国立礼乐馆编,《北泉议礼录》,重庆:北碚私立北泉图书馆,1943年版。

海巴子,《婚床摇摆:九十年前关于婚姻存废的一场"笔墨官司"》,《档案》,2012年第12期。

韩潮,《纲常名教与柏拉图主义——对陈寅恪、贺麟的"纲常理念说"的初步检讨》,《云南大学学报》,2012年第6期。

郝敬,《论语详解》,上海:上海古籍出版社《续修四库全书》第153册影印明九部经解本,1995年版。

荷马,《奥德赛》,王焕生译,北京:人民文学出版社,2008年版。

贺麟,《儒家思想的新开展》,《文化与人生》,北京:商务印书馆,1988年版。

赫胥黎,《进化论与伦理学》,宋启林等译,北京:北京大学出版社,2010年版。

赫胥黎,《天演论》,严复译,北京:商务印书馆,1981年版。

霍布斯,《利维坦》,黎思复、黎廷弼译,北京:商务印书馆,1997年版。

霍布斯,《论公民》,应星、冯克利译,贵阳:贵州人民出版社,2003年版。

胡宏,《皇王大纪》,台北:台湾商务印书馆影印清文渊阁四库全书本第313册,史部第七十一册,1983年版。

胡培翚,《仪礼正义》,清木犀香馆刻本,1850年。

贾公彦,《仪礼注疏》,上海:上海古籍出版社,2008年版。

焦延寿,《焦氏易林》,嘉庆十三年士礼居丛书本,1808年。

康有为,《〈礼运〉注》,《康有为全集》第五集,北京:中国人民大学出版社,2007年版。

康有为,《大同书》,《康有为全集》第七集,北京:中国人民大学出版社,2007年版。

康有为,《康子内外篇》,《康有为全集》第一集,北京:中国人民大学出版社,2007年版。

康有为,《实理公法全书》,《康有为全集》第一集,北京:中国人民大学出版社,2007年版。

孔颖达,《礼记正义》,上海:上海古籍出版社,2008年版。

李兵,张晓平,《康有为〈大同书〉中的"去家界"》,《西南民族大学学报》(人文社科版),2010年第5期。

李昉,《太平御览》,上海:商务印书馆,四部丛刊三编景宋本,1934年版。

李贵连,《沈家本评传》,南京:南京大学出版社,2004年版。

李猛,《社会的构成:自然法与现代社会理论的基础》,《中国社会科学》,2012年第10期。

李猛,《自然状态与家庭》,《北京大学学报》,2013年第4期。

李猛,《自然社会》,北京:生活·读书·新知三联书店,2015年版。

李玄伯,《中国古代社会新研》,上海:开明书店,1949年版。

梁景和,《论五四时期的家庭改制观》,《辽宁大学学报》(社会科学版),1991年第4期。

刘海鸥,《康有为〈大同书〉中的婚姻家庭伦理思想初探》,《船山学刊》,2005年第1期。

刘涛,《晚清民初"个人—家—国—天下"体系之变》,上海:复旦大学出版社,2013年版。

刘延陵,《婚制之过去、现在、未来》,《新青年》,1918年,第3卷第六号。

罗检秋,《文化新潮中的人伦礼俗(1895—1923)》,北京:中国社会科学出版社,2013年版。

罗泌,《路史》,台北:台湾商务印书馆影印文渊阁四库全书第383册,史部一四一册,1986年版。

鲁迅(署名唐俟),《我们怎样做父亲》,《新青年》,1919年11月,第六卷第六号。

马尔库塞,《爱欲与文明:对弗洛伊德思想的哲学探讨》,黄勇、薛民译,上海:上海译文出版社,1987年版。

马克思,《梅因〈古代法制史讲演录〉摘要》,《马克思恩格斯全集》第四十五卷,北京:人民出版社,1985年版。

马克思,《摩尔根〈古代社会〉一书摘要》,《马克思恩格斯全集》第四十五卷,北京:人民出版社,1985年版。

马克思、恩格斯,《德意志意识形态》,《马克思恩格斯选集》第一卷,北京:人民出版社,1966年版。

马林诺夫斯基,《两性社会学》,李安宅译,上海:上海人民出版社,2003年版。

麦茜特,《自然之死:妇女、生态和科学革命》,吴国盛等译,长春:吉林人民出版社,1999年版。

毛泽东,《对于赵女士自杀的批评》,长沙《大公报》,1919年12月。

毛泽东,《湖南农民运动考察报告》,《毛泽东选集》第二版第一卷,北京:人民出版社,1991年版。

梅因,《古代法》,沈景一译,北京:商务印书馆,2011年版。

梅因,《早期制度史讲义》,冯克利、吴其亮译,上海:复旦大学出版社,2012年版。

孟昭燕,《康有为的女权论》,《华夏文化》,2006年第2期。

摩尔根,《古代社会》,杨东莼、马雍、马巨译,北京:商务印书馆,2009年版。

纳斯鲍姆,《善的脆弱性》,徐向东译,南京:译林出版社,2007年版。

潘光旦译注,《家庭、私产与国家的起源》,《潘光旦文集》卷13,北京:北京大学出版社,2000年版。

潘光旦,《家制与政体》(1947年),《潘光旦文集》卷10,北京:北京大学出版社,2000年版。

潘光旦译注,《性的道德》(1943年),《潘光旦文集》卷12,北京:北京大学出版社,2000年版。

瞿同祖,《中国法律与中国社会》,北京:商务印书馆,2010年版。

芮逸夫，《伯叔姨舅姑考》，《中国民族及其文化论稿》，台北：台湾大学人类学系出版，1989年。

施复亮（施存统），《我写〈非孝〉的原因和经历》（一——四），《展望》，1948年第2卷第22、23、24期，第3卷第1期。

施特劳斯，《自然权利与历史》，彭刚译，北京：生活·读书·新知三联书店，2006年版。

史华兹，《寻求富强：严复与西方》，叶凤美译，南京：江苏人民出版社，1996年版。

斯宾塞，《群学肄言》，严复译，北京：商务印书馆，1981年。

宋亚文，《施复亮政治思想研究：1919—1949》，北京：人民出版社，2006年版。

孙帅，《自然与团契》，上海：上海三联书店，2014年版。

谭嗣同，《仁学》，《谭嗣同全集》，北京：生活·读书·新知三联书店，1954年版。

陶履恭，《人类文化之起源》，连载于《新青年》，1917年，第二卷第五、六期，第三卷第一期。

涂尔干，《家庭社会学导论》，渠东译，收入《乱伦禁忌及其起源》，上海：上海人民出版社，1999年版。

涂尔干，《夫妻家庭》，渠东译，收入《乱伦禁忌及其起源》，上海：上海人民出版社，1999年版。

涂尔干，《乱伦禁忌及其起源》，汲喆译，收入《乱伦禁忌及其起源》，上海：上海人民出版社，1999年版。

涂尔干，《人性的两重性及其社会条件》，渠东译，收入《乱伦禁忌及其起源》，上海：上海人民出版社，1999年版。

涂尔干,《孟德斯鸠与卢梭》,李鲁宁、赵立玮、付德根译,上海:上海人民出版社,2006年版。

涂尔干,《宗教生活的基本形式》,渠东、汲喆译,上海:上海人民出版社,1999年版。

汪晖,《严复的三个世界》,《学人》第十二辑,南京:江苏文艺出版社,1997年版。

王充,《论衡》,上海:上海书店影印《诸子集成》第七册,1986年版。

王汎森,《思想与社会条件》,《中国近代思想与学术的谱系》,石家庄:河北教育出版社,2001年版。

王天根,《〈天演论〉传播与清末民初的社会动员》,合肥:合肥工业大学出版社,2006年版。

王铭铭,《裂缝间的桥:解读摩尔根〈古代社会〉》,济南:山东人民出版社,2004年版。

王先谦注《庄子集解》,上海:上海书店影印《诸子集成》第二册,1986年版。

威尔逊,《社会生物学:新的综合》,毛盛贤、孙港波、刘晓军、刘耳译,北京:北京理工大学出版社,2008年版。

韦斯特马克,《结婚论》,《新青年》,1918年,第五卷第三期。

韦斯特马克,《人类婚姻史》,李彬、李毅夫、欧阳觉亚译,北京:商务印书馆,2002年版。

吴飞,《浮生取义》,北京:中国人民大学出版社,2009年版。

吴飞,《心灵秩序与世界历史:奥古斯丁对西方古典文明的终结》,北京:生活·读书·新知三联书店,2013年版。

吴飞，《圣人无父：〈诗经〉感生四篇的诠释之争》，《经学研究第二辑：经学与建国》，北京：中国人民大学出版社，2013年版。

吴国盛，《自然的发现》，《北京大学学报》，2008年第2期。

吴英之，《仪礼章句》，皇清经解本，1850年。

吴虞，《吃人与礼教》，《新青年》，1919年，第六卷第六期。

吴虞，《说孝》，《星期日》，1920年1月4日。

向达，《清末礼法之争述评》，《深圳大学学报》，2012年第5期。

许莉，《家族本位还是个人本位：民国亲属法立法本位之争》，《华东政法学院学报》，2006年第6期。

严可均校，《商君书》，上海书店影印《诸子集成》第五册，1986年版。

杨度，《金铁主义说：中国国民之责任心与能力》，《杨度集》，刘晴波主编，长沙：湖南人民出版社，1986年版。

姚文楠起草、郁元英校录，《江苏编订礼制会丧礼草案；丧服草案》，1932年铅印本。

虞万里，《姓氏起源新论》，《榆枋斋学林》，上海：华东师范大学出版社，2012年版。

张丹露，《儒学对晚清礼法之争的影响：以伍廷芳和张之洞为考察对象》，《文山学院学报》，2012年。

张锡恭，《丧服郑氏学》，民国戊午（1917）刘氏求恕斋刊本。

张新慧，《清末礼教派思想述评》，山东大学法律硕士论文，2008年。

张之洞，《遵旨核议新编刑事民事诉讼法折》，《张之洞全集》第3册，石家庄：河北人民出版社，1998年版。

张之洞，《劝学篇·明纲第三》，《张之洞全集》第12册，石家庄：河北人民出版社，1998年版。

章太炎，《丧服概论》，《国学商兑》，第一卷第一期，1933年。

章太炎，《丧服依〈开元礼〉议》，《制言半月刊》，第二期，1935年。

章太炎，《丧服草案》，《制言半月刊》，第二十一期，1936年。

章永乐，《旧邦新造：1911—1917》，北京：北京大学出版社，2011年版。

赵林，《殷契释亲》，上海：上海古籍出版社，2011年版。

赵晓力，《祥林嫂的问题：答曾亦曾夫子》，收入吴飞主编，《神圣的家》，北京：宗教文化出版社，2014年版。

郑樵，《通志》，浙江古籍出版社影印万有文库本，1988年版。

周策纵，《五四运动史》，长沙：岳麓书社，1999年版。

周子良、李锋，《中国近现代亲属法的历史考察及其当代启示》，《山西大学学报》，2005年11月。

朱林，《论康有为〈大同书〉中之男女平等观》，《伊犁教育学院学报》，2004年第3期

朱义禄，《论康有为的妇女解放思想》，《佛山科学技术学院学报》，2002年第4期。

滋贺秀三，《中国家族法原理》，北京：法律出版社，2003年版。

西文文献：

Aberle, David F., Urie Bronfenbrenner, Eckhard H. Hess, Daniel R. Miller, David M. Schneider, and James N. Spuhler, "The Incest Taboo and the Mating Patterns of Animals," *American Anthropologist* 65（April 1963）.

Anhart, Larry, "The Incest Taboo as Darwinian Natural Right," in

Inbreeding, Incest, and Incest Taboo, edited by Arthur Wolf and William Durham, Stanford: Stanford University Press, 2005.

Anhart, Larry, *Darwinian Natural Right: The Biological Ethics of Human Nature*, Albany: State University of New York Press, 1998.

Avebury, Lord, *The Origin of Civilization and the Primitive Condition of Man: Mental and Social Condition of Savages*, London: Longmans, Green and Co., 1912.

Bachofen, Johann Jakob, *Myth, Religion, and Mother Right : Selected Writings of J. J. Bachofen*, Princeton: Princeton University Press, 1973.

Bamberger, Joan, "The myth of Matriarchy: Why Men Rule in Primitive Society," in *Women, Culture, and Society*, edited by Michelle Zimbalist Rosaldo and Louise Lamphere, Stanford: Standord University Press, 1974.

Baxter, Brian, *A Darwinian Worldview: Sociobiology, Environmental Ethics and the Work of Edward O. Wilson*, Ashgate, 2007.

Beauvoir, Simone de, *The Second Sex*, New York: Bantam, 1961.

Bloom, Alan, *Plato's Symposium*, Chicago: The University of Chicago Press, 2001.

Boas, Franz, "The Limitations of the Comparative Method of Anthropology," *Race, Language and Culture*, New York: Macmillan Company, 1940.

Briffault, Robert, *The Mothers: A Study of the Origins of Sentiments and Institutions*, New York: Macmillan, 1927.

Butler, Judith, *Gender Trouble: Feminism and the Subversion of*

Identity, London: Routledge, 1990.

Cherry, Kevin M., *Plato, Aristotle and the Purpose of Politics*, Cambridge, Cambridge University Press, 2012.

Davies, Peter, *Myth, Matriarchy, and Modernity: Johann Jacob Bachofen in German Culture, 1860–1945*, New York: De Gruyter, 2010.

Degler, Carl N., *In Search of Human Nature: The Decline and Revival of Darwinism in American Thought*, Oxford: Oxford University Press, 1991.

Deleuze, Gilles, and Felix Guattari, *Anti-Oedipus: Capitalism and Schizophrenia*, Minneapolis: University of Minnesota Press, 1983.

Deslauriers, Marguerite, "Sex and Essence in Aristotle's Metaphysics and Biology," in C. A. Freeland eds, *Feminist Interpretations of Aristotle*, University Park, PA: The Pennsylvania State University Press, 1998.

Deutsch, Kenneth L., & Walter Soffer edit, *The Crisis in Liberal Democracy: A Straussian Perspective*, State University of New York Press, 1987.

Diamond, Alan edits, *The Victorian Achievement of Sir Henry Maine: a centennial reappraisal*. Cambridge: Cambridge University Press, 2004.

Dilley, Stephen edits, *Darwinian Evolution and Classical Liberalism: Theories in Tension*, Lextington Books, 2013.

Dobbs, Darrell, "Family Matters: Aristotle's Appreciation of Women and the Plural Structure of Society," *The American Political Science Review*, Vol. 90, No. 1 (Mar., 1996).

Dover, K. J., "Aristophanes' Speech in Plato's *Symposium*," in *The Journal of Hellenic Studies*, Vol. 86 (1966).

Eller, Cynthia, *Gentlemen and Amazons*, Berkeley: University of

California Press, 2011.

Erickson, Mark, "Evolutionary Thought and the Current Clinical Understanding of Incest," in *Inbreeding, Incest, and Incest Taboo.*

Femenias, Maria Luisa, "Woman and Natural Hierarchy in Aristotle," *Hypatia*, Vol. 9, No. 1, 1994.

Feng Han-Yi, "The Chinese Kinship System," in *Harvard Journal of Asiatic Studies*, 1937, Vol.2.

Fleuhr-Lobban, Carolyn, "A Marxist Reappraisal of the Matriarchate," in *Current Anthropology*, June, 1979.

Furth, Montgomery, *Substance, Form and Psyche: an Aristotelian Metaphysics*, Cambridge: Cambridge University Press, 1988.

Frazer, James G., *Totemism and Exogamy: A Treatise on Certain Early Forms of Superstition and Society*, Vol. IV, London: MacMillan and Co., 1910, p.97.

Fricker, Miranda and Jennifer Hornsby edit, *The Cambridge Companion to Feminism in Philosophy*, Cambridge: Cambridge University Press, 2000.

Gates, Hill, "Refining the incest taboo," in *Inbreeding, Incest, and Incest Taboo*, edited by Arthur Wolf and William Durham.

Ginsburg, Ruth edit, *New Perspectives on Freud's Moses and Monotheism*, de Guyter, 2011.

Grote, George, *A History of Greece : From the Earliest Period to the Close of the Generation Contemporary with Alexander the Great vol1-10*, London: John Murray, 1888-1907.

Halperin, David M., "Plato and Erotic Reciprocity," in *Classical Antiquity*, Vol. 5, No. 1 (Apr., 1986).

Haslanger, Sally, "Feminism in Metaphysics," in *Cambridge Companion to Feminism in Philosophy*.

Henry, Devin M., "How Sexist Is Aristotle's Developmental Biology?" *Phronesis*, Vol. 52, No. 3 (2007).

Hobbes, Thomas, *On Citizen (De Cive)*, 11:9, Cambridge: Cambridge University Press, 1998.

Horowitz, Maryanne Cline, "Aristotle and Woman," *Journal of the History of Biology*, Vol. 9, No. 2 (Autumn, 1976).

James, Susan, "Feminism in Philosophy of Mind: The Question of Personal Indentity", in *The Cambridge Companion to Feminism in Philosophy*, edited by Miranda Fricker and Jennifer Hornsby, Cambridge: Cambridge University Press, 2000.

Jones, Ernest, *Hamlet and Oedipus*, Garden City, N.Y.: Doubleday, 1949.

Jones, Ernest, *Life and Works of Sigmund Freud*, New York: Basic Books, 1961.

Kantorowicz, Ernst, *The King's Two Bodies*, Princeton: Princeton University Press, 1997.

Kaye, Howard, *The Social Meaning of Biology: From Social Darwainism to Sociobiology*, New Haven: Yale University Press, 1986.

Kroeber, A. L., "Classificatory Systems of Relationship," *The Journal of the Royal Anthropological Institute of Great Britain and Ireland*,

Vol. 39 (Jan. –Jun., 1909).

Lang, Andrew and James Jasper Atkinson, *Social Origins; Primal Law*, London: Longmans, Green, and Co.

Lear, Jonathan, *Freud*, London: Routledge, 2005.

Levi-Strauss, Claude, *The Elementary Structures of Kinship*, Boston: Beacon Press, 1971.

Lindsay, Thomas K., "The 'God-Like Man'versus the 'Best Laws': Politics and Religion in Aristotle's Politics," *The Review of Politics*, Vol. 53, No. 3 (Summer, 1991).

Locke, John, "The Second Tract on Government," in *Political Essays*, edited by Mark Goldie, Cambridge: Cambridge University Press, 1997.

Lovejoy, Arthur, *The Great Chain of Being*, Cambridge, Mass.: Harvard University Press, 1964.

Maine, Henry Sumner Sir, *Village Communities in the East and West*, London: John Murray, 1913.

Maine, Henry Sumner Sir., *Dissertation on Early Law and Custom*, London: John Murray, 1907.

Maine, Henry Sumner Sir., *Lectures on the Early History of Institution*, New York: Henry Holt and Company, 1874.

Maine, Henry Sumner, Sir., *Ancient Law: Its Connection with the Early History of Society and Its Relation to Modern Ideas*, Boston: Beacon press, 1963.

Malinowski, Bronislaw, *Sex and Repression in Savage Society*, London: Routledge, 1927.

Masters, Roger, Margaret Gruter edit, *The Sense of Justice: Biological*

Foundations of Law, London: Sage Publications, 1992.

Masters, Roger, "Evolutionary Biology and Natural Right," in *The Crisis of Liberal Democracy: A Straussian Perspective*, edited by Kenneth Deutsch, Albany: State University of New York Press, 1987.

Mayhew, Robert, *The Female in Aristotle's Biology: Reason or Rationalization*, Chicago: The University of Chicago Press, 2004.

Mayhew, Robert, "Part and Whole in Aristotle's Political Philosophy," in *Journal of Ethics*, Vol. 1, No. 4 (1997).

McLennan, John F., *Primitive Marriage: An Inquiry Into the Origin of the Form of Capture in Marriage Ceremonies*, London: Routledge, 1998/1865.

Merchant, Carolyn, *Death of Nature: Women, Ecology, and Scientific Revolution*, San Francisco: Harper & Row, 1982.

Meuli, Karl, "Nachwort", Johann Jacob Bachofen, *Mutterrecht, Gesammelte Werke*, volume 3, Basel: Schwabe, 1948.

Morgan, Lewis Henry, *Ancient Society*, Cambridge: Belknap Press of Harvard University Press, 1964.

Morgan, Lewis Henry, *Systems of Consanguinity and Affinity of the Human Family*, Lincoln and London: University of Nebraska Press, 1997.

Mulgan, R. G., "A Note on Aristotle's Absolute Ruler," in *Phronesis*, Vol. 19, No. 1 (1974).

Newell, W. R., "Superlative Virtue: The Problem of Monarchy in Aristotle's Politics," *The Western Political Quarterly*, Vol. 40, No. 1 (Mar., 1987).

Nichols, Mary P., "Socrates' Contest with the Poets in Plato's

Symposium," in *Political Theory*, Vol. 32, No. 2 (Apr., 2004).

Nielsen, Karen M., "The Private Parts of Animals: Aristotle on the Teleology of Sexual Difference,"*Phronesis*,Vol. 53, No. 4/5 (2008).

Okin, Susan, *Justice, Gender and the Family*, New York: Basic Books, 1989.

Ortner, Sherry B., "Is Female to Male as Nature is to Culture?" *Feminist Studies*, Vol. 1, No. 2 (Autumn, 1972).

Pangle, Thomas, *Aristotle's Teaching in the Politics*, Chicago: The University of Chicago Press, 2013.

Parker, Seymour, "The Precultural Basis of the Incest Taboo: Toward a Biological Theory," *American Anthropologist* 78 (June, 1976).

Pender, E. E., "Spiritual Pregnancy in Plato's *Symposium*," in *The Classical Quarterly*, New Series, Vol. 42, No. 1 (1992).

Penniman, T. K., *A Hundred Years of Anthropology*, London: Duckworth, 1965.

Plutarch, *Œuvres morales*, 23, Paris: Les belles lettres, 2003.

Reed, Evelyn, *Problems of Women's Liberation: A Marxist Approach*, New York: Pathfinder Press, 1970.

Saxonhouse, Arlene W., "Family, Polity &Unity: Aristotle on Socrates' Community of Wives," *Polity*, Vol. 15, No. 2(Winter, 1982).

Shepher, Joseph, *Incest: A Biosocial View*, Academic Press, 1983.

Singer, Irving, *The Nature of Love*, Chicago: The University of Chicago Press, 1964.

Spence, Herbert, *The Principles of Sociology*, Vol. 1, New York: D.

Appleton and Company, 1881.

Stauffer, Dana Jalbert, "Aristotle's Account of the Subjection of Women," *The Journal of Politics*, Vol. 70, No. 4 (Oct., 2008).

Stocking, George W., *Victorian Anthropology*, New York: Free Press, 1991.

Strauss, Barry S., *Fathers and Sons in Athens: Ideology and Society in the Era of Peloponnesian War*, London: Routledge, 1993.

Summers, David, "Form and Gender," *New Literary History*, Vol.24, No., 2 (Spring, 1993).

Swanson, Judith A., & C. David Corbin, *Aristotle's Politics: A Reader's Guide*, London: Continuum International Publishing Group, 2009.

Sypniewski, Holly M., "The Pursuit of Eros in Plato's Symposium and Hedwig and the Angry Inch," in *International Journal of the Classical Tradition*, Vol. 15, No. 4 (December, 2008).

Talmon, Yonina, "Mate Selection in Collective Settlements," *American Sociological Review* 29 (Aug., 1964).

Trigg, Roger, *The Shaping of Man: Philosophical Aspects of Sociobiology*, Oxford: Blackwell, 1982.

Tylor, Edward, "On the Method of Investigating the Development of Institutions," *Journal of the Anthropology Institute*, 18.

Tylor, Edward, "The Matriarchal Family System", *The Nineteenth Century*, n.40, 1896.

Tylor, Edward, *Researches into the Early History of Mankind and the Development of Civilization*, London: John Murray, 1865.

Vlastos, Gregory, "The Individual as an Object of Love in Plato," in *Platonic Studies*.

Vlastos, Gregory, *Platonic Studies*, Princeton: Princeton University Press, 1981.

Waal, Frans de, *Good Natured: The Origins of Right and Wrong in Humans and Other Animals*, Cambridge, Mass.: Harvard University, 1996.

Westermarck, Edward, *Ethical Relativity*, London: Routledge, 1932.

Westermarck, Edward, *The Origin and Development of the Moral Ideas*, London: Macmillan and Co., 1912.

White, F. C., "Love and Beauty in Plato's Symposium," in *The Journal of Hellenic Studies*, Vol. 109 (1989).

Williams, Patricia, *Doing Without Adam and Eve: Sociobiology and Original Sin*, Minneapolis, MN: Fortress Press, 2001.

Wilson, Edward, *Sociobiology: The New Synthesis*, Cambridge, Mass.: Belknap Press of Harvard University Press, 2000.

Wolf, Arthur and William Durham edit, *Inbreeding, Incest, and the Incest Taboo*, Stanford: Stanford University Press, 2005.

Wolf, Arthur, "Childhood Association, Sexual Attraction, and the Incest Taboo: A Chinese Case," *American Anthropologist* 68 (August, 1966).

Wolf, Arthur, *Sexual Attraction and Childhood Association: a Chinese Brief for Edward Westermarck*, Stanford: Stanford University Press, 1995.

后　记

我在刚刚接触人类学的时候，曾经很困惑：一门研究异文化的学问，为什么要称为"人类学"？很多初识人类学的朋友都无法从名称上判断这门学科的研究对象，而那些以人类学为业的朋友却往往忘记问这个问题。但这个问题不仅伴随了我在美国学习人类学的始终，而且是我回北大后开设《宗教人类学》课程的核心问题。

在美国的课堂上，我也曾经听人类学的教授问过这个问题。博学一些的教授会指出，欧洲大陆还有"哲学人类学"、"神学人类学"等等，和英美的社会文化人类学根本不是一个学科；法国学者在列维－施特劳斯之前，一向不把这门研究异文化的学科称为人类学，而列维－施特劳斯又为什么把它称为人类学，甚至将人类学传统追溯到卢梭呢？美国教授得出的结论是，在对学科名称使用权的竞争中，英美人类学家胜出，所以现在人们谈到"人类学"，指的就是社会文化人类学。这个傲慢的回答无异于对问题的漠视甚至遗忘。

对这个问题的遗忘，意味着人类学界的数典忘祖和衰落。对这个问题的思考，使我开始阅读被人类学界早已抛弃的麦克伦南、斯宾塞、摩尔根、韦斯特马克、弗雷泽，甚至对被认为政治不正确的达尔文主义产生了兴趣，以至于最后得出结论：英美风格的人类学不仅是"神学人类学"和"哲学人类学"的另一版本，而且是西方古典学的某种继续。一种追根溯源的好奇心让我去读那些被忘记的著作，跳出人类学界来思考人类学问题。

《浮生取义》采取了社会文化人类学的研究方法，我却试图关注真正的"人类学问题"；这本《人伦的"解体"》可以看作对《浮生取义》的续写，但已经不再以社会文化人类学的方法来面对问题了。两本书关心的实质问题都是"人伦"。

在《浮生取义》最后完稿之际，我很明确地将进一步的研究方向定为人伦礼制；在经历了越来越多的生老病死之后，我也试图以田野调查的方法去接近现代中国人的丧礼，但发现这个问题是很难调查清楚的。我希望把更细致的田野工作交给几位学生去做，自己则更注重对古典礼制文献的研读。但越深入中国的古典文献，却越激发了我对西方理论的兴趣；而恰恰是在对西方思想史的阅读中，我才获得了理解中国经典的灵感和动力。因此，思考礼学问题的第一份成果，仍然是以西方思想为主要内容的这本小书。

以上或许可以称为本书写作的内在思想原因。而写作本书的一个直接原因，却来自2012年在威海开的一个会议，当时我在发言中谈到了《仪礼·丧服传》中的"知母不知父"这句话。在会议休息时，赵广明兄说，这能否证明存在母系社会呢？以"知母不知父"来证明母系社会，这个思路我从未想到过,觉得如此匪夷所思。但回过头来翻检文献,却发现康有为、郭沫若等前辈大师不正是以此证明母系社会问题的吗?我甚至看到了20世纪50年代的一本儿童读物,题目是《原始社会》,而副标题正是"知母不知父的时代"。这个诱因激活了我当初考察早期人类学思想的想法,于是在2013年的春季完成了十万字的长文《知母不知父》,将中西母系社会的问题颠过来倒过去梳理了一遍,并由此触及了"形质论"与"文质论"的差异所在。此文在当年6月份的家庭文化会议上,得到张祥龙、唐文明、干春松、李猛、吴增定、曾亦、郭晓东、赵晓力、陈壁生等教授的批评与建议,遂决定再将乱伦禁忌、弑父弑君问题一并写完。到2014年夏天,补完这些部分,得到的结论连我自己都大吃一惊。

这是本不在计划之中的书,而且也没有严格按照传统的思想史方法来写,但可能是对我自己影响很大的一次写作尝试。如果说,自杀研究帮我确定了总体的学术取向,基督教研究帮我窥见了西方思想古今之变的脉络,本书中的人伦研究则可能会开启我以后思考的核心问题。忽忽已过不惑之年,这本书算是对此前学术的一个总结、清理和整合,也将是对以后研究的一个重新定位。当然,在写完之后,也有很多不满意之处:西方思想传统中两个非常重要的问题点我只是涉及而未能深入,一为斯多亚派的"属己问题",一为康德对亲子关系的讨论。只能希望学生们能够继续做更深入的研究。

于我而言,最近这几年是学术思考发生巨大变化的时期，其间结识的几位海内俊彦对我影响至深。2009年得遇贵阳李宽定先生及其一家，为我和朋友们的礼学研究开辟出一片相当广阔的空间。李先生对社会问题的敏感和把握均非常人能及，他的女儿叶子的智慧与情怀更能帮助我理解人伦之道的厚德载物。2012年，我结识了江阴老人赵统先生，其学问之渊博、气象之严整、为人之谦和、处事之不苟，使我好像见到了一位朴实的清代学者，让我深刻理解了为什么明清以来的中国文化首推江南形胜。2013年秋，我又与远在星洲的严寿澂先生开始通信。严先生是载如先生哲嗣，曾师从封耐公、郑质庵等前辈宿儒。在他身上，尚可窥见清末民初江南士大夫的意蕴与情致。还有北京的彭林先生、上海的虞万里先生、澳门的邓国光先生等，都让我在一个荒谬的时代仍然能感觉到，中华文明的气韵传承并不只在文字言辞之间，也在人物气象深处，更鼓励我完成此项以西学入手的研究。

除上面提到的师友之外，与甘阳、何怀宏、周飞舟、渠敬东、杨立华、张志强、韩潮、顾涛、李涛、赵金刚等师友的切磋，也帮助我完成了对本书的写作与修改，在此一并致谢。而和我的学生的交流与讨论，一向是我写作和思考的最直接动力，其中尤其感谢孙帅、吴功青、陈斯一、杨维宇、李晓璇、刘长安、顾超一、许嘉静、柏宇洲、周小龙、方凯成、仲威。我的父母、妻子、女儿一如既往地支持我的研究，他们是我思考人伦问题的直接源泉。特别感谢他们。

本书的前言部分曾刊于《中国哲学史》2014年第4期，

上篇的主体曾刊于《社会》杂志2014年第2—3期，下篇的最后一章曾刊于《古希腊罗马哲学研究》第一辑，感谢这些刊物允许我将这些文字收入本书。

吴飞
2014年夏初稿
2016年夏写定于仰昆室